MATHEMATICAL PHYSICS

物理数学シリーズ 3

物理とフーリエ変換

今村 勤 TSUTOMU IMAMURA

岩波書店

序

この小著は関西学院大学の学部および大学院，Boston 大学の大学院で数回にわたって担当した物理数学の講義内容の一部をまとめたものです．講義の原稿を作るにあたって，なぜ，ほとんどの当時の物理数学の本が線形偏微分方程式を扱う際に変数分離法に焦点をあてて，より適用範囲が広いと思われる級数展開・積分変換の方法によらないのかという素朴な疑問を抱いたものでした．そこで Fourier 級数展開をはじめ関数列による展開または積分変換という数学的手法を軸にして，物理学によく出てくる方程式の取り扱いを統一的におこない，物理学の異なった領域における考え方の類似性を数学的手法の共通性を通して理解していくような講義をしようと考えて作った草稿が本書の原形です．その際特に，何種類もある Fourier 級数展開や他の関数列による展開または積分変換のうち，どのような場合に，何故に，どの展開または変換を用いるのが有効かという考え方を明確にすることを心掛けました．

このような方針のもとに，具体的な記述としては数学的な厳密性よりも，実用的な数学，簡便なそしてまやかしでない数学を旨としました．また他の書物を引用することはできるだけ避け，この本のなかで理解できるように注意した積りです．

第 1 章ではベクトルの展開との類似を用いて Fourier 級数を導入しました．第 2 章から第 6 章までは Fourier 級数の性質やその極限としての Fourier 積分変換への移行について述べました．第 7 章はそれらのいろいろな領域への応用です．第 8 章に Laplace

変換，第10章に球関数展開，第11章に円筒関数展開を扱いました．

全般的にどのような場合に，どの展開または変換を用いるべきかという理由を明確にすることに力点を置きました．そのためにどのような場合にどの変換を用いればよいかということをあらわす表をいくつか書きました．しかしこれは決してその場合につねにその変換が最善の方法であることを意味しているのではありません．ある理論が有効であるということと，より有効な理論がないということは決して同じではないのです．読者はこれらの表を‘このような場合に一度は試みてみても損ではない変換はこれである’というように読んで戴きたいと思います．あまり変換の有効性を明らかにすることにこだわって，機械的に適用する公式のようになってしまったのではないかという反省もこめてお願いしておきたいと思います．第9章のGreen関数は少し主題からはずれるかも知れませんが，一つには具体的なGreen関数を求めることをFourier積分変換の応用と考えたことと，わかった関数形を積分核として問題を取り扱うという共通性と，Green関数の方法が少なくともその概念において近来ますます場の量子論や物性理論など最先端の研究に活用されていることも思い合わせて加えました．Sturm–Liouville方程式のGreen関数や，第2量子化された理論におけるGreen関数についてもふれようかと思いましたが，全体のバランスを考えてはぶきました．補遺では展開可能性を納得するためにSturm–Liouville問題について，簡便でしかもまやかしでない数学を用いるのに不可欠と考えられるδ関数について，またできるだけ他の書物を参考にしないでも読めるために球関数と円筒関数について述べました．

学生時代から終始よい相談相手を勤めて下さった畏友大阪大学

砂川重信教授には原稿を読んで多くの貴重な助言を戴きました．関西学院大学の友人達，特に納繁男教授，小西岳教授，中津和三教授には講義内容の選択や内容そのものについても多くの有益な助言を戴きました．出版に際して岩波書店片山宏海氏にお世話になりました．これらの諸氏に深く感謝の意を表します．

1976 年　春

著者しるす

著者はこれまで，理工系学生のための数学入門書として『物理と行列』『物理とフーリエ変換』『物理とグリーン関数』『物理と関数論』の 4 冊を書き，改訂を重ねながら幸いにも多くの読者に迎えられてきました．いずれも物理でよく用いられる数学的手法をテーマとしており，数学科以外の理工系大学生を読者として意識しながら，応用を重視して解説したものです．このたび全 4 冊の「物理数学シリーズ」として読みやすく判型も拡大して再刊させることになりました．装いも一新した本書が，今後も読者のお役に立つことを願っています．

2016 年　春

著　者

記　号　表

ベクトル：太字例えば $\boldsymbol{x}$ で示す．その長さは $|\boldsymbol{x}|$ または x で表わす．$\boldsymbol{x}\cdot\boldsymbol{y}$ でベクトル $\boldsymbol{x}$ と $\boldsymbol{y}$ の内積を表わす．

積分：多重積分もとくに積分範囲を異にしないときは1つの $\int$ で示す．$\int d\boldsymbol{x}$ はベクトル空間での積分を表わす．

特別な関数：$\theta(x)=\begin{cases}1 & (x>0)\\ 0 & (x<0)\end{cases}$

$\delta(x)$　Dirac の δ 関数(補遺 B)

ある点での微分の値：$\dfrac{dy}{dx}(a)=\left.\dfrac{dy(x)}{dx}\right|_{x=a}$

一方からの極限：

$$f(x+0)=\lim_{|\varepsilon|\to 0} f(x+|\varepsilon|)$$

$$f(x-0)=\lim_{|\varepsilon|\to 0} f(x-|\varepsilon|)$$

平均：$\langle\cdots\rangle$ で統計的平均を示す．第9章ではこれで時間平均を示す．

たたみこみ：$f*g(x)=\displaystyle\int_{-\infty}^{\infty} f(x-x')g(x')dx'$　(第6章)

$$f\underset{a}{*}g(x)=\int_{-a}^{a} f(x-x')g(x')dx' \quad \text{(第6章)}$$

$$f\star g(x)=\int_{0}^{x} f(x-x')g(x')dx' \quad \text{(第8章)}$$

Fourier 変換：

Fourier 成分　$f_n=\displaystyle\int_{-a}^{a} e^{-in\pi x/a} f(x)dx$ など　(§2.2)

Fourier (級数) 展開　$f(x)=\frac{1}{2a}\sum_{n=-\infty}^{\infty} f_n e^{in\pi x/a}$ など　(§2.2)

Fourier 積分変換　$\hat{f}(k)=\frac{1}{2\pi}\int_{-\infty}^{\infty} e^{-ikx} f(x)dx$ など

(第6章)

逆変換　$f(x)=\int_{-\infty}^{\infty} e^{ikx}\hat{f}(k)dk$ など　(第6章)

Laplace 変換：　$\bar{f}(s)=\int_0^{\infty} e^{-st} f(t)dt$　(§8.1)

逆変換　$f(t)=\frac{1}{2\pi i}\int_{\sigma-i\infty}^{\sigma+i\infty} \bar{f}(s)e^{st}ds$　(§8.3)

目　次

補 遺

第1章　Fourier 級数の導入

§1.1　物理学と Fourier 級数展開

物理学においては，つねにある仮定のもとにある法則を見いだし，それによって自然現象を統一的に記述しようとする．そしてその統一的記述は人間のもつ論理によってなされなければならない．数学が人間にとって可能な論理形式の体系化であるとするならば，物理学が人間の学問体系である以上，その基礎法則をある数式で表わすことが後の理論の展開にはもっとも便利であろう．実際多くの基礎法則は，Newton の運動方程式，Maxwell 方程式，Schrödinger 方程式のように微分方程式で表わされている．もう少し現象論的な弾性体の振動とか熱伝導などの法則もまた微分方程式で表わされている．そしてそれらのうちのいくつかの間には，取り扱う対象を異にしながらも，方程式の形の類似や物理量の間の対応が見られる．多くの場合，この類似性や対応はその方程式の導出が運動量のような物理量の流れ密度や保存則を用いてなされることに起因している．

このようないろいろな領域における方程式を取り扱うのに有効な方法として，Fourier 級数展開のように未知関数 $f(x)$ を性質のわかった関数系 $\{e^{in\pi x/a}\}$ によって

$$f(x) = \frac{1}{2a}\sum_{n=-\infty}^{\infty} c_n e^{in\pi x/a}$$

のように展開して，$f(x)$ を直接取り扱う代りにその展開係数 c_n を扱う方法や，Fourier 積分逆変換のように未知関数 $f(\boldsymbol{x}, t)$ を性質のわかった積分核 $\{e^{i\boldsymbol{k}\cdot\boldsymbol{x}-i\omega t}\}$ を用いて

$$f(\boldsymbol{x}, t) = \int_{-\infty}^{\infty} \hat{f}(\boldsymbol{k}, \omega) e^{i\boldsymbol{k}\cdot\boldsymbol{x} - i\omega t} d\boldsymbol{k} d\omega$$

のように積分変換をして，$f(\boldsymbol{x}, t)$ の代りに $\hat{f}(\boldsymbol{k}, \omega)$ を扱う方法がある．本書ではこのような級数展開または積分変換という数学的手法を軸として，物理学でよくでてくる方程式の取り扱いについて述べたい．その際，物理学の異なった領域における考え方の類似性を数学的手法の共通性を通して理解していきたい．とくに何種類もある Fourier 級数展開や他の展開または積分変換のうち，どのような場合に，何故に，どの展開または変換を用いるのが有効かという理由を明確にしたい．

後に見るように，それぞれの場合に適切な展開または変換を用いると，常微分方程式・偏微分方程式を解く問題を代数方程式・常微分方程式を解く問題に簡易化できることが多い．それだけではなく，上記の Fourier 積分変換を見てもわかるように，Fourier 成分 $\hat{f}(\boldsymbol{k}, \omega)$ は $f(\boldsymbol{x}, t)$ の波数ベクトル $\boldsymbol{k}$，振動数* ω に対応する波の振幅であるというような物理的意味を持つ場合が多い．量子力学においては $\hat{f}(\boldsymbol{k}, \omega)$ は運動量 $\hbar\boldsymbol{k}$，エネルギー $\hbar\omega$ に対応する確率振幅となる．このように各成分 $\hat{f}(\boldsymbol{k}, \omega)$ に物理的意味を与え得ることは，理論の展開の各段階でそれを理解するのに大きな助けとなる．さらにまたこのような手法で問題を解くときに必要となる積分が，Fourier 級数展開・Fourier 積分変換・Laplace 変換などの積分表として極めて広汎に計算され便利に利用されることもこの方法を有効とする忘れられない要素である．

このような意図のもとに，Fourier 級数展開などの手法を調べるにあたって，この章ではまず，ベクトルをある基礎ベクトル系の1次結合で展開することとの類似を用いて，関数をある関数系

---

* 本書では角振動数を単に振動数という．

の1次結合で展開することの意味を考えていくことにしよう．

§1.2　ベクトルの展開

N 次元 Euclid 空間 E_n を考えよう．その1組の単位直交基礎ベクトルを $\{\boldsymbol{e}^{(i)}\}$ $(i=1,2,\cdots,N)$ とする．すなわち $\{\boldsymbol{e}^{(i)}\}$ は

$$\boldsymbol{e}^{(i)}\cdot\boldsymbol{e}^{(j)}=\delta_{ij} \tag{1.2.1}$$

を充たす．ここで・はそれをはさむ2つのベクトルの内積を表わし，δ_{ij} は Kronecker の δ

$$\delta_{ij}=\begin{cases}1 & (i=j)\\ 0 & (i\neq j)\end{cases} \tag{1.2.2}$$

を表わす．いまこの空間のベクトル $\boldsymbol{r}$ を m 個 $(m<N)$ の基礎ベクトル $\{\boldsymbol{e}^{(i)}\}$ $(i=1,2,\cdots,m)$ の1次結合で近似することを考えよう．すなわち

$$\boldsymbol{r}^{(m)}=\sum_{i=1}^{m}c_i\boldsymbol{e}^{(i)} \tag{1.2.3}$$

の係数 c_i を上手にとってできるだけ $\boldsymbol{r}$ に近いベクトルにすることである．2つのベクトル $\boldsymbol{r}$ と $\boldsymbol{r}^{(m)}$ が近いという程度を表わすもっとも自然な量は2つのベクトルの差ベクトルの大きさの2乗

$$\begin{aligned}\varepsilon_m\equiv|\boldsymbol{r}-\boldsymbol{r}^{(m)}|^2&=|\boldsymbol{r}|^2-2\boldsymbol{r}\cdot\sum_{i=1}^{m}c_i\boldsymbol{e}^{(i)}+\sum_{i,j=1}^{m}c_ic_j\boldsymbol{e}^{(i)}\cdot\boldsymbol{e}^{(j)}\\&=|\boldsymbol{r}|^2-\sum_{i=1}^{m}(\boldsymbol{r}\cdot\boldsymbol{e}^{(i)})^2+\sum_{i=1}^{m}[(\boldsymbol{r}\cdot\boldsymbol{e}^{(i)})-c_i]^2\end{aligned} \tag{1.2.4}$$

であろう．この右辺第1項と第2項は $\boldsymbol{r}$ と $\{\boldsymbol{e}^{(i)}\}$ を与えるときまってしまう．第3項は c_i を変化さすことによって変わるが2乗の和であるから各項が0のときに最小値をとる．したがって ε_m は c_i を

$$c_i=(\boldsymbol{e}^{(i)}\cdot\boldsymbol{r}) \tag{1.2.5}$$

と定めれば最小となり，そのとき(1.2.3)で表わされる $\boldsymbol{r}^{(m)}$ は $\boldsymbol{r}$

を一番よく近似する．

$c_i=(\boldsymbol{e}^{(i)}\cdot\boldsymbol{r})$ に定めたときの $\boldsymbol{r}^{(m)}$ は m 個の基礎ベクトル $\{\boldsymbol{e}^{(i)}\}$ $(i=1,2,\cdots,m)$ で張られる m 次元空間へのベクトル $\boldsymbol{r}$ の射影ベクトルを表わしている．その事情を図1.1で $N=3$, $m=2$ の場合を例にとって示しておく．

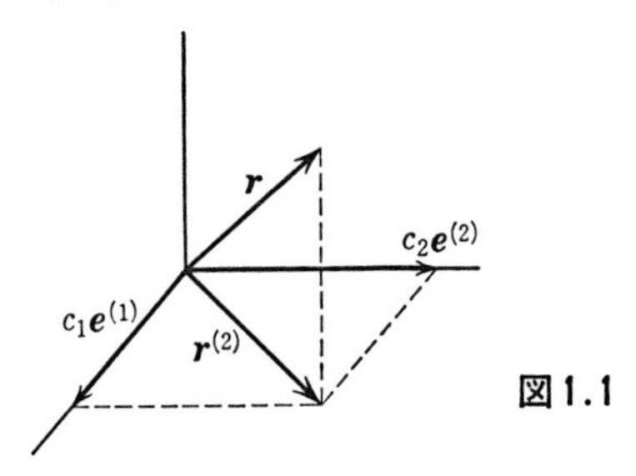

図1.1

さて ε_m の右辺第2項は0または負の項の和であるから，m を大きくすればするほど ε_m は次第に小さくなり近似がだんだんによくなる．いま m 次の近似から1段階進めて $m+1$ 次までとったときの係数 $\{c_i\}$ $(i=1,2,\cdots,m+1)$ はどのようにして定まるだろうか．m 次の近似で係数 $\{c_i\}$ $(i=1,2,\cdots,m)$ を定めた上述の議論は m には無関係であった．したがって $m+1$ 次の近似においても係数を(1.2.5)で定めたものが ε_{m+1} を最小にすることは明らかである．この $m+1$ 個の c_i のうち m 個の $\{c_i\}$ $(i=1,2,\cdots,m)$ は m 次の近似ですでに定めたものと同じであり，c_{m+1} が近似を進めることによって新たに定めなければならない係数である．したがって低次の近似で一度定めた係数は近似を進めても変更する必要はない．このような性質を近似の**最終性**という．

近似の最終性は実際に近似を進めていくときに，前段階で得られた結果をそのまま利用できるという，非常に有効な性質である．この最終性という性質がそれほどあたりまえのことではない事情を示すために，単位直交基礎ベクトル $\{\boldsymbol{e}^{(i)}\}$ の代りに斜行軸をとって考えてみよう．$\boldsymbol{g}^{(1)}, \boldsymbol{g}^{(2)}, \boldsymbol{g}^{(3)}$ という3つの1次独立な単位ベクトルを考え，$(\boldsymbol{g}^{(1)}\cdot\boldsymbol{g}^{(2)})\neq 0$ にとっておく．3次元ベクトル $\boldsymbol{r}$ を $\boldsymbol{g}^{(1)}$ の定数倍でもっともよく近似するものは，図1.2で示すように $\boldsymbol{r}$ の $\boldsymbol{g}^{(1)}, \boldsymbol{g}^{(2)}$ で張る空間への射影ベクトル $\boldsymbol{r}^{(2)}$ の $\boldsymbol{g}^{(1)}$ 方向への射影ベクトル $a_1\boldsymbol{g}^{(1)}$ である．近似を進めて $\boldsymbol{g}^{(1)}, \boldsymbol{g}^{(2)}$ の1次結合で近似すると図1.2のように $\boldsymbol{r}^{(2)}=b_1\boldsymbol{g}^{(1)}+b_2\boldsymbol{g}^{(2)}$ となり，明らかに $a_1\neq b_1$ である．この反例からもわかるように，近似の最終性は基礎ベクトルの**直交性**に起因するのである．実際(1.2.4)を導くときにそれぞれの c_i に対する項が分離されて現われた理由は $\{\boldsymbol{e}^{(i)}\}$ の直交性にあることが容易に確かめられる．

また当然のことながら，射影されたベクトル $\boldsymbol{r}^{(m)}$ はもとのベクトルより長くはない．すなわち(1.2.4)，(1.2.5)を用いて

$$|\boldsymbol{r}|^2-|\boldsymbol{r}^{(m)}|^2 = |\boldsymbol{r}|^2-\sum_{i=1}^{m}(\boldsymbol{e}^{(i)}\cdot\boldsymbol{r})^2 = \varepsilon_m \geq 0 \qquad (1.2.6)$$

が成立する．

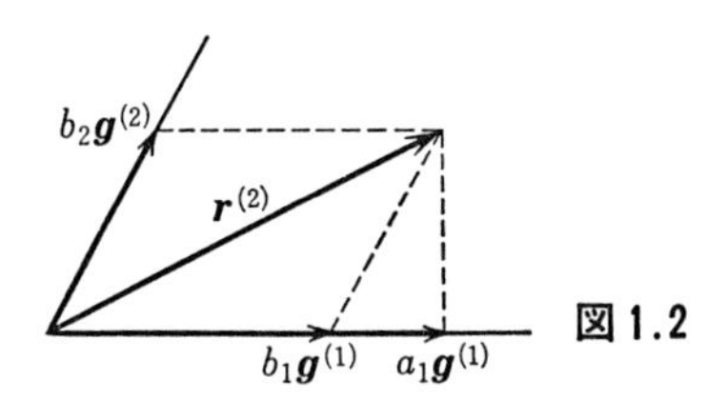

図1.2

§1.3 関数の展開

前節の事情を頭において，$(-a, a)$ で定義された適当に性質のよい実関数 $f(x)$ をつぎのような $2m+1$ 個の三角関数の和

$$f_{(m)}(x) = \sum_{n=0}^{m} a_n \cos\frac{n\pi x}{a} + \sum_{n=1}^{m} b_n \sin\frac{n\pi x}{a} \qquad (1.3.1)$$

で近似するという問題を考えよう．$f(x)$ と $f_{(m)}(x)$ がどれだけ近いかということを表わす量としてはいろいろなものが考えられる

であろう．ここではその量として

$$\varepsilon_m \equiv \int_{-a}^{a} [f(x)-f_{(m)}(x)]^2 dx \tag{1.3.2}$$

をとることにしよう．すなわち $f_{(m)}(x)$ で $f(x)$ をできるだけよく近似するということは，ε_m を最小にするということであると定義する．

ここに出てくる三角関数などの間には簡単に証明できるつぎの関係式が成立する．

$$\left.\begin{aligned}
&\int_{-a}^{a} \cos\frac{n\pi x}{a}\cos\frac{m\pi x}{a}dx = \int_{-a}^{a} \sin\frac{n\pi x}{a}\sin\frac{m\pi x}{a}dx = a\delta_{nm} \\
&\hspace{20em}(n, m \geq 1) \\
&\int_{-a}^{a} \cos\frac{n\pi x}{a}\sin\frac{m\pi x}{a}dx = \int_{-a}^{a} \cos\frac{m\pi x}{a}dx = 0 \\
&\hspace{20em}(n \geq 0, m \geq 1) \\
&\int_{-a}^{a} dx = 2a
\end{aligned}\right\} \tag{1.3.3}$$

(1.3.3) を用いて ε_m を計算すると，

$$\left.\begin{aligned}
\alpha_n &\equiv \int_{-a}^{a} f(x)\cos\frac{n\pi x}{a}dx \qquad (n=0, 1, 2, \cdots) \\
\beta_n &\equiv \int_{-a}^{a} f(x)\sin\frac{n\pi x}{a}dx \qquad (n=1, 2, \cdots)
\end{aligned}\right\} \tag{1.3.4}$$

を使って

$$\begin{aligned}
\varepsilon_m &= \int_{-a}^{a} f^2(x)dx - 2\left(\sum_{n=0}^{m}\alpha_n a_n + \sum_{n=1}^{m}\beta_n b_n\right) + 2aa_0{}^2 + a\sum_{n=1}^{m}(a_n{}^2 + b_n{}^2) \\
&= \int_{-a}^{a} f^2(x)dx - \left[\frac{\alpha_0{}^2}{2a} + \frac{1}{a}\sum_{n=1}^{m}(\alpha_n{}^2 + \beta_n{}^2)\right] + 2a\left(a_0 - \frac{\alpha_0}{2a}\right)^2 \\
&\quad + a\sum_{n=1}^{m}\left[\left(a_n - \frac{\alpha_n}{a}\right)^2 + \left(b_n - \frac{\beta_n}{a}\right)^2\right]
\end{aligned} \tag{1.3.5}$$

と書ける．これはベクトルの近似における(1.2.4)に対応するものである．第1項と第2項は $f(x)$ と三角関数の組をきめれば定まる量であり，第3項と第4項だけが係数 a_n, b_n をどう選ぶかによって変化する．これらは0または正の量の和であるので，(1.2.5)と同様に

$$a_0=\frac{\alpha_0}{2a},\quad a_n=\frac{\alpha_n}{a},\quad b_n=\frac{\beta_n}{a}\qquad (n\geq 1)\tag{1.3.6}$$

ととることにより ε_m を最小とする．また ε_m はもともと負ではない量であるので(1.3.6)ととれば

$$\int_{-a}^{a}f^2(x)dx=\frac{{\alpha_0}^2}{2a}+\frac{1}{a}\sum_{n=1}^{m}({\alpha_n}^2+{\beta_n}^2)+\varepsilon_m$$
$$\geq\frac{{\alpha_0}^2}{2a}+\frac{1}{a}\sum_{n=1}^{m}({\alpha_n}^2+{\beta_n}^2)\tag{1.3.7}$$

が成立する．これは(1.2.6)すなわち $|\boldsymbol{r}|\geq|\boldsymbol{r}^{(m)}|$ に対応するものであり，$m\rightarrow\infty$ にしたものを**Besselの不等式**という．

係数 a_n, b_n を(1.3.6)のように定める議論は m に無関係であり，近似を $m+1$ 次まで高めても一度きめた係数は変わらない．すなわち近似の最終性が成立する．これはベクトルの展開の場合には直交性に起因していたが，関数の展開の場合には(1.3.5)の計算で(1.3.3)の性質によって a_n, b_n についての各項が分離して出てくることに起因している．

この事情とか，ε_m の選び方をベクトルの場合とくらべて，2つの関数 $f(x), g(x)$ の間に**内積**に相当するものとして

$$(f,g)\equiv\int_{-a}^{a}f(x)g(x)dx\tag{1.3.8}$$

を定義することにしよう．(1.3.3)は

$$\left.\begin{aligned}&\left(\frac{1}{\sqrt{a}}\cos\frac{n\pi x}{a}, \frac{1}{\sqrt{a}}\cos\frac{m\pi x}{a}\right)\\&\quad=\left(\frac{1}{\sqrt{a}}\sin\frac{n\pi x}{a}, \frac{1}{\sqrt{a}}\sin\frac{m\pi x}{a}\right)=\delta_{nm} \qquad (n, m \geq 1)\\&\left(\frac{1}{\sqrt{a}}\cos\frac{n\pi x}{a}, \frac{1}{\sqrt{a}}\sin\frac{m\pi x}{a}\right)=\left(\frac{1}{\sqrt{2a}}, \frac{1}{\sqrt{a}}\cos\frac{m\pi x}{a}\right)=0\\&\qquad\qquad\qquad\qquad\qquad\qquad\qquad (n\geq 0, m\geq 1)\\&\left(\frac{1}{\sqrt{2a}}, \frac{1}{\sqrt{2a}}\right)=1\end{aligned}\right\} \tag{1.3.9}$$

と書けるので，関数列

$$\left\{\frac{1}{\sqrt{2a}}, \frac{1}{\sqrt{a}}\cos\frac{n\pi x}{a}, \frac{1}{\sqrt{a}}\sin\frac{n\pi x}{a}\right\} \qquad (n\geq 1) \tag{1.3.10}$$

はこの内積の意味で単位直交ベクトル系を作っているということができる．(1.3.2)の ε_m は

$$\varepsilon_m=(f-f_{(m)}, f-f_{(m)})$$

であり，ベクトルの場合の(1.2.3)と全く同じ定義である．

かくして関数 $f(x)$ を関数 $f_{(m)}(x)$ で近似するという問題は，

‘ベクトル $f(x)$’を

‘基礎ベクトル系 $\left\{\frac{1}{\sqrt{2a}}, \frac{1}{\sqrt{a}}\cos\frac{n\pi x}{a}, \frac{1}{\sqrt{a}}\sin\frac{n\pi x}{a}\right\}$’ $(n\leq m)$

の1次結合で近似するという問題となる．ただし有限次元のベクトル空間と異なり，可附番無限個の1次独立の基礎ベクトルがあるから，‘ベクトル $f(x)$’の張る空間は可附番無限次元である．有限 N 次元空間のベクトルの場合には近似を進めて最後に N 個の基礎ベクトル $\{\boldsymbol{e}^{(i)}\}(i=1, 2, \cdots, N)$ 全部を用いれば必ず $\varepsilon_N=0$ となるし，$\boldsymbol{r}^{(N)}$ も有限項の和であり，収束性の問題は起らない．しかし無限次元のときにはこれらの問題はどうなるであろうか．近似をつぎつぎと進めて m を大きくしていくと ε_m は0に収束する

であろうか．また $f_{(m)}(x)$ は無限級数となるがその収束性はどうであろうか．

$f(x)$ が与えられたとして(1.3.4)で α_n, β_n を定義する．これらの積分が存在するような $f(x)$ に話を限ることにする．収束性は別として，形式的に級数

$$\frac{\alpha_0}{2a}+\frac{1}{a}\sum_{n=1}^{\infty}\left(\alpha_n\cos\frac{n\pi x}{a}+\beta_n\sin\frac{n\pi x}{a}\right) \qquad (1.3.11)$$

を考える．これを $f(x)$ に対する **Fourier 級数**という．

$m\to\infty$ の極限で $\varepsilon_m\to 0$ になるかどうかは $f(x)$ の性質による．例えば補遺 A で証明するように，$(-a, a)$ で 2 乗可積分である関数 $f(x)$ に対しては $\varepsilon_m\to 0$ となる．この性質を Fourier 級数の**完全性**という*.

完全性と，Fourier 級数が $f(x)$ に収束することとは別の性質である．これも補遺 A で示すように，Fourier 級数が一様収束すれば $f(x)$ 自身に収束すること，また適当に性質のよい関数 $f(x)$ に対して Fourier 級数が $\{f(x+0)+f(x-0)\}/2$ に収束することが証明される．

今までは実数値をとる関数のみを扱って来たが，これを複素数値をとる関数に対して拡張することは容易である．まず N 次元の 2 つの複素ベクトル $\boldsymbol{r}, \boldsymbol{r}'$ の内積は，単位直交基礎ベクトルの 1 次結合に展開した係数をそれぞれ $\{c_i\}, \{c_i'\}$ とすると

$$(\boldsymbol{r}\cdot\boldsymbol{r}') = \sum_{i=1}^{N} c_i{}^* c_i' \qquad (1.3.12)$$

---

* 完全性は本来どんな $f(x)$ に対して $\varepsilon_m\to 0$ となるかということから，‘どの空間で完全’というように展開されるものの性質にもより，基礎関数系だけの性質ではない．本書でことわりなくある関数系が完全であるというときは 2 乗可積分の関数の作る空間で完全であるという意味である．

で表わされる．c^* は c の複素共役である．これを参考にすると，2つの関数 $f(x), g(x)$ の内積を

$$(f,g) \equiv \int_{-a}^{a} f^*(x)g(x)dx \qquad (1.3.13)$$

で定義することが自然であろう．実際このように定義を変更すれば，ベクトルの長さの2乗に相当する (f,f) が正の量となり，その平方をとることによりベクトルの長さに相当する関数 $f(x)$ の**ノルム**

$$\|f(x)\| \equiv \sqrt{(f,f)} \qquad (1.3.14)$$

を定義することができる．

ベクトル空間においては基礎ベクトル系としてとり得るものは無限にある．例えばある基礎ベクトル系 $\{\boldsymbol{e}^{(i)}\}$ からユニタリー変換

$$\boldsymbol{e}^{(i)\prime} = \sum_j O_{ij}\boldsymbol{e}^{(j)} \qquad (1.3.15)$$

$$\sum_j O_{lj}O_{ij}{}^* = \sum_j O_{ji}{}^*O_{jl} = \delta_{il} \qquad (1.3.16)$$

で得られる $\{\boldsymbol{e}^{(i)\prime}\}$ を基礎ベクトル系にとってもよい．同様に関数空間においてもいろいろな基礎ベクトル系をとることができる．例えば $\left\{\dfrac{1}{\sqrt{2a}}, \dfrac{1}{\sqrt{a}}\cos\dfrac{n\pi x}{a}, \dfrac{1}{\sqrt{a}}\sin\dfrac{n\pi x}{a}\right\}$ の代りにこれからユニタリー変換

$$\frac{1}{\sqrt{2a}}e^{\pm in\pi x/a} = \frac{1}{\sqrt{2}}\frac{1}{\sqrt{a}}\cos\frac{n\pi x}{a} \pm \frac{i}{\sqrt{2}}\frac{1}{\sqrt{a}}\sin\frac{n\pi x}{a} \qquad (1.3.17)$$

で得られる $\left\{\dfrac{1}{\sqrt{2a}}e^{in\pi x/a}\right\}$ を考えてみよう．このとき基礎ベクトルの間の**正規直交性**は

$$\left(\frac{1}{\sqrt{2a}}e^{im\pi x/a}, \frac{1}{\sqrt{2a}}e^{in\pi x/a}\right) \equiv \frac{1}{2a}\int_{-a}^{a} e^{-im\pi x/a}e^{in\pi x/a}dx = \delta_{nm} \qquad (1.3.18)$$

で表わされる．関数 $f(x)$ に対して，**Fourier 成分**

$$c_n = (e^{in\pi x/a}, f(x)) = \int_{-a}^{a} e^{-in\pi x/a} f(x) dx \quad (1.3.19)$$

を用いて Fourier 級数

$$\frac{1}{2a} \sum_{n=-\infty}^{\infty} c_n e^{in\pi x/a} \quad (1.3.20)$$

が作られる．

さきに(1.3.4)で定義された α_n, β_n は，実関数 $f(x)$ に対して考えたものであり，内積の定義(1.3.8)を用いて

$$\alpha_n = \left(\cos\frac{n\pi x}{a}, f(x)\right), \quad \beta_n = \left(\sin\frac{n\pi x}{a}, f(x)\right) \quad (1.3.21)$$

と書ける．これは複素数値をとる関数 $f(x)$ に対して，内積の定義を(1.3.13)に拡張したとしても，ただ(1.3.4)の $f(x)$ が複素数値をとると理解するだけの違いである．このように理解した(1.3.4)と(1.3.19)をくらべると，係数 α_n, β_n, c_n の間には

$$\alpha_0 = c_0, \quad \alpha_n = \frac{1}{2}(c_n + c_{-n}), \quad \beta_n = \frac{i}{2}(c_n - c_{-n}) \quad (1.3.22)$$

の関係があることがわかる．また実関数 $f(x)$ に対して，複素数値をとる基礎ベクトル系による(1.3.20)のような Fourier 級数を作った場合には係数の間に次の関係がある．

$$c_n{}^* = c_{-n} \quad (1.3.23)$$

ベクトル空間での諸量と，関数空間での諸量との対応を，関数空間の基礎ベクトルとして $\left\{\frac{1}{\sqrt{2a}} e^{in\pi x/a}\right\}$ を例にとって表に書いてみると表 1.1 のようになる．ここで c_n' は(1.3.19)の c_n と $\sqrt{2a}$ だけ異なってとり，対応を忠実にしている．

2 乗可積分である $f(x), g(x)$ の完全系 $\{(2a)^{-1/2} e^{in\pi x/a}\}$ による展開係数を $\{c_n'\}, \{d_n'\}$ とする．このとき Bessel の不等式は等

表 1.1

	ベクトル空間	関　数　空　間
単位直交ベクトル	$\{\boldsymbol{e}^{(n)}\}$	$\left\{\frac{1}{\sqrt{2a}}e^{in\pi x/a}\right\}$
内　積	$(\boldsymbol{r}\cdot\boldsymbol{r}')=\sum_{i=1}^{N}A_i{}^*A_i{}'$	$(f,g)=\int_{-a}^{a}f^*(x)g(x)dx$
展　開	$\boldsymbol{r}=\sum_{i=1}^{N}A_i\boldsymbol{e}^{(i)}$ $A_i=(\boldsymbol{e}^{(i)}\cdot\boldsymbol{r})$	$f(x)\simeq\sum_{n=-\infty}^{\infty}c_n{}'\frac{1}{\sqrt{2a}}e^{in\pi x/a}$ $c_n{}'=\left(\frac{1}{\sqrt{2a}}e^{in\pi x/a},\ f(x)\right)$

式となり,

$$(f,f)=\sum_{-\infty}^{\infty}|c_n{}'|^2 \tag{1.3.24}$$

等が成立する．これを **Parseval の等式**という．また内積は

$$(f,g)=\left(\sum_{n=-\infty}^{\infty}c_n{}'\frac{1}{\sqrt{2a}}e^{in\pi x/a},\ \sum_{m=-\infty}^{\infty}d_m{}'\frac{1}{\sqrt{2a}}e^{im\pi x/a}\right)=\sum_{n=-\infty}^{\infty}c_n{}'^*d_n{}'$$

と計算されるが，右辺は **Schwartz の不等式**

$$\sum_{n=-\infty}^{\infty}|c_nd_n|\leq\left(\sum_{n=-\infty}^{\infty}|c_n|^2\right)^{1/2}\left(\sum_{m=-\infty}^{\infty}|d_m|^2\right)^{1/2} \tag{1.3.25}$$

から収束することが判る．

§1.4　Fourier 級数展開の方法

関数空間での基礎ベクトル系を定めると，与えられた関数 $f(x)$ に対してその **Fourier 式級数**が作れる*．すなわち係数の組 $\{c_n\}$ がきまる．Fourier 級数の収束性が保証されているような $f(x)$ に対しては逆に $\{c_n\}$ が与えられると $f(x)$ が定まる．Fourier 級数展

* 一般の基礎ベクトル系によって，表 1.1 のような級数展開を考えるときこれを Fourier 式級数といい，とくにそれが三角関数(指数関数)からなる基礎ベクトル系のときこれを Fourier 級数とよぶ．

開の方法とは，ある未知関数 $f(x)$ を求めるのに，まずその展開係数 $\{c_n\}$ を求め，それから $f(x)$ を構成する方法である．

$f(x)$ を求めるのに，なぜ $\{c_n\}$ を求めてから $f(x)$ を作るというような回り道をするのかということを少し考えてみよう．前節で述べたように，この級数を有限項で切断したときにはその範囲で最良の近似を表わしている．したがって仮に求める物理量が $\sin\omega t$ のような関数に近いことが始めにわかっていれば，それを始めの要素とする完全系例えば $\{\sin n\omega t\}$ で展開すれば始めの数項でよい近似になることが期待される．またこのとき計算に現われる関数は $\sin n\omega t$ のようなよく性質のわかったものである．その結果第4章で述べるように，常微分方程式の問題を代数方程式の問題にしたり，偏微分方程式の問題を常微分方程式の問題に帰着させるという数学的に有効な操作をうみだすのである．その有効性は，この章の始めに述べた Fourier 成分などに物理的意味を与えられること，積分表を利用できることと共に，$\{c_n\}$ を経由するという回り道，級数で表わすというわずらわしさを埋め合すのに充分である．

さきに述べたように，可能な基礎ベクトル系は無限にある．ではどのような場合にどのような基礎ベクトル系での展開，すなわちどのような Fourier 級数展開が有効となるのであろうか．それを調べるためには Fourier 級数の微分などの性質を知らなければならない．それらの諸性質を第3章で述べる．その前にどのような Fourier 級数が実際によく用いられるのか，その種類を第2章で述べる．

第2章　Fourier 級数の種類

§2.1　Sturm–Liouville の固有関数系

ベクトル空間の基礎ベクトル系がいく通りも作れるように，関数を展開する基礎関数系もいく通りもある．基礎関数系が完全性・正規性・直交性を持っているときに，**正規完全直交系**(complete orthonormal system ; C. O. N. S. と略記する)という．C. O. N. S. を作る三角関数系はたくさんある．ある関数系 $\{\phi_i(x)\}$ が C. O. N. S. を作るための充分条件の1つは，それが **Sturm–Liouville 問題**の**固有関数系**になっていることである．以下本書で用いるいろいろな Fourier 級数はすべて Sturm–Liouville 問題の固有関数系になっている．

Sturm–Liouville の方程式

$$\frac{d}{dx}\left(p(x)\frac{d}{dx}\phi(x)\right)+(q(x)+\lambda\rho(x))\phi(x)$$
$$\equiv \rho(x)(\boldsymbol{L}(x)+\lambda)\phi(x)=0 \qquad (2.1.1)$$

において，$a\leq x\leq b$ で $p(x), q(x), \rho(x)$ が正則で実数値をとり，$p(x)>0, \rho(x)\geq 0$ であるとする．$\boldsymbol{L}$ は演算子である．正則境界条件すなわち

$$a_1\phi(a)+a_2\frac{d\phi}{dx}(a)=0, \qquad b_1\phi(b)+b_2\frac{d\phi}{dx}(b)=0 \qquad (2.1.2)$$

または

$$\phi(a)=\phi(b), \qquad p(a)\frac{d\phi}{dx}(a)=p(b)\frac{d\phi}{dx}(b) \qquad (2.1.3)$$

のもとに方程式(2.1.1)を解く問題を，**正則境界条件に対する**

Sturm-Liouville 問題といい，その解 $\phi_n(x)$ について次のような性質が知られている．

(i) 解があるのは，λ が特別な実数 λ_n（**固有値**(eigenvalue) といい，そのときの解 $\phi_n(x)$ を固有値 λ_n に属する**固有関数**(eigenfunction) という）に対してのみである．

(ii) $\{\lambda_n\}$ は下界があり，上界なく，可附番無限個ある．

(iii) 固有関数系 $\{\phi_n(x)\}$ は**直交性**を持つ，すなわち異なる固有値 λ_n, λ_m に属する固有関数 $\phi_n(x), \phi_m(x)$ は

$$(\phi_n(x), \phi_m(x)) \equiv \int_a^b \phi_n{}^*(x)\phi_m(x)\rho(x)dx = 0 \tag{2.1.4*}$$

を充たす．

(iv) 固有関数系 $\{\phi_n(x)\}$ は $(f,f)<\infty$ である関数 $f(x)$ の張る空間で**完全系**を作る．すなわち

$$\int_a^b \left| f(x) - \sum_{n=1}^{\infty} c_n\phi_n(x)\right|^2 \rho(x)dx = 0 \tag{2.1.5}$$

$$c_n \equiv \int_a^b \phi_n{}^*(x)f(x)\rho(x)dx = (\phi_n, f) \tag{2.1.6**}$$

である．

(v) 固有関数系 $\{\phi_n(x)\}$ による関数 $f(x)$ の Fourier 式級数

$$\sum c_n\phi_n(x)$$

を作ったとき，これが一様収束して $f(x)$ が連続であればこの級数は $f(x)$ 自身に収束する．例えば後に(3.1.5)で示すように $f(x)$ が周期的でなめらかであれば $f(x)$ 自身に収束する．

(vi) 適当に性質のよい $f(x)$ に対してその Fourier 式級数は

---

* この小節では $(f, g) \equiv \int_a^b f^* g\rho dx$ とする．

** $(\phi_n, \phi_n)=1$ に規格化しておく．

$$\frac{1}{2}\{f(x+0)+f(x-0)\} = \sum c_n\phi_n(x) \qquad (2.1.7)$$

のようにその平均値に収束する.

これらの諸性質の証明は補遺 A に述べる.

§2.2 いろいろな Fourier 級数

Sturm–Liouville 方程式(2.1.1)でとくに $p(x)=q(x)=\rho(x)=1$ とすると

$$\frac{d^2\phi(x)}{dx^2}+\lambda\phi(x) = 0 \qquad (2.2.1)$$

となる. この方程式で領域, 境界条件を変えればいろいろの固有関数系が得られ, それらは前節の性質によって C. O. N. S. を作り, それらによって性質のよい関数を展開することができる. それらを列挙すれば,

(i) 領域 $(-a,a)$, 境界条件(2.1.3)にとると,

$$\left\{\frac{1}{\sqrt{2a}}, \frac{1}{\sqrt{a}}\cos\frac{n\pi x}{a}, \frac{1}{\sqrt{a}}\sin\frac{n\pi x}{a}\right\} \qquad (2.2.2)$$

または

$$\left\{\frac{1}{\sqrt{2a}}e^{in\pi x/a}\right\} \qquad (2.2.3)$$

が C. O. N. S. を作り, (2.2.3)を用いた展開を書くと,

$$f(x) = \frac{1}{2a}\sum_{n=-\infty}^{\infty} f_n e^{in\pi x/a} \qquad (2.2.4)$$

$$f_n \equiv \int_{-a}^{a} e^{-in\pi x/a}f(x)dx \qquad (2.2.5)$$

となる. また領域・境界条件をいろいろ変えて

(ii) 領域 $(0,a)$, 境界条件(2.1.2)$(y(0)=y(a)=0)$ にとると

$$\text{C. O. N. S.} \quad \left\{\sqrt{\frac{2}{a}}\sin\frac{n\pi x}{a}\right\} \qquad (2.2.6)$$

展開 $$f(x)=\frac{2}{a}\sum_{n=1}^{\infty}f_{sn}\sin\frac{n\pi x}{a} \qquad (2.2.7)$$

係数 $$f_{sn}\equiv\int_0^a\sin\frac{n\pi x}{a}f(x)dx \qquad (2.2.8)$$

(iii) 領域 $(0,a)$，境界条件(2.1.2) $\left(\frac{dy}{dx}(0)=\frac{dy}{dx}(a)=0\right)$ にとると，

C. O. N. S. $$\left\{\sqrt{\frac{1}{a}},\sqrt{\frac{2}{a}}\cos\frac{n\pi x}{a}\right\} \qquad (2.2.9)$$

展開 $$f(x)=\frac{1}{a}f_{c0}+\frac{2}{a}\sum_{n=1}^{\infty}f_{cn}\cos\frac{n\pi x}{a} \qquad (2.2.10)$$

係数 $$f_{cn}\equiv\int_0^a\cos\frac{n\pi x}{a}f(x)dx \qquad (2.2.11)$$

(iv) 領域 $(0,a)$，境界条件(2.1.2) $\left(y(0)=\frac{dy}{dx}(a)=0\right)$ にとると

C. O. N. S. $$\left\{\sqrt{\frac{2}{a}}\sin\frac{(2n+1)\pi x}{2a}\right\} \qquad (2.2.12)$$

展開 $$f(x)=\frac{2}{a}\sum_{n=0}^{\infty}f_{hsn}\sin\frac{(2n+1)\pi x}{2a} \qquad (2.2.13)$$

係数 $$f_{hsn}\equiv\int_0^a\sin\frac{(2n+1)\pi x}{2a}f(x)dx \qquad (2.2.14)$$

(v) 領域 $(0,a)$，境界条件(2.1.2) $\left(\frac{dy}{dx}(0)=y(a)=0\right)$ にとると

C. O. N. S. $$\left\{\sqrt{\frac{2}{a}}\cos\frac{(2n+1)\pi x}{2a}\right\} \qquad (2.2.15)$$

展開 $$f(x)=\frac{2}{a}\sum_{n=0}^{\infty}f_{hcn}\cos\frac{(2n+1)\pi x}{2a} \qquad (2.2.16)$$

係数 $$f_{hcn}\equiv\int_0^a\cos\frac{(2n+1)\pi x}{2a}f(x)dx \qquad (2.2.17)$$

(vi) 領域 $(0,a)$，境界条件 (2.1.2) $\left(y(0)=\dfrac{dy}{dx}(a)+hy(a)=0\right)$ にとると

C. O. N. S. $\displaystyle \left\{\left(\frac{a}{2}-\frac{\sin 2\xi_n a}{4\xi_n}\right)^{-1/2}\sin \xi_n x\right\}$

$$=\left\{\left(\frac{2({\xi_n}^2+h^2)}{a({\xi_n}^2+h^2)+h}\right)^{1/2}\sin \xi_n x\right\} \qquad (2.2.18)$$

$$\xi_n:\quad \xi\cot\xi a+h=0 \quad \text{の正根} \qquad (2.2.19)$$

展開 $$f(x)=\sum_{n=1}^{\infty}\frac{2({\xi_n}^2+h^2)}{a({\xi_n}^2+h^2)+h}f_{rsn}\sin \xi_n x \qquad (2.2.20)$$

係数 $$f_{rsn}\equiv\int_0^a \sin \xi_n x f(x)dx \qquad (2.2.21)$$

(vii) 領域 $(0,a)$，境界条件 (2.1.2) $\left(\dfrac{dy}{dx}(0)=\dfrac{dy}{dx}(a)+hy(a)=0\right)$ にとると

C. O. N. S. $\displaystyle \left\{\left(\frac{a}{2}+\frac{\sin 2\eta_n a}{4\eta_n}\right)^{-1/2}\cos \eta_n x\right\}$

$$=\left\{\left(\frac{2({\eta_n}^2+h^2)}{a({\eta_n}^2+h^2)+h}\right)^{1/2}\cos \eta_n x\right\} \qquad (2.2.22)$$

$$\eta_n:\quad \eta\tan\eta a-h=0 \quad \text{の正根} \qquad (2.2.23)$$

展開 $$f(x)=\sum_{n=1}^{\infty}\frac{2({\eta_n}^2+h^2)}{a({\eta_n}^2+h^2)+h}f_{rcn}\cos \eta_n x \qquad (2.2.24)$$

係数 $$f_{rcn}\equiv\int_0^a \cos \eta_n x f(x)dx \qquad (2.2.25)$$

などが得られる.

(2.2.5) の f_n や (1.3.4) の α_n, β_n などを **Fourier 係数** (Fourier coefficient) または **Fourier 成分** (Fourier component) といい,

(2.2.4)のようなそれらの係数を用いた展開を **Fourier(級数)展開** (Fourier series expansion)という．展開(ii)の場合は **Fourier sine 係数**, **Fourier sine(級数)展開**といい，展開(iii)の場合は **Fourier cosine 係数**, **Fourier cosine(級数)展開**という．(vi)の展開を **Fourier radiation sine 展開**, (vii)の展開を **Fourier radiation cosine 展開**という．(i)～(vii)の展開すべてについて Fourier 係数, Fourier(級数)展開と総称することがある．通常 **Fourier 変換** (Fourier transform) というと第6章で定義する **Fourier 積分変換**を意味するが，ときには(i)～(vii)の展開の係数を求める操作も Fourier 変換と総称することがある．本書でも誤解のおそれのない場合には，この章の展開係数を求める操作も，第6章での Fourier 積分変換もひろく Fourier 変換とよぶことにする．

実際に用いられる Fourier 級数展開はほとんどここで述べた(i)の2つと(ii)から(vii)までの計8種のものである．

ここでこれらの C.O.N.S. と展開される関数 $f(x)$ の張る関数空間の関係について注意をしておこう．展開(i)では領域 $(-a,a)$ で定義された関数を展開する．その展開によってもとの関数をもとの定義域の外側にまで周期 $2a$ の周期関数として拡張したと考えることができる．また最初の定義で偶関数であるものの張る関数空間と，奇関数であるものの張る関数空間は互いに直交する部分空間となっている．展開(ii), (iv), (vi)は領域 $(0,a)$ で定義された関数を展開する．その展開によってもとの関数をもとの定義域の外側にまで奇関数であり周期 $2a$ の周期関数として拡張したものと考えることができる．展開(iii), (v), (vii)はこれを偶関数として拡張したものと考えることができる．この拡張した意味では(i)で展開される関数空間のうち奇関数からなる部分空間の基礎ベクトル系が展開(ii), (iv), (vi)のそれに対応し，偶関数からなる部分空間の基礎ベクトル系が展開(iii), (v), (vii)のそれに対応する．しかし展開(i)と展開(ii)～(vii)では内積の定義も異なっている．したがって関数 $f(x)$ がどの領域で定義され，どの内積の定義に基づいたC. O. N. S. を用いて展開するかを明確にしなければならない．例えば $a=\pi$ にとり，関数 $\cos mx$ が $(-\pi,\pi)$ で定義されたとして展開(i)の(2.2.4)を用いれば

$$\cos mx = \frac{1}{2\pi}(f_{-m}e^{-imx}+f_m e^{imx}) \tag{2.2.26}$$

$$f_{-m}{}^* = f_m = \pi \tag{2.2.27}$$

であるが，関数 $\cos mx$ が $(0,\pi)$ で定義されたとして展開(ii)を用いれば

$$\cos mx = \frac{2}{\pi}\sum_{n=1}^{\infty} f_{sn}\sin nx \tag{2.2.28}$$

$$f_{sn} = \int_0^{\pi}\sin nx\cos mx dx = \begin{cases} \{1-(-1)^{n+m}\}\dfrac{n}{n^2-m^2} & (n\neq m) \\ 0 & (n=m) \end{cases} \tag{2.2.29}$$

で表わされる．(2.2.28)はまた基礎ベクトル系 $\{\sqrt{2/\pi}\sin nx\}$ から基礎ベクトル系 $\{1/\sqrt{\pi}, \sqrt{2/\pi}\cos nx\}$ への直交変換に相当している．

第3章　Fourier 級数の簡単な性質

§3.1　なめらかさと Fourier 成分

前章においていろいろな Fourier 級数展開を考えるとき，展開される関数 $f(x)$ の性質が適当によいというようなあいまいな表現を用いた．通常われわれの対象とする物理量は何度も微分できるような性質のよいものか，少なくともそのような関数で近似できるような関数であると考えられる．しかしまたときにはそれを不連続関数としてとらえるのが便利な場合もある．そこでこの節ではいろいろななめらかさをもった関数に対してその Fourier 級数がどのような収束性を示すかを調べてみよう．

有限個の点 $\{x_i\}$ における有限のとび $\{f(x_i+0)-f(x_i-0)\}$ を除いて連続である関数 $f(x)$ を**区分的に連続**であるという．微分が区分的に連続である連続関数を**なめらか**な関数という．区分的に連続な関数であって微分が区分的に連続なものを**区分的になめらか**な関数という．区間 $(-a, a)$ で定義された関数を(2.2.4)のように Fourier 級数展開をすると，その展開で表わされた関数は周期 $2a$ の周期関数として領域 $x<-a$, $a<x$ にまで拡張して考えられる．したがってもし $f(-a+0)\neq f(a-0)$ であれば拡張された関数は $x=-a, a$ で不連続となる．このような関数を周期条件を充たさない関数とよぶことにしよう．拡張された関数を取り扱う限りは，この場合はたとえ $(-a, a)$ で連続であっても区分的に連続な関数と同程度のなめらかさを持つと考えられる．また同様な考察を展開(2.2.7)についておこなえば周期条件は $f(+0)=f(a-0)=0$ であることがわかる．この節では(2.2.4)のような

Fourier 級数展開に限って話をすることにする．

上述のような定義に従っていくつかの関数の分類をしてみると，

周期条件を充たすなめらかな関数：$|x|, \cos\dfrac{\pi x}{2a}$

周期条件を充たさないなめらかな関数：x

区分的になめらかな関数：$\theta(x)\left(=\begin{cases}1\ (x>0)\\0\ (x<0)\end{cases}\right)$

周期条件を充たし，微分が周期条件を充たさないなめらかな関数：x^2

$f(x), df(x)/dx$ が周期条件を充たし，$d^2f(x)/dx^2$ が周期条件を充たさないなめらかな関数 $f(x)$：$x(a^2-x^2)$

$f(x), df(x)/dx, d^2f(x)/dx^2$ が周期条件を充たし，$d^3f(x)/dx^3$ が周期条件を充たさないなめらかな関数 $f(x)$：$x^2(2a^2-x^2)$

のような例をあげることができる．これらを図3.1～図3.7に示

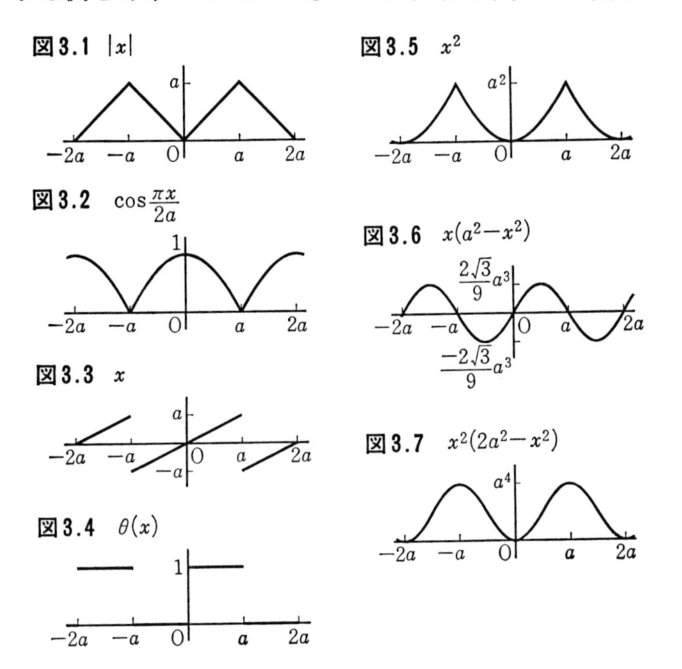

図3.1　$|x|$

図3.2　$\cos\dfrac{\pi x}{2a}$

図3.3　x

図3.4　$\theta(x)$

図3.5　x^2

図3.6　$x(a^2-x^2)$

図3.7　$x^2(2a^2-x^2)$

す.

このようないろいろな関数のなめらかさと Fourier 成分との関係をみよう. まず区分的になめらかな関数 $f(x)$ の Fourier 成分

$$f_n=\int_{-a}^{a}e^{-in\pi x/a}f(x)dx \tag{3.1.1}$$

がある定数 c に対して

$$|f_n|<\frac{c}{|n|} \qquad (n\neq 0) \tag{3.1.2}$$

のように上限がおさえられることを証明しよう. 微分 df/dx は区分的に連続であるからその Fourier 成分 f_n' が存在する. 不連続な点, すなわち $f(x+0)$ と $f(x-0)$ とが一致しない点を $\{x_j\}$ $(j=1,2,\cdots,s-1)$ として $x_0=-a$, $x_s=a$ と書くと

$$\begin{aligned} f_n' &= \int_{-a}^{a}e^{-in\pi x/a}\frac{df(x)}{dx}dx=\sum_{j=1}^{s}\Big[e^{-in\pi x/a}f(x)\Big]_{x_{j-1}+0}^{x_j-0} \\ &\quad -\sum_{j=1}^{s}\int_{x_{j-1}}^{x_j}\frac{-in\pi}{a}e^{-in\pi x/a}f(x)dx \\ &= \sum_{j=1}^{s}\Big[e^{-in\pi x/a}f(x)\Big]_{x_{j-1}+0}^{x_j-0}+\frac{in\pi}{a}f_n \end{aligned} \tag{3.1.3}$$

と書き表わせる. Bessel の不等式

$$\int_{-a}^{a}\left|\frac{df(x)}{dx}\right|^2dx\geq\sum_{n=-\infty}^{\infty}|f_n'|^2 \tag{3.1.4}$$

において左辺は存在して有限であるから, 充分大きな n に対して $f_n'<o(1/\sqrt{|n|})$ である. (3.1.3)の右辺第1項は有限であるから, (3.1.3)から f_n に対して(3.1.2)が成り立つように定数 c を選ぶことができる.

とくに $f(x)$ が周期条件を充たすなめらかな関数であれば (3.1.2)の右辺第1項は0となるので(3.1.3)から

$$|f_n| < \frac{c'}{|n|}|f_n'| < \frac{c}{|n|^{3/2}} \tag{3.1.5}$$

を充たすように定数 c を選ぶことができる.

つぎに $d^\alpha f(x)/dx^\alpha$ $(\alpha=0,1,\cdots,h-2)$ が連続で周期条件を充たし, $d^{h-1}f(x)/dx^{h-1}$ が区分的になめらかである関数 $f(x)$ の Fourier 成分 f_n がある定数 c に対して

$$|f_n| < \frac{c}{|n|^h} \qquad (n \neq 0) \tag{3.1.6}$$

を充たすことを証明しよう. $d^{h-1}f(x)/dx^{h-1}$ の不連続な点, すなわち $\dfrac{d^{h-1}f}{dx^{h-1}}(x-0)$ と $\dfrac{d^{h-1}f}{dx^{h-1}}(x+0)$ とが一致しない点を $\{x_j\}$ $(j=1, 2,\cdots,s-1)$ とし, $x_0=-a$, $x_s=a$ と書くと, (3.1.3) を導いたようにに部分積分をくりかえすことによって

$$\begin{aligned} f_n^{(h)} &\equiv \int_{-a}^{a} e^{-in\pi x/a}\frac{d^h f(x)}{dx^h}dx \\ &= \sum_{j=1}^{s}\left[e^{-in\pi x/a}\frac{d^{h-1}f(x)}{dx^{h-1}}\right]_{x_{j-1}+0}^{x_j-0} + \left(\frac{in\pi}{a}\right)^h f_n \end{aligned} \tag{3.1.7}$$

が得られる. (3.1.3) を用いて (3.1.2) を導いたのとまったく同様にして, (3.1.7) を用いて (3.1.6) が証明される.

以上の結果をさきにあげた関数の Fourier 展開

$$|x| = \frac{a}{2} - \frac{4a}{\pi^2}\sum_{n=1}^{\infty}\frac{1}{(2n-1)^2}\cos\frac{(2n-1)\pi x}{a} \tag{3.1.8}$$

$$\cos\frac{\pi x}{2a} = \frac{2}{\pi} - \frac{4}{\pi}\sum_{n=1}^{\infty}\frac{(-1)^n}{(4n^2-1)}\cos\frac{n\pi x}{a} \tag{3.1.9}$$

$$x = \frac{2a}{\pi}\sum_{n=1}^{\infty}\frac{(-1)^{n-1}}{n}\sin\frac{n\pi x}{a} \tag{3.1.10}$$

$$\theta(x) = \frac{1}{2} + \frac{2}{\pi}\sum_{n=1}^{\infty}\frac{1}{2n-1}\sin\frac{(2n-1)\pi x}{a} \tag{3.1.11}$$

$$x(a^2-x^2)=\frac{12a^3}{\pi^3}\sum_{n=1}^{\infty}\frac{(-1)^{n-1}}{n^3}\sin\frac{n\pi x}{a} \tag{3.1.12}$$

$$x^2(2a^2-x^2)=\frac{7a^4}{15}+48\sum_{n=1}^{\infty}\frac{(-1)^n}{n^4}\cos\frac{n\pi x}{a} \tag{3.1.13}$$

に対する上述の結論とくらべると(3.1.8), (3.1.9)は(3.1.5)の, (3.1.10), (3.1.11)は(3.1.2)の, (3.1.12), (3.1.13)は(3.1.6)の結論と一致することがわかる.

周期条件を充たすなめらかな関数 $f(x)$ の Fourier 級数は(3.1.5)によって絶対一様収束することがわかるので, §2.1に述べた Fourier 式級数についての性質(v)によって $f(x)$ 自身に収束する.

関数 $f(x)$ のなめらかさが増せば増すほど, すなわちより高次の微分が存在したり連続性がよくなればなるほど, その Fourier 級数の収束性はよくなる. 逆に矩形波のように不連続点があるような波の Fourier 級数はずっと先まで残る. ときにはこの収束性の悪さが役立つ場合もある例としては, 真空管などの各振動数に対する特性を調べるのに矩形波のような高い振動数の成分まで残る波が用いられることがあげられる.

§3.2 項 別 積 分

$f(x)$ をその絶対値の2乗が $(-a,a)$ で積分可能な関数としよう. その Fourier 成分

$$c_n=\int_{-a}^{a}e^{-in\pi x/a}f(x)dx \tag{3.2.1}$$

は存在して Fourier 級数

$$\frac{1}{2a}\sum_{n=-\infty}^{\infty}c_ne^{in\pi x/a} \tag{3.2.2}$$

が作れる. このとき $f(x)$ の積分 $F(x)$ は

$$F(x)\equiv\int_{-a}^{x}f(x)dx$$
$$=\frac{1}{2a}c_0(x+a)-\frac{1}{2a}\sum_{n\neq0}\frac{(-1)^n a}{in\pi}c_n+\frac{1}{2a}\sum_{n\neq0}\frac{a}{in\pi}c_n e^{in\pi x/a} \tag{3.2.3}$$

のように Fourier 展開できて，右辺は一様収束すること，すなわち $f(x)$ の Fourier 級数を項別積分した級数は一様収束をすることがつぎのように証明される.

いま

$$\bar{f}(x)\equiv f(x)-\frac{c_0}{2a} \tag{3.2.4}$$

$$\bar{F}(x)\equiv\int_{-a}^{x}\bar{f}(x)dx=F(x)-\frac{c_0}{2a}(x+a) \tag{3.2.5}$$

と定義すると，

$$\bar{F}(a)=\bar{F}(-a)=0 \tag{3.2.6}$$

である. $\bar{F}(x)$ の Fourier 級数は

$$\bar{c}_0=\int_{-a}^{a}\bar{F}(x)dx \tag{3.2.7}$$

$$\bar{c}_n=\int_{-a}^{a}e^{-in\pi x/a}\bar{F}(x)dx=\left[\frac{a}{-in\pi}e^{-in\pi x/a}\bar{F}(x)\right]_{-a}^{a}$$
$$-\int_{-a}^{a}\frac{a}{-in\pi}e^{-in\pi x/a}\bar{f}(x)dx=\frac{a}{in\pi}c_n \qquad (n\neq0) \tag{3.2.8}$$

を用いて

$$\bar{F}(x)\sim\frac{1}{2a}\bar{c}_0+\frac{1}{2a}\sum_{n\neq0}\frac{a}{in\pi}c_n e^{in\pi x/a} \tag{3.2.9}$$

と書ける. $|f(x)|^2$ は可積分であるから Bessel の不等式(1.3.7)から，$\sum|c_n|^2$ は収束する. また

$$2\left|\frac{c_n}{n}\right| \leq \frac{1}{n^2}+|c_n|^2$$

であるから，Fourier 級数(3.2.9)は一様絶対収束をする．$\bar{F}(x)$ は連続で周期的であるので§2.1の(v)の性質により，この級数は $\bar{F}(x)$ 自身に収束する．したがってまた

$$\bar{F}(-a)=0=\frac{1}{2a}\bar{c}_0+\frac{1}{2a}\sum_{n\neq 0}\frac{(-1)^n a}{in\pi}c_n \quad (3.2.10)$$

が成り立つので，(3.2.5)，(3.2.10)を(3.2.9)の両辺を等しくおいた式に代入すると(3.2.3)が得られる．

§3.3 微　　分

なめらかな関数 $f(x)$ の Fourier 成分 c_n がわかっているとき，$df(x)/dx$ の Fourier 成分 c_n' は

$$\begin{aligned} c_n' &= \int_{-a}^{a} e^{-in\pi x/a}\frac{df(x)}{dx}dx \\ &= \left[e^{-in\pi x/a}f(x)\right]_{-a}^{a} - \int_{-a}^{a}\frac{-in\pi}{a}e^{-in\pi x/a}f(x)dx \\ &= (-1)^n\{f(a)-f(-a)\}+\frac{in\pi}{a}c_n \end{aligned} \quad (3.3.1)$$

となる．周期的，すなわち $f(a)=f(-a)$ であれば，$df(x)/dx$ の Fourier 級数

$$\frac{df(x)}{dx} \sim \sum_{n=-\infty}^{\infty}\frac{in\pi}{a}c_n e^{in\pi x/a}$$

は $f(x)$ の Fourier 級数

$$f(x) \sim \sum_{n=-\infty}^{\infty} c_n e^{in\pi x/a}$$

を項別微分して得られたものである．

同様な部分積分を行なうことにより，なめらかな関数 $f(x)$ とその微分の Fourier sine 係数や Fourier cosine 係数の間にはつぎ

の関係があることが示される.

$$\int_0^a \sin\frac{n\pi x}{a}\frac{df(x)}{dx}dx = -\frac{n\pi}{a}\int_0^a \cos\frac{n\pi x}{a}f(x)dx \tag{3.3.2}$$

$$\int_0^a \cos\frac{n\pi x}{a}\frac{df(x)}{dx}dx$$
$$= (-1)^n f(a) - f(0) + \frac{n\pi}{a}\int_0^a \sin\frac{n\pi x}{a}f(x)dx \tag{3.3.3}$$

これらを用いて, $df(x)/dx$ がなめらかなとき

$$\int_0^a \sin\frac{n\pi x}{a}\frac{d^2f(x)}{dx^2}dx = -\frac{n\pi}{a}[(-1)^n f(a) - f(0)]$$
$$-\left(\frac{n\pi}{a}\right)^2\int_0^a \sin\frac{n\pi x}{a}f(x)dx \tag{3.3.4}$$

$$\int_0^a \cos\frac{n\pi x}{a}\frac{d^2f(x)}{dx^2}dx = (-1)^n\frac{df}{dx}(a) - \frac{df}{dx}(0)$$
$$-\left(\frac{n\pi}{a}\right)^2\int_0^a \cos\frac{n\pi x}{a}f(x)dx \tag{3.3.5}$$

が得られる.

いま, 微分方程式

$$\frac{d^2y(x)}{dx^2} + \lambda y(x) = g(x) \tag{3.3.6}$$

を $y(0)$ と $y(a)$ を与えて解くという問題を考えてみよう. この方程式の Fourier sine 変換をとってみる. すなわち $\sin(n\pi x/a)$ を両辺にかけて 0 から a まで積分すると, (3.3.4) を用いて

$$-\frac{n\pi}{a}[(-1)^n y(a) - y(0)] - \left(\frac{n^2\pi^2}{a^2} - \lambda\right)\int_0^a \sin\frac{n\pi x}{a}y(x)dx$$
$$= \int_0^a \sin\frac{n\pi x}{a}g(x)dx \tag{3.3.7}$$

が得られる. $g(x), y(a), y(0)$ は与えられているから, (3.3.7) は

$y(x)$ の Fourier sine 係数

$$y_n=\int_0^a \sin\frac{n\pi x}{a}y(x)dx$$

についての代数方程式である．$\lambda\neq(n\pi/a)^2$ であれば

$$y_n=\frac{1}{\lambda-(n\pi/a)^2}\times\left[\int_0^a \sin\frac{n\pi x}{a}g(x)dx+\frac{n\pi}{a}(-1)^n y(a)-\frac{n\pi}{a}y(0)\right] \tag{3.3.8}$$

のように解け，微分方程式(3.3.6)の解は

$$y(x)=\frac{2}{a}\sum_{n=1}^{\infty}y_n \sin\frac{n\pi x}{a} \tag{3.3.9}$$

のように Fourier sine 級数で表わされる．

このようにして，微分方程式(3.3.6)を解く操作を代数方程式(3.3.7)を解く操作に還元したことになる．この議論をふり返ってみると，$y(0), y(a)$ が与えられたことに対応して(3.3.4)が有効に用いられたことが本質であった．もし $y(0), y(a)$ の代りに，$\frac{dy}{dx}(0), \frac{dy}{dx}(a)$ が与えられていたとすると，こんどは(3.3.5)を用いることによって Fourier cosine 変換によって代数方程式を解く問題に還元できることがわかる．ここに問題によってどの Fourier 展開を用いるべきかという問を解く鍵がある．

これらを後に統一的に表で示すために，ここではまず $df(x)/dx$ がなめらかな関数として，他の Fourier 変換についても部分積分により証明されるつぎの公式を書いておこう．

$$\int_0^a \sin\frac{(2n+1)\pi x}{2a}\frac{d^2f(x)}{dx^2}dx=(-1)^n\frac{df}{dx}(a)+\frac{\pi}{a}\left(n+\frac{1}{2}\right)f(0)-\frac{\pi^2}{a^2}\left(n+\frac{1}{2}\right)^2\int_0^a \sin\frac{(2n+1)\pi x}{2a}f(x)dx \tag{3.3.10}$$

$$\int_0^a \cos\frac{(2n+1)\pi x}{2a}\frac{d^2f(x)}{dx^2}dx = -\frac{df}{dx}(0)+(-1)^n\frac{\pi}{a}\left(n+\frac{1}{2}\right)f(a)$$
$$-\frac{\pi^2}{a^2}\left(n+\frac{1}{2}\right)^2\int_0^a \cos\frac{(2n+1)\pi x}{2a}f(x)dx \qquad (3.3.11)$$

$$\int_0^a \sin\xi_n x\frac{d^2f(x)}{dx^2}dx = \xi_n f(0)+\sin\xi_n a\left[\frac{df}{dx}(a)+hf(a)\right]$$
$$-\xi_n{}^2\int_0^a \sin\xi_n x f(x)dx \qquad (3.3.12)$$

$$\int_0^a \cos\eta_n x\frac{d^2f(x)}{dx^2}dx = -\frac{df}{dx}(0)+\cos\eta_n x\left[\frac{df}{dx}(a)+hf(a)\right]$$
$$-\eta_n{}^2\int_0^a \cos\eta_n x f(x)dx \qquad (3.3.13)$$

ただし, ξ_n, η_n はそれぞれ $\xi_n\cot\xi_n a+h=0$, $\eta_n\tan\eta_n a-h=0$ の正根である. これらは $\left(\frac{df}{dx}(a), f(0)\right)$, $\left(\frac{df}{dx}(0), f(a)\right)$, $\left(f(0), \frac{df}{dx}(a)+hf(a)\right)$, $\left(\frac{df}{dx}(0), \frac{df}{dx}(a)+hf(a)\right)$ が与えられたときにそれぞれ $\left\{\sin\frac{(2n+1)\pi x}{2a}\right\}$, $\left\{\cos\frac{(2n+1)\pi x}{2a}\right\}$, $\{\sin\xi_n x\}$, $\{\cos\eta_n x\}$ の展開が有効であることを示している.

第4章　Fourier 級数の有効な場合

§4.1　定数係数の線形常微分方程式の非同次の特解

$\{a_m\}$ を定数，$g(x)$ を与えられた関数として，方程式

$$\sum_{m=0}^{N} a_m \frac{d^m y(x)}{dx^m} = g(x) \tag{4.1.1}$$

の一般解は，同次方程式

$$\sum_{m=0}^{N} a_m \frac{d^m y(x)}{dx^m} = 0 \tag{4.1.2}$$

の一般解 $y_0(x)$ と，非同次方程式(4.1.1)の特解 $y_s(x)$ の和である．同次方程式の特解は，b, α を定数として $be^{\alpha x}$ とおいて(4.1.2)に代入して得られる条件

$$\sum_{m=0}^{N} a_m \alpha^m = 0 \tag{4.1.3}$$

の根として α をとることにより求められる．(4.1.3)に等根がなければ，n 個の根を $\{\alpha_t\}$ として，(4.1.2)の一般解は

$$y_0(x) = \sum_{t=1}^{N} b_t e^{\alpha_t x} \tag{4.1.4}$$

で与えられる．また l 重根 $\alpha_t{}^{(l)}$ があれば，それに対応する l 個の１次独立の解として

$$x^\nu e^{\alpha_t{}^{(l)} x} \qquad (\nu=0, 1, \cdots, l-1) \tag{4.1.5}$$

をとればよいことが確かめられる．

さて非同次方程式(4.1.1)の特解を求めるのに，既知関数 $g(x)$ が周期 $2a$ の周期関数であるとしよう．収束性を仮定して，$y(x)$, $g(x)$ を Fourier 級数に展開すると

$$y(x)=\frac{1}{2a}\sum_{n=-\infty}^{\infty}y_n e^{in\pi x/a} \tag{4.1.6}$$

$$g(x)=\frac{1}{2a}\sum_{n=-\infty}^{\infty}g_n e^{in\pi x/a} \tag{4.1.7}$$

となる．これらを方程式(4.1.1)に代入して，項別微分ができると仮定して，$e^{in\pi x/a}$ の各項をくらべることにより

$$\sum_{m=0}^{N}a_m\left(\frac{in\pi}{a}\right)^m y_n=g_n \tag{4.1.8}$$

が充たされれば解になっていることがわかる．g_n は $g(x)$ が与えられていれば

$$g_n=\int_{-a}^{a}e^{-in\pi x/a}g(x)dx \tag{4.1.9}$$

で与えられているので，$in\pi/a$ が同次方程式の根と一致しなければ(4.1.8)から

$$y_n=g_n\Big/\sum_{m=0}^{N}a_m\left(\frac{in\pi}{a}\right)^m \tag{4.1.10}$$

のように解ける．したがって同次方程式の根 $\{\alpha_t\}$ がすべて $in\pi/a$ (n 整数) に等しくないときは，非同次方程式の特解は

$$y_s(x)=\frac{1}{2a}\sum_{n=-\infty}^{\infty}\frac{g_n}{\sum_{m=0}^{N}a_m\left(\frac{in\pi}{a}\right)^m}e^{in\pi x/a} \tag{4.1.11}$$

のように解ける．

同次方程式の一重根 α_t が $ik\pi/a$ (k 整数) に等しいときには y_k については(4.1.10)のようには解けない．このとき α_t 以外の根が $in\pi/a$ (n 整数) に等しくなければ

$$y_s(x)=\frac{1}{2a}\sum_{n\neq k}y_n e^{in\pi x/a}+\frac{1}{2a}\lim_{\beta\to\alpha_t}\frac{(e^{\beta x}-e^{\alpha_t x})g_k}{\sum_{m=0}^{N}a_m\beta^m} \tag{4.1.12}$$

が(4.1.1)の特解になっていることを示すことができる．また

$$e^{\beta x} = e^{\alpha_t x}[1+(\beta-\alpha_t)x+\cdots]$$

と展開して，$\sum a_m\beta^m$ が $\beta-\alpha_t$ の因子を1つ含むことを考えると，(4.1.12)の右辺第2項の極限は有限であり，x に比例することがわかる．これは外力 $g(x)$ が系の固有振動と同じ振動数を持つときに生ずる現象であり，共鳴とよばれる．このとき，時間に相当する x に比例して振動がいくらでも大きくなるようにみえるが，やがて系の振動の振幅が微小であるとして線形方程式で近似したこと自身がだめになり，非線形項がきいてきて，振動がいくらでも大きくなるのをふせぐのが普通である．

同次方程式の l 重根 $\alpha_t^{(l)}$ が $ik\pi/a$ (k 整数) と一致するときにも同様に

$$y_s(x) = \frac{1}{2a}\sum_{n\neq k} y_n e^{in\pi x/a}$$

$$+\lim_{\beta\to\alpha_t^{(l)}} \frac{\left[e^{\beta x}-e^{\alpha_t^{(l)}x}\left\{1+(\beta-\alpha_t^{(l)})x+\cdots+\dfrac{(\beta-\alpha_t^{(l)})^{l-1}x^{l-1}}{(l-1)!}\right\}\right]g_k}{2a\sum_{m=0}^{N}a_m\beta^m}$$

が非同次方程式の特解であり，第2項の極限が有限であって x^l に比例することが確かめられる．

このようにして，非同次項が周期関数であるとき，Fourier 級数展開を用いることによって，非同次方程式の特解を求める問題を，その Fourier 成分を1次代数方程式の解として求める問題に帰着された．また非同次項が周期関数でないときでも，物理的に注目する領域を含むように区間 $(-a, a)$ を選んで形式的に周期関数として取り扱っても，その領域に関しては有用な近似解が得られる．

§4.2　常微分方程式 $\sum_{n=0}^{N} c_n \frac{d^{2n}}{dx^{2n}} y(x) = g(x)$ の特別な境界条件のもとでの解

前節において，定数係数線形常微分方程式の特解を求めるのに Fourier 級数展開が有効であることを知った．これを用いて得られた一般解から，与えられた境界値問題に対する解が求められる．しかし(3.3.9)でみたように，特別な微分方程式の特別な境界条件に対する解は，わざわざ一般解を求めなくても，はじめからそれに適合した Fourier 級数展開を用いることによってただちに得られる．例えば $y(0)$, $\frac{dy}{dx}(a)$ が与えられている問題に対しては，微分方程式

$$\frac{d^2y(x)}{dx^2} + \lambda y(x) = g(x) \tag{4.2.1}$$

の $\left\{\sin\frac{(2n+1)\pi x}{2a}\right\}$ による変換を行なうと，(3.3.10)を用いて

$$\left[-\frac{\pi^2}{a^2}\left(n+\frac{1}{2}\right)^2+\lambda\right]y_{hsn} = g_{hsn}-(-1)^n\frac{dy}{dx}(a)-\frac{\pi}{a}\left(n+\frac{1}{2}\right)y(0) \tag{4.2.2}$$

が得られる．ここで

$$y_{hsn} = \int_0^a \sin\frac{(2n+1)\pi x}{2a}\, y(x)dx \tag{4.2.3}$$

$$g_{hsn} = \int_0^a \sin\frac{(2n+1)\pi x}{2a}\, g(x)dx \tag{4.2.4}$$

である．(4.2.2)の右辺は全部与えられた量であるので，この代数1次方程式を解くことによって y_{hsn} が得られ，

$$y(x) = \frac{2}{a}\sum_{n=0}^{\infty} y_{hsn} \sin\frac{(2n+1)\pi x}{2a} \tag{4.2.5}$$

のように求める解が得られる．

いま，どのような場合にどのような変換を用いれば有効かということをもっとも簡単な(4.2.1)の場合を例にとって示すと表4.1のようになる．さらに一般の場合にもこの表を用いて適切な変換を見いだせることが多い．例えば $d^4y/dx^4+\lambda y=g$ を $\dfrac{d^2y}{dx^2}(0)$, $\dfrac{d^2y}{dx^2}(a), y(0), y(a)$ を与えて解くというような場合には，Fourier sine 変換が有効であることが

$$\int_0^a \sin\frac{n\pi x}{a}\frac{d^4y(x)}{dx^4}dx=-\frac{n\pi}{a}\left\{(-1)^n\frac{d^2y}{dx^2}(a)-\frac{d^2y}{dx^2}(0)\right\}$$
$$+\left(\frac{n\pi}{a}\right)^3\{(-1)^n y(a)-y(0)\}+\left(\frac{n\pi}{a}\right)^4\int_0^a \sin\frac{n\pi x}{a}y(x)dx \tag{4.2.6}$$

から確かめ得る．一般に与えられた境界値を0とおいた境界条件を充たす固有関数系があれば，それを用いた展開が有効な展開である．

この最後の主張は一見境界条件と矛盾しているように見える．例えば $y(0), y(a)$ が0でない値で与えられているときに表4.1に従って $y(x)=\dfrac{2}{a}\sum y_n\sin\dfrac{n\pi x}{a}$ のような形の解を求めると，$x=0, a$ で右辺は0となり左辺と一致しない．しかしこの展開は図4.1のような周期関数を与えるものであり，$x=0, a$ では右と左からの極限の平均値である0を表わす．このとき与えられた境界条件は内側からの極限 $y(+0)$, $y(a-0)$ に対応している．実用上の問題として展開の有限項で近似することを考えると，$x=0, a$ の近くでは級数の収束性が悪いがその点を除けば充分よい近似が期待される．この事情を領域 $0<x<a$ で定義された関数 $y(x)=1$ を，完全系 $\left\{\sin\dfrac{n\pi x}{a}\right\}$ で展開したときの有限項での近似

表 4.1 $\dfrac{d^2y(x)}{dx^2}+\lambda y(x)=g(x)$

領　域	与える条件	展　　開
$(-a,a)$	周期的	$\dfrac{1}{2a}\sum_{n=-\infty}^{\infty} y_n e^{in\pi x/a}$
$(0,a)$	$y(0),\ y(a)$	$\dfrac{2}{a}\sum_{n=1}^{\infty} y_n \sin\dfrac{n\pi x}{a}$
$(0,a)$	$\dfrac{dy}{dx}(0),\ \dfrac{dy}{dx}(a)$	$\dfrac{1}{a}y_0+\dfrac{2}{a}\sum_{n=1}^{\infty} y_n \cos\dfrac{n\pi x}{a}$
$(0,a)$	$y(0),\ \dfrac{dy}{dx}(a)$	$\dfrac{2}{a}\sum_{n=0}^{\infty} y_n \sin\dfrac{(2n+1)\pi x}{2a}$
$(0,a)$	$\dfrac{dy}{dx}(0),\ y(a)$	$\dfrac{2}{a}\sum_{n=0}^{\infty} y_n \cos\dfrac{(2n+1)\pi x}{2a}$
$(0,a)$	$y(0),\ \dfrac{dy}{dx}(a)+hy(a)$	$\sum\dfrac{2(h^2+\xi_n^2)y_n}{h+a(h^2+\xi_n^2)}\sin\xi_n x$
$(0,a)$	$\dfrac{dy}{dx}(0),\ \dfrac{dy}{dx}(a)+hy(a)$	$\sum\dfrac{2(h^2+\eta_n^2)y_n}{h+a(h^2+\eta_n^2)}\cos\eta_n x$

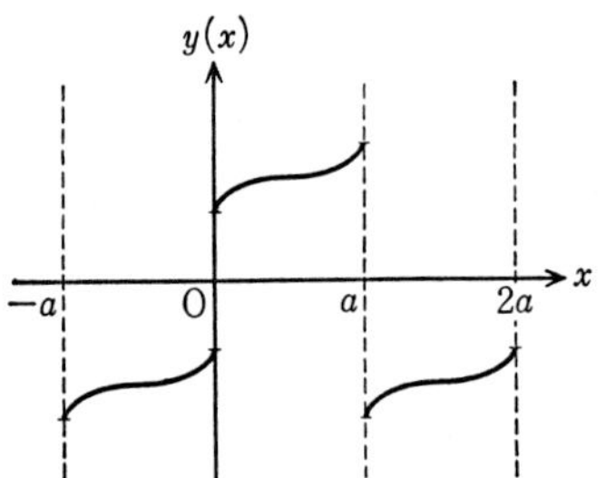

図 4.1

$$\frac{4}{\pi}\sum_{n=1}^{m}\frac{1}{2n-1}\sin\frac{(2n-1)\pi x}{a}$$

について調べてみる．$m=1,4,7$ に対して描いたものが図 4.2 である．これから近似を進めていくにつれて $x=0,a$ を除いて $y(x)=1$ に近づいていく様子を見ることができる．

を解くのに有効な Fourier 級数展開

$y(x)$ の変換 y_n	d^2y/dx^2 の変換
$\int_{-a}^{a} e^{-in\pi x/a} y(x)dx$	$-\left(\frac{n\pi}{a}\right)^2 y_n$
$\int_0^a \sin\frac{n\pi x}{a} y(x)dx$	$-\frac{n\pi}{a}[(-1)^n y(a)-y(0)]-\left(\frac{n\pi}{a}\right)^2 y_n$
$\int_0^a \cos\frac{n\pi x}{a} y(x)dx$	$(-1)^n\frac{dy}{dx}(a)-\frac{dy}{dx}(0)-\left(\frac{n\pi}{a}\right)^2 y_n$
$\int_0^a \sin\frac{(2n+1)\pi x}{2a} y(x)dx$	$(-1)^n\frac{dy}{dx}(a)+\frac{\pi}{a}\left(n+\frac{1}{2}\right)y(0)-\frac{\pi^2}{a^2}\left(n+\frac{1}{2}\right)^2 y_n$
$\int_0^a \cos\frac{(2n+1)\pi x}{2a} y(x)dx$	$-\frac{dy}{dx}(0)+(-1)^n\frac{\pi}{a}\left(n+\frac{1}{2}\right)y(a)-\frac{\pi^2}{a^2}\left(n+\frac{1}{2}\right)^2 y_n$
$\int_0^a \sin\xi_n x y(x)dx$	$\xi_n y(0)+\sin\xi_n a\left[\frac{dy}{dx}(a)+hy(a)\right]-\xi_n^2 y_n$
$\int_0^a \cos\eta_n x y(x)dx$	$-\frac{dy}{dx}(0)+\cos\eta_n a\left[\frac{dy}{dx}(a)+hy(a)\right]-\eta_n^2 y_n$

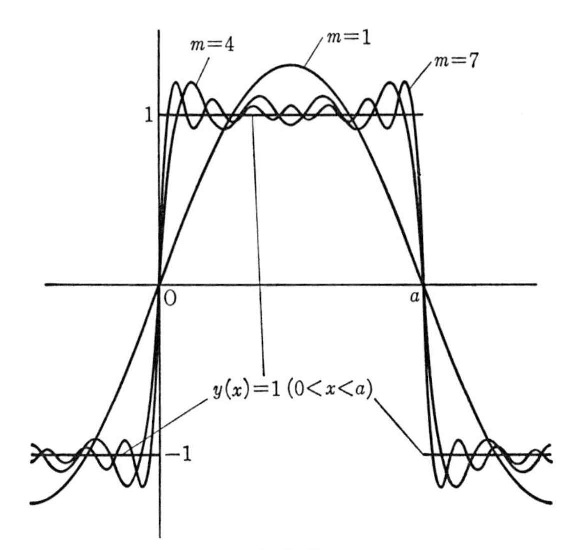

図4.2

§4.3 変数分離した方程式の1つが $\left(\frac{d^2}{dx^2}+\lambda\right)X(x)=0$ の形になる線形偏微分方程式の境界値問題

例として偏微分方程式

$$\left(\frac{\partial^2}{\partial x^2}+\frac{\partial^2}{\partial y^2}\right)\varphi(x,y)=0 \tag{4.3.1}$$

を境界条件

$$\left.\begin{array}{ll}\varphi(0,y)=f(y), & \varphi(\pi,y)=0\\ \varphi(x,0)=0, & \varphi(x,b)=g(x)\end{array}\right\} \tag{4.3.2}$$

のもとで解く問題を考えよう.

まず, $f(y)=0$ のときに**変数分離の方法**で解いてみよう. $\varphi(x,y)=X(x)Y(y)$ とおいて(4.3.1)に代入して $\varphi(x,y)$ で割ると,

$$\frac{1}{X(x)}\frac{d^2X(x)}{dx^2}+\frac{1}{Y(y)}\frac{d^2Y(y)}{dy^2}=0 \tag{4.3.3}$$

となる. 第1項は x だけの関数, 第2項は y だけの関数であるから, この方程式が x,y の値のいかんにかかわらず成立するためには, 両項とも定数でなければならない. すなわち

$$\frac{d^2X(x)}{dx^2}=-\lambda X(x) \tag{4.3.4}$$

$$\frac{d^2Y(y)}{dy^2}=\lambda Y(y) \tag{4.3.5}$$

が成立する. この λ を**分離定数**という. (4.3.4)の一般解は

$$X(x)=A\sin\sqrt{\lambda}\,x+B\cos\sqrt{\lambda}\,x \tag{4.3.6}$$

である. これが $x=0$ で0であるためには

$$B=0 \tag{4.3.7}$$

であり, $x=\pi$ で0であるためには

$$\sqrt{\lambda}=n \qquad (n\text{ 整数}) \tag{4.3.8}$$

でなければならない. この λ を(4.3.5)に入れると,

$$\frac{d^2Y(y)}{dy^2}=n^2Y(y) \tag{4.3.9}$$

となり，その一般解は

$$Y(y)=C\sinh ny+D\cosh ny \tag{4.3.10}$$

となる．$y=0$ で 0 となるために，

$$D=0 \tag{4.3.11}$$

である．あと充たすべき境界条件は $\varphi(x,b)=g(x)$ である．n をきめた解

$$A_n \sin nx \sinh ny$$

の n をいろいろに代えたものの和をとってもまた解である．これは方程式(4.3.1)が線形であることの大切な性質であり，**重ね合わせの原理**(principle of superposition)とよばれる．このようにして，解

$$\varphi(x,y)=\sum_{n=1}^{\infty}A_n\sin nx\sinh ny \tag{4.3.12}$$

が得られ，残りの境界条件

$$g(x)=\varphi(x,b)=\sum_{n=1}^{\infty}A_n\sin nx\sinh nb \tag{4.3.13}$$

を充たすように A_n をきめることができればよい．これは $g(x)$ の Fourier sine 展開であるので，逆変換をして

$$A_n=\frac{2}{\pi\sinh nb}\int_0^{\pi}\sin nx g(x)dx \tag{4.3.14}$$

としてきまる．

以上のような手続きは，$f(y)=0$ のときには(4.3.4)を $x=0,\pi$ で 0 という条件で解けばよかったから，その境界条件のもとに特別な分離定数に対してのみ解が見いだされた．逆に言えば許される個々の分離定数に対応する解がそれぞれ独立に境界条件と適合していた．しかし $f(y)\neq 0$ のときには(4.3.4)をどのような境界

条件で解けばよいかわからない．すなわち個々の分離定数に対する解だけを別々に見ていたのでは求める境界条件に適合する解を見いだすことができない．そこでこの場合のように $x=0, \pi$ で未知関数そのものが与えられているときには，表4.1であきらかにされたように，方程式(4.3.4)を両端での関数値を与えて解くときに Fourier sine 変換が有効であったことを思いだす．そして(4.3.1)を x について Fourier sine 変換をしてみる．すなわち(4.3.1)の両辺に $\sin nx$ をかけて，0から π まで x について積分をする．まず

$$\int_0^\pi \varphi(x, y) \sin nx dx \equiv \varphi_n(y) \tag{4.3.15}$$

とかくと，

$$\begin{aligned}\int_0^\pi \sin nx \frac{\partial^2 \varphi(x, y)}{\partial x^2} dx &= -n(-1)^n \varphi(\pi, y) + n\varphi(0, y) - n^2 \varphi_n(y) \\ &= nf(y) - n^2 \varphi_n(y)\end{aligned} \tag{4.3.16}$$

を用いて，

$$nf(y) - n^2 \varphi_n(y) + \frac{d^2}{dy^2} \varphi_n(y) = 0 \tag{4.3.17}$$

となり，$\varphi_n(y)$ についての常微分方程式となる．$y=0, b$ での境界条件を考慮すると

$$\left.\begin{aligned}\varphi_n(0) &= 0 \\ \varphi_n(b) &= \int_0^\pi g(x) \sin nx dx\end{aligned}\right\} \tag{4.3.18}$$

が成立する．(4.3.17)の一般解

$$\varphi_n(y) = A_n \sinh ny + B_n \cosh ny - \int_0^y \sinh n(y-y') f(y') dy' \tag{4.3.19}$$

が条件(4.3.18)を充たすためには，

$$\left.\begin{aligned} B_n &= 0 \\ A_n &= \frac{1}{\sinh nb}\left[\int_0^\pi \sin nx g(x)dx + \int_0^b \sinh n(b-y')f(y')dy'\right] \end{aligned}\right\} \tag{4.3.20}$$

であればよい．$\varphi_n(y)$ は $\varphi(x, y)$ の x についての Fourier sine 変換の成分であるので

$$\varphi(x, y) \sim \frac{2}{\pi}\sum \varphi_n(y) \sin nx \tag{4.3.21}$$

となる．この級数が一様収束する y に対してはこれは $\varphi(x, y)$ に収束する．$\varphi(x, y)$ の x についての不連続点または $x=0, \pi$ では一般に

$$\frac{1}{2}\{\varphi(x+0, y)+\varphi(x-0, y)\} = \frac{2}{\pi}\sum \varphi_n(y) \sin nx \tag{4.3.22}$$

が成立する．$f(y)=0$ のときはこれはさきに変数分離法で解いた (4.3.12) と一致する．$f(y)\neq 0$ では (4.3.22) は $x=0$ で 0 となり $\varphi(0, y)=f(y)$ には収束しない．この事情は図 4.1 で示したものと同じである．

このように Fourier 級数展開の方法は単に偏微分方程式を常微分方程式に帰着させて解き易くするだけでなく，同じように常微分方程式に帰着させる変数分離の方法にくらべてはるかに広い適用範囲を持つことに注目すべきである．

物理においてよく出てくる方程式

$$(\Delta+k^2)\phi(\boldsymbol{r}) = 0 \qquad \text{(Helmholtz 方程式)}$$

$$\left(\kappa^2\Delta - \frac{\partial}{\partial t}\right)\phi(\boldsymbol{r}, t) = 0 \qquad \text{(拡散方程式)}$$

$$\left(\Delta - \frac{1}{c^2}\frac{\partial^2}{\partial t^2}\right)\phi(\boldsymbol{r}, t) = 0 \qquad \text{(波動方程式)}$$

などの境界条件が矩形上とか，直方面上などで与えられるときは，x–y 座標とか，x–y–z 座標が分離座標となり，分離した方程式は (4.3.4) の型となる．このようなときには，解を始めから x などについて適当な Fourier 級数に展開することによって，上述のように変数分離で解くよりずっと広い範囲の境界条件に対して解くことができる．x–y–z 座標が分離座標でない場合でも Fourier 級数が有効である特別な場合として，上記のような方程式で境界条件が球面上で与えられ，かつ解が球座標の r にのみよる場合があげられる．このとき

$$\Delta\psi(r) = \left(\frac{1}{r}\frac{\partial^2}{\partial r^2}r + \frac{1}{r^2\sin\theta}\frac{\partial}{\partial\theta}\sin\theta\frac{\partial}{\partial\theta} + \frac{1}{r^2\sin^2\theta}\frac{\partial^2}{\partial\varphi^2}\right)\psi(r)$$
$$= \frac{1}{r}\frac{\partial^2}{\partial r^2}r\psi(r)$$

となり，$r\psi(r)=\chi(r)$ とおくことにより，χ について

$$\frac{d^2}{dr^2}\chi(r) + \lambda\chi(r) = 0$$

の形の方程式に導けるからである．境界条件については球面上で $\psi(r)$ が与えられたときは

$$\chi(0) = 0, \qquad \chi(a) = a\psi(a) \tag{4.3.23}$$

となり，球面上で $\partial\psi(r)/\partial r$ が与えられたときは

$$\chi(0) = 0, \qquad \frac{\partial\chi}{\partial r}(a) - \frac{1}{a}\chi(a) = a\frac{\partial\psi}{\partial r}(a) \tag{4.3.24}$$

となる．したがって前者の場合は $\left\{\sin\dfrac{n\pi r}{a}\right\}$ による展開が，後者の場合は $\{\sin\xi_n r\}$ (ξ_n: $\xi\cot\xi a - 1/a = 0$ の正根) による展開が有効であることが表 4.1 からわかる．

第5章　多重 Fourier 級数

$(-a<x<a)$, $(-b<y<b)$ で定義されている，性質のよい関数 $f(x, y)$ を考えよう．いま x について Fourier 級数展開できたとすると，

$$f(x, y)=\frac{1}{2a}\sum_{n=-\infty}^{\infty} c_n(y)e^{in\pi x/a} \tag{5.1}$$

$$c_n(y)=\int_{-a}^{a} e^{-in\pi x/a}f(x, y)dx \tag{5.2}$$

である．さらに $c_n(y)$ が y について Fourier 級数展開できたとすると，

$$f(x, y)=\frac{1}{4ab}\sum_{n=-\infty}^{\infty}\sum_{m=-\infty}^{\infty} c_{nm}e^{im\pi y/b}e^{in\pi x/a} \tag{5.3}$$

$$c_{nm}=\int_{-b}^{b} dye^{-im\pi y/b}\int_{-a}^{a} dxe^{-in\pi x/a}f(x, y) \tag{5.4}$$

と書ける．このとき(5.3), (5.4)がそれぞれ和の順序・積分の順序によらないとすると，

$$f(x, y)=\frac{1}{4ab}\sum_{n,m=-\infty}^{\infty} c_{nm}e^{in\pi x/a+im\pi y/b} \tag{5.5}$$

$$c_{nm}=\int_{-a}^{a} dx\int_{-b}^{b} dye^{-in\pi x/a-im\pi y/b}f(x, y) \tag{5.6}$$

のように2重 Fourier 展開ができる．

完全性については一般に多重展開に拡張しても成立する．すなわち $(-a<x<a)$ で完全系 $\{\varphi_n(x)\}$, $(-b<y<b)$ で完全系 $\{\psi_m(y)\}$ があるとき，領域 $(-a<x<a)$, $(-b<y<b)$ で $\{\varphi_n(x)\psi_m(y)\}$ は完全系となる．しかし収束性については1変数の場合よりかなり強

い条件が必要である．以下ではむしろ一般に多重 Fourier 展開が可能であると仮定して出発することとする．

展開(5.5)は関数 $f(x,y)$ が x について周期 $2a$，y について周期 $2b$ の関数であることを示している．x-y を直交座標とすると，これは垂直な 2 方向に周期性を持つ．物理学においては結晶のように一般には周期性を示す方向が互いに直交していないものを取り扱うことが多い．このような場合に適当な多重 Fourier 展開について少し述べておこう．結晶軸の方向が $\boldsymbol{a}^{(i)}$ $(i=1,2,3)$ でそれらの方向への周期がそれぞれ $|\boldsymbol{a}^{(i)}|$ であるとき，$\{\boldsymbol{a}^{(i)}\}$ を**結晶格子ベクトル**という．このような周期性があれば $\{m_i\}$ を整数として点 $\boldsymbol{r}$ におけるある種の物理量と点 $\boldsymbol{r}+\sum_{i=1}^{3}m_i\boldsymbol{a}^{(i)}$ におけるそれとは物理的な性質が等しい．したがって例えば電子密度のような物理量 $\rho(\boldsymbol{r})$ は

$$\rho(\boldsymbol{r}) = \sum_{(\boldsymbol{h})} A_{\boldsymbol{h}} e^{2\pi i\boldsymbol{h}\cdot\boldsymbol{r}} \tag{5.7}$$

$$\boldsymbol{h}\cdot\sum_{i=1}^{3}m_i\boldsymbol{a}^{(i)} = \text{整数} \tag{5.8}$$

のように展開できるであろう．(5.8)のような性質を持つベクトル $\boldsymbol{h}$ は $\{h_i\}$ を整数として一般に

$$\boldsymbol{h} = \sum_{i=1}^{3}h_i\boldsymbol{b}^{(i)} \tag{5.9}$$

のように書ける．ここで $\{\boldsymbol{b}^{(i)}\}$ は

$$\boldsymbol{a}^{(i)}\cdot\boldsymbol{b}^{(j)} = \delta_{ij} \tag{5.10}$$

を充たす 3 つのベクトルであり，

$$\boldsymbol{b}^{(i)} = \frac{\boldsymbol{a}^{(j)}\times\boldsymbol{a}^{(k)}}{\boldsymbol{a}^{(1)}\cdot\boldsymbol{a}^{(2)}\times\boldsymbol{a}^{(3)}} \qquad (i,j,k=\text{cyclic } 1,2,3) \tag{5.11}$$

と表わされ，**逆格子ベクトル**という．

展開(5.7)の逆変換は

$$A_{\boldsymbol{h}} = \frac{1}{v}\int_{\text{cell}} \rho(r) e^{-2\pi i \boldsymbol{h}\cdot\boldsymbol{r}} d\boldsymbol{r} \qquad (5.12)$$

で与えられることを示しておこう．ここで積分は結晶単位について行ない，v はその体積である．(5.12)の右辺に(5.7)を代入すると，

$$\begin{aligned}
&\frac{1}{v}\int_{\text{cell}} \sum_{\boldsymbol{h}'} A_{\boldsymbol{h}'} e^{2\pi i(\boldsymbol{h}'-\boldsymbol{h})\cdot\boldsymbol{r}} d\boldsymbol{r} \\
&\quad = \int_0^1 d\lambda_1 d\lambda_2 d\lambda_3 \sum_{\boldsymbol{h}'} A_{\boldsymbol{h}'} \exp\left[2\pi i \sum_{j=1}^{3} (h_j' - h_j) \boldsymbol{b}^{(j)} \cdot \sum_{k=1}^{3} \lambda_k \boldsymbol{a}^{(k)}\right] \\
&\quad = \int_0^1 d\lambda_1 d\lambda_2 d\lambda_3 \sum_{\boldsymbol{h}'} A_{\boldsymbol{h}'} \exp\left[2\pi i \sum_{j=1}^{3} (h_j' - h_j) \lambda_j\right] = A_{\boldsymbol{h}}
\end{aligned}$$

となって(5.12)が示される．ここで $\boldsymbol{r} = \sum_{k=1}^{3} \lambda_k \boldsymbol{a}^{(k)}$ とおいて，結晶単位についての積分を $\lambda_1\lambda_2\lambda_3$ についての積分にかえている．この積分変数の変換に対するヤコビアンは $v = \boldsymbol{a}^{(1)} \cdot \boldsymbol{a}^{(2)} \times \boldsymbol{a}^{(3)}$ である．

第6章　Fourier 積分変換への移行

いままで取り扱って来た関数はすべて有限領域で境界条件が与えられた．これは物理的な対象が有限領域に限られているか，あるいは周期性によって無限領域までのびていても本質は1周期の領域のみ考えれば充分であるかの，どちらかの場合に対応している．実際には物理的な対象はすべて有限領域に限られていると考えてよいが，それが充分広くて近似的に無限領域として取り扱うほうが簡単である場合も多い．この章ではこのような場合すなわち無限遠で境界条件を与えて問題を解く場合に有効な方法を考えよう．すなわちいままで取り扱ってきた方法が $a\to\infty$ にした極限でどのようになるか調べる．

さきに述べた正則境界条件に対する Sturm-Liouville 問題の固有値は可附番無限個あった．$a\to\infty$ の極限でこの固有値の分布はどうなるであろうか．固有関数系(2.2.4)による Fourier 級数展開

$$f(x)=\frac{1}{2a}\sum_{n=-\infty}^{\infty}c_n e^{in\pi x/a} \tag{6.1}$$

$$c_n=\int_{-a}^{a}e^{-in\pi x/a}f(x)dx \tag{6.2}$$

においては，固有値は $k_n{}^2\equiv\left(\dfrac{n\pi}{a}\right)^2$ である．隣り合う k_n の差 $k_{n+1}-k_n=\pi/a$ は $a\to\infty$ とするといくらでも小さくなる．いまこの極限ではあたかも連続のごとく考えて

$$dk=k_{n+1}-k_n=\frac{\pi}{a}$$

と書くことにしよう．(6.1)のような和 $\sum f_n$ を考えるとこれは図

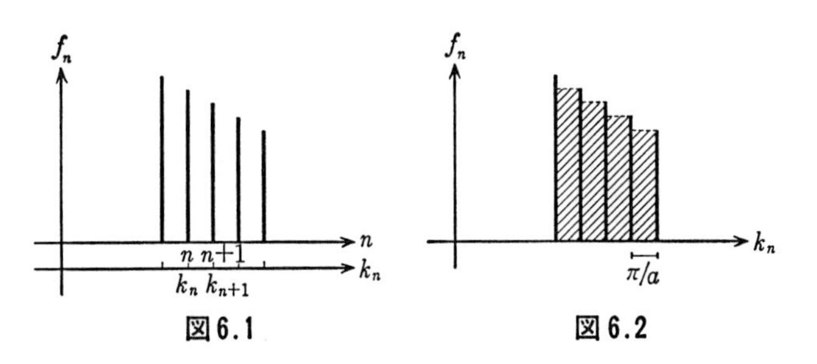

図6.1　　図6.2

6.1の縦線の長さを加えたものである．横軸を n の代りに k_n で表示すれば，k_{n+1} と k_n の間隔は π/a である．この図を図6.2のように書くと斜線の部分の面積は

$$\sum \frac{\pi}{a} f_n$$

である．$\pi/a \to 0$ にするとこれは Riemann 積分に移行して，$f_n = f(k)$ とすると

$$\int dk f(k)$$

となる．したがって

$$\frac{\pi}{a} \sum f_n \to \int dk f(k)$$

のような移行が得られる．かくして(6.1)，(6.2)は

$$f(x) = \frac{1}{2\pi} \lim_{K\to\infty} \int_{-K}^{K} c(k) e^{ikx} dk \tag{6.3}$$

$$c(k) = \lim_{a\to\infty} \int_{-a}^{a} f(x) e^{-ikx} dx \tag{6.4}$$

となる．これはまた

$$\begin{aligned} f(x) &= \lim_{K\to\infty} \lim_{a\to\infty} \frac{1}{2\pi} \int_{-K}^{K} dk e^{ikx} \int_{-a}^{a} dx' e^{-ikx'} f(x') \\ &= \lim_{K\to\infty} \lim_{a\to\infty} \frac{1}{\pi} \int_{0}^{K} dk \int_{-a}^{a} dx' \cos k(x-x') f(x') \end{aligned} \tag{6.5}$$

のように書ける．(6.5)を**Fourier の積分定理**という．極限の順序は上の通りにきめられている．

こうして Fourier 積分定理が Fourier 級数展開からの極限として求められた．このような極限が許されるためには，当然 $f(x)$ にある程度のよい性質がなければいけない．ここではただ，区分的になめらかな関数 $f(x)$ に対して成立する **Dirichlet の積分公式**(参考書(10) 158 ページ参照)

$$\lim_{v\to\infty}\frac{1}{\pi}\int_{-a}^{a}f(x+t)\frac{\sin vt}{t}dt=\frac{1}{2}[f(x-0)+f(x+0)] \tag{6.6}$$

を用いて，絶対値 $|f(x)|$ の積分が有限である区分的になめらかな関数 $f(x)$ に対して

$$\frac{1}{2}[f(x-0)+f(x+0)]=\frac{1}{2\pi}\int_{-\infty}^{\infty}dk\int_{-\infty}^{\infty}dx'f(x')\cos k(x-x') \tag{6.7}$$

が証明されることだけを注意しておこう．

Fourier の積分定理はまた，ある関数 $f(x)$ の **Fourier 積分変換**を

$$\hat{f}(k)=\frac{1}{2\pi}\int_{-\infty}^{\infty}e^{-ikx}f(x)dx \tag{6.8}$$

で定義すると，その**逆変換**が

$$f(x)=\int_{-\infty}^{\infty}e^{ikx}\hat{f}(k)dk \tag{6.9}$$

として得られると解釈することができる．あるいは因子 $(2\pi)^{-1}$ を逆変換の方につけ変換の方につけないこともあるし，両方に $(2\pi)^{-1/2}$ ずつつけることもある．時には $e^{2\pi ikx}$ のような積分核をとることによって変換にも逆変換にも 2π の冪(べき)が出ないように定義することもある．これらはどれを用いても線形の範囲で用いて

いる限りはあまり変りはない．非線形の方程式を取り扱うときには因子 2π の現われ方が異なる．例えば Navier–Stokes 方程式のように非線形項が2次のものであれば，(6.8),(6.9)のように定義しておけば $\hat{f}(k)$ の方程式に 2π の冪が現われない．また Fourier 積分変換の積分核の指数関数の肩の符号をプラスに，逆変換のそれをマイナスにとることもある．Fourier 級数展開(6.1)の素直な拡張としての(6.3)をみると，むしろ 2π を逆変換につける方が自然かも知れないが，本書ではとくに断わらない限り(6.8),(6.9)のように変換と逆変換を定義しておくことにする．

Fourier の積分定理を数学的に厳密な取り扱いもせず，さきに述べた Fourier 級数展開からの極限移行も考えないで，直接に理解するためには，補遺Bで述べる δ 関数の表現

$$\delta(x) = \frac{1}{2\pi}\int_{-\infty}^{\infty} e^{ikx}dk \tag{6.10}$$

を用いると便利である．すなわち形式的に(6.5)の積分順序を交換してみると

$$\begin{aligned}\lim_{a\to\infty}\int_{-a}^{a}dx'f(x')\left[\lim_{K\to\infty}\frac{1}{2\pi}\int_{-K}^{K}dke^{ik(x-x')}\right] \\ = \int_{-\infty}^{\infty}dx'f(x')\delta(x-x') = f(x)\end{aligned}$$

と書け，積分定理が成立していることが理解できる．(6.10)は本来なら可積分ではない関数 $\hat{f}(k)=(2\pi)^{-1}$ の Fourier 積分逆変換が δ 関数であることを意味している．実際

$$\hat{f}(k) = \frac{1}{2\pi}\int_{-\infty}^{\infty}e^{-ikx}\delta(x)dx = \frac{1}{2\pi}$$

となり，$\delta(x)$ の Fourier 積分変換は $(2\pi)^{-1}$ である．δ 関数の表現(6.10)は非常に便利である．

まったく同様な極限移行を Fourier sine 級数展開，Fourier

cosine 級数展開について行うと，$f(x)$ の **Fourier sine 積分変換**

$$\hat{f}_s(k)=\sqrt{\frac{2}{\pi}}\int_0^\infty \sin kx f(x)dx \tag{6.11}$$

とその逆変換

$$f(x)=\sqrt{\frac{2}{\pi}}\int_0^\infty \sin kx \hat{f}_s(k)dk \tag{6.12}$$

と，$f(x)$ の **Fourier cosine 積分変換**

$$\hat{f}_c(k)=\sqrt{\frac{2}{\pi}}\int_0^\infty \cos kx f(x)dx \tag{6.13}$$

とその逆変換

$$f(x)=\sqrt{\frac{2}{\pi}}\int_0^\infty \cos kx \hat{f}_c(k)dk \tag{6.14}$$

が得られる．これらの場合には変換の積分核と逆変換の積分核が全く同じになるように $2/\pi$ をこのように $\sqrt{2/\pi}$ ずつに分けるのが普通である．変換と逆変換の積分核が同じときこの積分核を **Fourier 核**ということがある．

さてこれらの積分変換がどのような場合に有効となるかを考えて見よう．まず全域 $(-\infty,\infty)$ にわたる物理量 $f(x)$ を扱うときには，領域 $\lim_{a\to\infty}(-a,a)$ で得られた Fourier 積分変換 (6.7) が用いられるべきであろう．$f(x)$ が $x=\pm\infty$ で充分早く 0 になるようなものであれば

$$\int_{-\infty}^\infty e^{-ikx}\frac{d^nf(x)}{dx^n}dx=(ik)^n\int_{-\infty}^\infty e^{-ikx}f(x)dx \tag{6.15}$$

が成立するので，Fourier 級数展開のときと同様に定数係数線形常微分方程式を代数方程式に簡易化できる．

領域 $(0,\infty)$ で考える物理量 $f(x)$ が $x=\infty$ で充分早く 0 になれば

$$\int_0^\infty \sin kx \frac{d^2 f(x)}{dx^2}dx = kf(0) - k^2 \int_0^\infty \sin kx f(x) dx \tag{6.16}$$

$$\int_0^\infty \cos kx \frac{d^2 f(x)}{dx^2}dx = -\frac{df}{dx}(0) - k^2 \int_0^\infty \cos kx f(x) dx \tag{6.17}$$

が成立する．これらから $f(x)$ が例えば常微分方程式

$$\frac{d^2 f(x)}{dx^2} + \lambda f(x) = g(x) \tag{6.18}$$

を充たしているとすれば，$f(0)$ が与えられているときには Fourier sine 積分変換によって

$$(-k^2+\lambda)\hat{f}_s(k) = -\sqrt{\frac{2}{\pi}}kf(0) + \hat{g}_s(k)$$

のように $\hat{f}_s(k)$ の代数方程式となり，$\dfrac{df}{dx}(0)$ が与えられているときには Fourier cosine 積分変換によって

$$(-k^2+\lambda)\hat{f}_c(k) = \sqrt{\frac{2}{\pi}}\frac{df}{dx}(0) + \hat{g}_c(k)$$

のように $\hat{f}_c(k)$ の代数方程式となる．この事情はまた Fourier 級数展開のときと同様に，分離した方程式の 1 つが(6.18)であるような線形偏微分方程式の境界値問題を解くにあたって，境界 $x=0$ で $f(0)$ または $\dfrac{df}{dx}(0)$ が与えられ $x=\infty$ で充分早く 0 になるような場合は，未知関数を x について Fourier sine 積分変換または Fourier cosine 積分変換を用いることが有効であることを示している．

表 4.1 にならって，常微分方程式 $\sum c_n \dfrac{d^n y(x)}{dx^n} = g(x)$ を解くときにどのような境界条件に対応してどのような Fourier 積分変換が有効であるかを表 6.1 で示しておく．第2章でも述べたように Fourier 積分変換・Fourier sine 積分変換・Fourier cosine 積分変

表 6.1 $\sum_{n=0}^{N} c_n \frac{d^n y(x)}{dx^n} = g(x)$

領　域	c_n の制限	境界条件	$y(x)$ の変換 $\hat{y}(k)$
$(-\infty, \infty)$	な　し	$y(\pm\infty)=0$	$\frac{1}{2\pi}\int_{-\infty}^{\infty} e^{-ikx} y(x) dx$
$(0, \infty)$	$c_{2m+1}=0$	$\frac{d^{2m}y}{dx^{2m}}(0)$ $y(\infty)=0$	$\sqrt{\frac{2}{\pi}}\int_0^{\infty} \sin kx y(x) dx$
$(0, \infty)$	$c_{2m+1}=0$	$\frac{d^{2m+1}y}{dx^{2m+1}}(0)$ $y(\infty)=0$	$\sqrt{\frac{2}{\pi}}\int_0^{\infty} \cos kx y(x) dx$

換を単に Fourier 変換・Fourier sine 変換・Fourier cosine 変換ということもある.

(1.3.24) と (f, g) に対して前述の極限をとると, $\sqrt{2a}\, c_n' = c_n \to 2\pi \hat{f}(k)$ であるから

$$\int_{-\infty}^{\infty} |f(x)|^2 dx = 2\pi \int_{-\infty}^{\infty} |\hat{f}(k)|^2 dk \tag{6.19}$$

$$\int_{-\infty}^{\infty} f^*(x) g(x) dx = 2\pi \int_{-\infty}^{\infty} \hat{f}^*(k) g(k) dk \tag{6.20}$$

が成立する. これはまた形式的に (B.4) を用いて

$$\begin{aligned}
\int_{-\infty}^{\infty} f^*(x) g(x) dx &= \int_{-\infty}^{\infty} (\hat{f}(k) e^{ikx})^* \hat{g}(k') e^{ik'x} dk dk' dx \\
&= 2\pi \int_{-\infty}^{\infty} \hat{f}^*(k) \hat{g}(k') \left(\frac{1}{2\pi} \int_{-\infty}^{\infty} e^{i(k'-k)x} dx \right) dk dk' \\
&= 2\pi \int_{-\infty}^{\infty} \hat{f}^*(k) \hat{g}(k') \delta(k-k') dk dk' \\
&= 2\pi \int_{-\infty}^{\infty} \hat{f}^*(k) \hat{g}(k) dk
\end{aligned}$$

を解くのに有効な Fourier 積分変換

$d^n y/dx^n$ の変換	逆変換 $y(x)$
$(ik)^n \hat{y}(k)$	$\int_{-\infty}^{\infty} e^{ikx}\hat{y}(k)dk$
$(n=2m)$ $\sqrt{\dfrac{2}{\pi}}\sum_{r=1}^{m}(-1)^{r-1}k^{2r-1}\dfrac{d^{2m-2r}y}{dx^{2m-2r}}(0)+(-k^2)^m\hat{y}(k)$	$\sqrt{\dfrac{2}{\pi}}\int_0^{\infty}\sin kx\hat{y}(k)dk$
$(n=2m)$ $\sqrt{\dfrac{2}{\pi}}\sum_{r=0}^{m-1}(-1)^{r+1}k^{2r}\dfrac{d^{2m-1-2r}y}{dx^{2m-1-2r}}(0)+(-k^2)^m\hat{y}(k)$	$\sqrt{\dfrac{2}{\pi}}\int_0^{\infty}\cos kx\hat{y}(k)dk$

のように証明することもできる.

この章のおわりにあたって，よく用いられる演算である**たたみこみ**(convolution)について述べておこう．例えば後に§7.3で取り扱うように線形系においては，δ関数$\delta(t)$という入力に対する出力$h(t)$がわかっていると，一般の入力

$$f(t) = \int_{-\infty}^{\infty} f(\tau)\delta(t-\tau)d\tau$$

に対する出力は

$$\int_{-\infty}^{\infty} f(\tau)h(t-\tau)d\tau \equiv f*h(t)$$

で表わされる．このような形の積分をたたみこみとよび，物理において極めてたびたび出会う形である．いま$f(t), h(t)$の Fourier 変換を

$$\hat{f}(k) = \frac{1}{2\pi}\int_{-\infty}^{\infty} f(t)e^{-ikt}dt$$

$$\hat{h}(k) = \frac{1}{2\pi}\int_{-\infty}^{\infty} h(t)e^{-ikt}dt$$

とすると $f*h(t) \equiv g(t)$ の Fourier 変換は

$$\begin{aligned}\hat{g}(k) &= \frac{1}{2\pi}\int_{-\infty}^{\infty}\int_{-\infty}^{\infty} f(\tau)h(t-\tau)d\tau e^{-ikt}dt \\ &= 2\pi\left(\frac{1}{2\pi}\int_{-\infty}^{\infty} f(\tau)e^{-ik\tau}d\tau\right)\left(\frac{1}{2\pi}\int_{-\infty}^{\infty} h(t-\tau)e^{-ik(t-\tau)}d(t-\tau)\right) \\ &= 2\pi\hat{f}(k)\hat{h}(k) \qquad (6.21)\end{aligned}$$

のように $f(t)$ と $h(t)$ の Fourier 変換の積で表わされる.

このようなたたみこみの演算は Fourier 積分変換についてのみ (6.21) のような関係が成立するのではなく，有限区間に対する Fourier 変換例えば

$$f_n = \int_{-a}^{a} f(x)e^{-in\pi x/a}dx$$

などに対しても成立する．すなわち

$$g(x) = f \underset{a}{*} h(x) \equiv \int_{-a}^{a} f(x-y)h(y)dy \qquad (6.22)$$

を関数 $f(x)$ と $h(x)$ のたたみこみとよび，$f(x)$ が周期 $2a$ の周期関数であれば，g_n, f_n, h_n の間に

$$g_n = f_n h_n \qquad (6.23)$$

の関係が成立することを示すことができる.

第7章　Fourier 級数展開，Fourier 積分変換の応用

§7.1　質点・糸・膜の振動

a)　質 点 の 振 動

質量 m の質点が変位に比例する力 $-m\omega_0{}^2x$，速度に比例する抵抗 $-2m\gamma\dot{x}$，外力 $f(t)$ を受けるとき，Newton の運動方程式は

$$m\frac{d^2x(t)}{dt^2}+2m\gamma\frac{dx(t)}{dt}+m\omega_0{}^2x(t)=f(t) \qquad (7.1.1)$$

である．(7.1.1)の同次方程式の特解を

$$x(t)=e^{\lambda t}$$

とおいて，(7.1.1)から λ を定めると

$$\lambda=-\gamma\pm\sqrt{\gamma^2-\omega_0{}^2}$$

として得られる．$\omega_0{}^2>\gamma^2$ を仮定して，$\omega^2=\omega_0{}^2-\gamma^2$ とおくと同次方程式の一般解は c,δ を定数として

$$x_0(t)=ce^{-\gamma t}\cos(\omega t+\delta) \qquad (7.1.2)$$

と書ける．外力が周期 T の周期関数であるとすると，それを Fourier 級数展開して (2.2.4), (2.2.5) から

$$f(t)=\frac{1}{T}\sum_{n=-\infty}^{\infty}f_ne^{2n\pi it/T}$$

$$f_n=\int_0^T e^{-2n\pi it/T}f(t)dt$$

となる．非同次方程式(7.1.1)の特解も周期 T を持つと考えられるので，これを Fourier 級数展開して

$$x_1(t)=\frac{1}{T}\sum_{n=-\infty}^{\infty}c_ne^{2n\pi it/T} \qquad (7.1.3)$$

とおくと，展開の各項を比較して

$$c_n = f_n \Big/ m\left\{\omega_0{}^2 - \left(\frac{2n\pi}{T}\right)^2 + \frac{4n\pi\gamma i}{T}\right\} \tag{7.1.4}$$

が得られる．

とくに $\gamma=0$ の場合に $\omega_0=2n_0\pi/T$ を充たす整数 n_0 があれば，c_{n_0} は(7.1.4)のようには定まらない．このとき

$$x_1(t) = \frac{1}{T}\sum_{n\neq n_0} c_n e^{2n\pi it/T} + \frac{1}{T}\lim_{\omega'\to\omega_0}\frac{f_{n_0}}{m(\omega_0{}^2-\omega'^2)}(e^{i\omega' t}-e^{i\omega_0 t}) \tag{7.1.5}$$

が(7.1.1)の特解になっていることが§4.1で述べたようにして確かめられる．またこの第2項は

$$\lim_{\omega'\to\omega_0}\frac{f_{n_0}}{m(\omega_0{}^2-\omega'^2)}e^{i\omega_0 t}\left\{i(\omega'-\omega_0)t - \frac{(\omega'-\omega_0)^2t^2}{2}+\cdots\right\} = \frac{-if_{n_0}t}{2m\omega_0}$$

となり，t に比例して増大する．このような現象を**共鳴**(resonance)とよぶ．現実にはどんどん振幅が大きくなるわけではなく，バネの力が平衡点附近の微小振動に対する近似と考えられている場合がほとんどであるので，振幅が大きくなるに従ってこの近似が破れて高次の力が働き非線形振動となるのである．

b)　糸の微小横振動

横方向の偏位 $D(x,t)$ の充たす運動方程式は

$$\frac{1}{c^2}\frac{\partial^2 D(x,t)}{\partial t^2} - \frac{\partial^2 D(x,t)}{\partial x^2} = \frac{1}{T}F(x,t) \tag{7.1.6}$$

である．ここで $c^2=T/\rho$，T は張力(tension)，ρ は線密度，$F(x,t)$ は糸の場所 x に働く単位長さあたりの外力である．

［例題 7.1.1］　長さ a の糸が張ってあるとき，その固有振動数を求めよ．

［解］　$D(x,t)=v(x)\cos\omega t$ とおくと，(7.1.6)で $F=0$ として

$$\frac{d^2v(x)}{dx^2}+\frac{\omega^2}{c^2}v(x)=0 \tag{7.1.7}$$

が得られる．(7.1.7)の一般解は

$$v(x)=A\cos\frac{\omega x}{c}+B\sin\frac{\omega x}{c} \tag{7.1.8}$$

である．境界条件 $D(0,t)=0$ から $A=0$，さらに $D(a,t)=0$ から $\sin(\omega a/c)=0$．かくて固有振動数 $\omega=(cn\pi/a)$ (n 整数) を得る．▌

固有振動を求める問題を Fourier 級数展開の立場からみてみよう．表 4.1 から(7.1.7)を $D(0,t)$，$D(a,t)$ を与えて解くときに有効な展開は $\left\{\sin\frac{n\pi x}{a}\right\}$ によるものである．

$$c_n=\int_0^a \sin\frac{n\pi x}{a}v(x)dx$$

に対する方程式は，$D(0,t)=D(a,t)=0$ の場合は

$$\left\{-\left(\frac{n\pi}{a}\right)^2+\frac{\omega^2}{c^2}\right\}c_n=0$$

であるから，$\omega=cn\pi/a$ のときのみ 0 でない解 c_n が許される．一面からいうとこれはあたりまえのことで，Fourier 級数展開の基礎ベクトル系がそもそもそれぞれの境界条件に対応した固有関数系であったのである．このように Fourier 級数展開の立場から固有振動を求めるのは，このような簡単な問題ではあまり意味がないが，後にみるように多変数の場合には必ずしも無意味ではないのである．

[例題 7.1.2] 長さ a の糸が $t=0$ で引張られて静止している．一端を固定して他端を垂直方向に $h(t)$ だけ変位させたときの糸の微小横振動を論ぜよ．とくに $h(t)=\varepsilon\theta\left(\frac{m\pi}{\omega}-t\right)\sin\omega t$ のとき $t>m\pi/\omega$ での振動はどうなるか．$\varepsilon\ll l, \varepsilon m\sim O(l)$ のときはどうか．ここで l は横方向の変位を測定する尺度を表わす．

［解］　境界条件が $D(a,t)=0$，$D(0,t)=h(t)$ のように，両端で D を与えているので，表4.1に従って適当な Fourier 級数展開は $\left\{\sin\dfrac{n\pi x}{a}\right\}$ による展開である．$F=0$ とした方程式(7.1.6)を Fourier sine 変換すれば

$$D_n(t)=\int_0^a \sin\frac{n\pi x}{a}D(x,t)dx$$

を用いて，部分積分の結果

$$\frac{1}{c^2}\frac{d^2D_n(t)}{dt^2}=-\frac{n\pi}{a}D(a,t)(-1)^n+\frac{n\pi}{a}D(0,t)-\left(\frac{n\pi}{a}\right)^2D_n(t)$$
$$=\frac{n\pi}{a}h(t)-\left(\frac{n\pi}{a}\right)^2D_n(t)$$

となる．$\omega_n=n\pi c/a$ とおいて，この方程式の一般解は

$$D_n(t)=A_n\cos\omega_n t+B_n\sin\omega_n t+\int_0^t c\sin\omega_n(t-\tau)h(\tau)d\tau$$

である．初期条件より，$A_n=B_n=0$ となるから

$$D(x,t)=\frac{2}{a}\sum_{n=1}^{\infty}c\int_0^t\sin\omega_n(t-\tau)h(\tau)d\tau\sin\frac{n\pi x}{a}$$

が求める微小横振動である．

とくに $h(t)=\varepsilon\theta\left(\dfrac{m\pi}{\omega}-t\right)\sin\omega t$ のとき $t>m\pi/\omega$ に対して

$$D_n(t)=c\varepsilon\int_0^{m\pi/\omega}\sin\omega_n(t-\tau)\sin\omega\tau d\tau$$

となる．これは $\omega\neq\omega_n$ に対しては

$$D_n(t)=\frac{c\varepsilon\omega}{{\omega_n}^2-\omega^2}\left[(-1)^m\sin\omega_n\left(t-\frac{m\pi}{\omega}\right)-\sin\omega_n t\right]$$

であり，$\omega=\omega_n$ に対しては

$$D_n(t)=\frac{c\varepsilon}{2}\frac{(1-(-1)^m)\sin\omega_n t}{2\omega_n}-\frac{c\varepsilon}{2}\frac{m\pi}{\omega_n}\cos\omega_n t$$

となる．

とくに $\varepsilon \ll l$, $\varepsilon m=O(l)$ であれば，$\omega_n=\omega$ を充たす n があればその振動のみ l の程度の振幅で

$$D(x,t)=-\frac{c\varepsilon m\pi}{a\omega_n}\cos\omega_n t\sin\frac{n\pi x}{a}+O(\varepsilon)$$

となり，$\omega_n=\omega$ を充たす n がなければ $D(x,t)=O(\varepsilon)$ となる．▌

［例題 7.1.3］ 長さ a の糸が張ってあるとき，端から b の点に**撃力**(impulsive force) I を垂直方向に加えた．このとき糸の微小横振動を求めよ．

［解］ 撃力の概念は非常に短い時間に加えられた外力を運動量保存則を用いて初期速度でおきかえる考え方である．$x=b$ の点に撃力が加えられた直後には，糸の横方向の速度は $x=b$ の点のみで 0 ではないと理想化して，速度分布を $G(x)=\lambda\delta(x-b)$ とすることができるであろう．このとき全運動量は撃力の大きさに等しいので

$$\int\rho G(x)dx=\lambda\rho=I$$

となる．したがって初期速度分布は

$$G(x)=\frac{I}{\rho}\delta(x-b)$$

と考えられる．かくして問題は，$F=0$ とした方程式(7.1.6)を初期条件

$$D(x,0)=0,\qquad \frac{\partial D}{\partial t}(x,0)=\frac{I}{\rho}\delta(x-b)$$

と，境界条件

$$D(0,t)=D(a,t)=0$$

のもとで解くことになる．この境界条件に対する適当な Fourier 変換は表 4.1 によって $\left\{\sin\frac{n\pi x}{a}\right\}$ 展開である．

$$D_n(t)=\int_0^a D(x,t)\sin\frac{n\pi x}{a}dx$$

の充たす方程式と初期値は，それぞれ

$$\frac{1}{c^2}\frac{d^2D_n}{dt^2}+\left(\frac{n\pi}{a}\right)^2 D_n=0$$

$$D_n(0)=0,$$

$$\frac{dD_n}{dt}(0)=\int_0^a \frac{I}{\rho}\delta(x-b)\sin\frac{n\pi x}{a}dx=\frac{I}{\rho}\sin\frac{n\pi b}{a}$$

である．この解は

$$D_n(t)=\frac{aI}{cn\pi\rho}\sin\frac{n\pi b}{a}\sin\frac{cn\pi t}{a}$$

となるので，逆変換により

$$\begin{aligned}D(x,t)&=\frac{2}{a}\sum_n D_n(t)\sin\frac{n\pi x}{a}\\&=\sum_n\frac{2I}{cn\pi\rho}\sin\frac{n\pi b}{a}\sin\frac{cn\pi t}{a}\sin\frac{n\pi x}{a}\end{aligned}$$

が得られる．これから明らかなように，$b=ma/n$ すなわち固有振動の節に撃力を加えてもその振動の振幅は 0 であり，$b=(m+1/2)\times a/n$ すなわち腹に撃力を加えた固有振動の振幅は大きい．

いまこの問題を撃力としてとりあげず，外力

$$F(x,t)=F_0\delta(x-b)\delta(t)$$

として扱ってみよう．$D_n(t)$ の充たす方程式は

$$\frac{1}{c^2}\frac{d^2D_n}{dt^2}+\left(\frac{n\pi}{a}\right)^2 D_n=\frac{F_0}{T}\sin\frac{n\pi b}{a}\delta(t)$$

となる．この方程式を初期条件

$$D_n(0)=\frac{dD_n}{dt}(0)=0$$

で解くと

$$D_n(t) = \frac{ca}{n\pi}\int_0^t \sin\frac{n\pi c(t-\tau)}{a}\frac{F_0}{T}\sin\frac{n\pi b}{a}\delta(\tau)d\tau$$

$$= \frac{caF_0}{n\pi T}\sin\frac{n\pi b}{a}\sin\frac{cn\pi t}{a}$$

となり，$F_0=IT/c^2\rho=1$ とおくと，さきに撃力として取り扱って得られた結果と一致する．▌

c) 矩形膜の微小横振動

面密度を ρ，単位長さあたりの張力を T，単位面積あたりの外力を $F(x,y,t)$ とすると，垂直方向の変位 $D(x,y,t)$ は

$$\frac{1}{c^2}\frac{\partial^2 D(x,y,t)}{\partial t^2} - \frac{\partial^2 D(x,y,t)}{\partial x^2} - \frac{\partial^2 D(x,y,t)}{\partial y^2} = \frac{F(x,y,t)}{T} \tag{7.1.9}$$

を充たす．ここで $c^2=T/\rho$ である．

［例題 7.1.4］ 周を固定した矩形膜の固有振動を求めよ．

［解］ $D(x,y,t)=v(x,y)\cos\omega t$ とおくと，$F=0$ として

$$\frac{\partial^2 v(x,y)}{\partial x^2} + \frac{\partial^2 v(x,y)}{\partial y^2} + \frac{\omega^2}{c^2}v(x,y) = 0$$

が成り立つ．$x=0,a$，$y=0,b$ で $D=0$ と与えるので

$$v(x,y) = \frac{4}{ab}\sum c_{nm}\sin\frac{n\pi x}{a}\sin\frac{m\pi y}{b}$$

と Fourier sine 展開を行なうと

$$\left\{-\left(\frac{n\pi}{a}\right)^2 - \left(\frac{m\pi}{b}\right)^2 + \frac{\omega^2}{c^2}\right\}c_{nm} = 0$$

となる．したがって固有振動数

$$\omega = \omega_{nm} = \sqrt{\left(\frac{cn\pi}{a}\right)^2 + \left(\frac{cm\pi}{b}\right)^2}$$

に対して固有振動

$$D_{nm}(x,y,t) \propto \sin\frac{n\pi x}{a}\sin\frac{m\pi y}{b}\cos(\omega_{nm}t+\delta)$$

が得られる．▌

［例題 7.1.5］　2辺が a, b の矩形枠に膜が張ってある．長さ a の辺の中点を結ぶ直線を軸として枠を $\varphi(t)=\varphi_0 \sin \omega t$ で微小振動させるとき膜面の振動を求めよ．

［解］　図 7.1 のように x 軸，y 軸をとると

$$D(x,0,t)=D(x,b,t)=\left(x-\frac{a}{2}\right)\varphi(t) \tag{7.1.10}$$

$$D(0,y,t)=-\frac{a}{2}\varphi(t), \qquad D(a,y,t)=\frac{a}{2}\varphi(t) \tag{7.1.11}$$

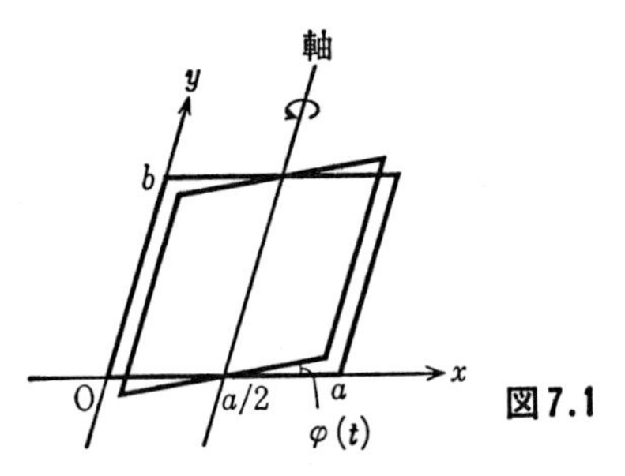

図 7.1

と考えてよい．$x=0, a$；$y=0, b$ において関数値が与えられているから $\left\{\sin\dfrac{n\pi x}{a}\sin\dfrac{m\pi y}{b}\right\}$ の展開が有効である．方程式(7.1.9)に $\sin\dfrac{n\pi x}{a}\sin\dfrac{m\pi y}{b}$ をかけて x, y についてそれぞれ $(0, a)$, $(0, b)$ にわたって積分をすると，(7.1.10), (7.1.11) を用いて

$$\begin{aligned}&\frac{d^2D_{nm}(t)}{dt^2}+\omega_{nm}{}^2D_{nm}(t)\\&=-c^2\{1-(-1)^m\}\{1+(-1)^n\}\left(\frac{bn}{2m}+\frac{ma^2}{2nb}\right)\varphi(t)\end{aligned} \tag{7.1.12}$$

が得られる．ここで

$$D_{nm}(t)=\int_0^a dx\int_0^b dy\sin\frac{n\pi x}{a}\sin\frac{m\pi y}{b}D(x,y,t)$$

$$\omega_{nm}{}^2=c^2\pi^2\left(\frac{n^2}{a^2}+\frac{m^2}{b^2}\right)$$

である．(7.1.12)を初期値を与えて解き，それを用いて解 $D(x,y,t)$ が(5.3)の形で求められる．ここでは奇数 m，偶数 n の固有振動のみが残り，ω に近い ω_{nm} に対する振動が大きくなることだけ注意しておこう．▮

§7.2 弾性体の振動

密度を ρ，各点の変位の i 成分を $u_i(\boldsymbol{x},t)$，**応力テンソル**(stress tensor)を $T_{ij}(\boldsymbol{x},t)$，単位体積あたりの外力を $f_i(\boldsymbol{x},t)$ とすると，u_i の充たす運動方程式は

$$\rho\frac{\partial^2 u_i(\boldsymbol{x},t)}{\partial t^2}=\sum_{j=1}^{3}\frac{\partial T_{ij}(\boldsymbol{x},t)}{\partial x_j}+f_i(\boldsymbol{x},t)\qquad(i=1,2,3)\tag{7.2.1}$$

である．応力テンソルは弾性体のある面を通して働く力を表わす対称テンソルである．単位法線 $\boldsymbol{n}$ を持つ単位面を通して $\boldsymbol{n}$ の正の側から負の側に働く力の i 成分 F_i が

$$F_i=\sum_{j=1}^{3}T_{ij}n_j\tag{7.2.2}$$

で表わされる．**ひずみテンソル**(strain tensor)$S_{ij}(\boldsymbol{x},t)$ は変位を用いて

$$S_{ij}(\boldsymbol{x},t)=\frac{1}{2}\left(\frac{\partial u_j(\boldsymbol{x},t)}{\partial x_i}+\frac{\partial u_i(\boldsymbol{x},t)}{\partial x_j}\right)\tag{7.2.3}$$

と書ける．**Hooke の法則**が成立する弾性体に対しては，応力テンソルとの間に

$$T_{ij}=\sum_{l,m=1}^{3}C_{ij,lm}S_{lm}\tag{7.2.4}$$

の関係がある．ここで $C_{ij,lm}$ は**弾性係数**(elastic coefficient)であり，対称性

$$C_{ij,lm} = C_{ji,lm} = C_{ij,ml} = C_{lm,ij} \tag{7.2.5}$$

を持つ．とくに等方性物質については λ, μ を **Lamé の定数**として

$$T_{ij} = \lambda\delta_{ij}\sum_{l=1}^{3} S_{ll} + 2\mu S_{ij} \tag{7.2.6}$$

となる．これを逆にとくと

$$S_{ij} = \frac{1}{2\mu}T_{ij} - \frac{\lambda}{2\mu(3\lambda+2\mu)}\delta_{ij}\sum_{l=1}^{3} T_{ll} \tag{7.2.7}$$

となる．

a）棒の微小縦振動

棒の方向を x 軸にとり，すべての量が y, z によらないとする．T_{ij} が $i=j=1$ 以外すべて 0 であると仮定すると(7.2.7)から

$$S_{11}(x,t) = \frac{\lambda+\mu}{\mu(3\lambda+2\mu)}T_{11}(x,t) = \frac{1}{E}T_{11}(x,t) \tag{7.2.8}$$

となる．E を **Young 率**という．u_1 の充たす方程式は(7.2.1)から

$$\frac{1}{c^2}\frac{\partial^2 u_1(x,t)}{\partial t^2} - \frac{\partial^2 u_1(x,t)}{\partial x^2} = \frac{1}{E}f_1(x,t) \tag{7.2.9}$$

である．ここで $c=\sqrt{E/\rho}$ である．

境界条件($x=0$，外向法線ベクトル $-\boldsymbol{e}^{(1)}$)としては，端の変位 $d(t)$(固定端のときは $d(t)=0$)を指定すると

$$u_1(0,t) = d(t) \tag{7.2.10}$$

である．断面積 S とし，端面に働く x 方向の力 $F_1(t)$(自由端のとき $F_1(t)=0$)を指定すると

$$\frac{\partial u_1}{\partial x}(0,t) = \frac{1}{E}T_{11}(0,t) = \frac{-1}{ES}F_1(t) \qquad (7.2.11)$$

である．

［例題 7.2.1］　長さ l の弾性棒が力を受けずに静止していたとして，一端 $x=l$ は自由にしたまま，(i) 他端 $x=0$ の表面に力 $F(t)$ を働かせたとき，(ii) 他端 $x=0$ に撃力 I を加えて後自由にしたとき，(iii) 他端 $x=0$ も自由で単位体積あたりの外力 $f(x,t)$ を受けたときの運動を比較せよ．

［解］　両端が自由であるとか表面力が与えられているので $\partial u/\partial x$ が与えられている問題である．したがって表 4.1 から Fourier cosine 変換が有効である．

$$u_n(t) = \int_0^l \cos\frac{n\pi x}{l} u(x,t)dx,$$

$$f_n(t) = \int_0^l \cos\frac{n\pi x}{l} f(x,t)dx$$

とかき，(3.3.5) を用いると

$$\frac{d^2u_n(t)}{dt^2} + \left(\frac{n\pi c}{l}\right)^2 u_n(t)$$
$$= c^2\left\{(-1)^n\frac{\partial u}{\partial x}(l,t) - \frac{\partial u}{\partial x}(0,t)\right\} + \frac{c^2}{E}f_n(t) \qquad (7.2.12)$$

が得られる．

(i)　このとき

$$\frac{\partial u}{\partial x}(0,t) = \frac{T_{11}(0,t)}{E} = \frac{-1}{ES}F(t), \qquad \frac{\partial u}{\partial x}(l,t) = f_n(t) = 0$$

であるので (7.2.12) に代入すると

$$\frac{d^2u_n(t)}{dt^2} + \left(\frac{n\pi c}{l}\right)^2 u_n(t) = \frac{c^2}{ES}F(t) = \frac{1}{\rho S}F(t)$$

となる．これを初期条件

$$u_n(0) = \frac{du_n}{dt}(0) = 0$$

を与えて解くと

$$u_n(t) = \frac{l}{n\pi c\rho S}\int_0^t \sin\frac{n\pi c}{l}(t-\tau)F(\tau)d\tau$$

$$u_0(t) = \frac{1}{\rho S}\int_0^t d\tau\int_0^\tau d\tau' F(\tau')$$

となり，これを用いて

$$u(x,t) = \frac{1}{l}u_0(t) + \frac{2}{l}\sum_{n=1}^{\infty} u_n(t)\cos\frac{n\pi x}{l}$$

として解が求められる．

(ii)　[例題 7.1.3] と同様に初速度分布を $\chi\delta(x)$ とする．全運動量は

$$\int_0^l S\rho\chi\delta(x)dx = \rho S\chi$$

で，これが I に等しいので，初期条件

$$u(x,0) = 0, \qquad \frac{du}{dt}(x,0) = \frac{I}{\rho S}\delta(x)$$

したがって $u_n(t)$ に対する初期条件

$$u_n(0) = 0, \qquad \frac{du_n}{dt}(0) = \frac{I}{\rho S}$$

で方程式

$$\frac{d^2u_n(t)}{dt^2} + \left(\frac{n\pi c}{l}\right)^2 u_n(t) = 0$$

を解けばよい．このとき解は

$$u_n(t) = \frac{lI}{n\pi c\rho S}\sin\frac{n\pi ct}{l}$$

$$u_0(t) = \frac{I}{\rho S}t$$

である．この解は(i)の問題で表面圧力が $t=0$ の瞬間に働くとして

$$F(t) = I\delta(t)$$

にとることによって一致することがわかる．$u_0(t)$ の項 $It/l\rho S = It/M$ (M は全質量)は重心の運動を表わす．

(iii) このとき(7.2.12)の解は

$$u_n(t) = \frac{l}{n\pi c}\frac{c^2}{E}\int_0^t \sin\frac{n\pi c}{l}(t-\tau)f_n(\tau)d\tau,$$

$$u_0(t) = \frac{c^2}{E}\int_0^t d\tau\int_0^\tau d\tau' f_n(\tau')$$

となる．体積力が表面に集中しているとして $f(x,t)=F(t)\delta(x)/S$ とすると，$f_n(\tau)=F(\tau)/S$ となり(i)の結果と一致する．▌

b) 円形棒のねじり振動

円柱の軸を z 軸にとり，$\theta(z,t)$ を高さ z における円柱のねじれの角とすると，体積力が働かないとき，θ の運動方程式は

$$\frac{1}{c^2}\frac{\partial^2\theta(z,t)}{\partial t^2} - \frac{\partial^2\theta(z,t)}{\partial z^2} = 0 \qquad (7.2.13)$$

となる．ここで $c=\sqrt{\mu/\rho}$ である．

境界条件($z=l$)としては，ねじれ角 $\varphi(t)$ (固定端では $\varphi(t)=0$)を与えると

$$\theta(l,t) = \varphi(t) \qquad (7.2.14)$$

となり，偶力(couple of forces) $N(t)$ (自由端では $N(t)=0$) を働かすと

$$\frac{\partial\theta}{\partial z}(l,t) = \frac{2}{\pi\mu a^4}N(t) \qquad (7.2.15)$$

であることが示せる．ここで a は円柱の半径である．

［例題 7.2.2］　半径 a，長さ l の円柱が一端を固定されている．いま他端に $(0<t<T)$ の間一定の偶力 N を働かしたとき $t>T$ における円柱のねじれ振動を求めよ．

［解］　一端 $z=0$ で固定，他端 $z=l$ で偶力を働かすので，$z=0$ で θ を，$z=l$ で $\partial\theta/\partial z$ を与えて解く問題である．表 4.1 から適当な Fourier 変換は $\left\{\sin\dfrac{(2n+1)\pi z}{2l}\right\}$ によるものである．いま

$$c_n(t)=\int_0^l \sin\frac{(2n+1)\pi z}{2l}\theta(z,t)dz$$

とおくと，(7.2.15) から

$$\frac{d^2c_n(t)}{dt^2}+\left(\frac{c\pi}{l}\left(n+\frac{1}{2}\right)\right)^2c_n(t)$$
$$=c^2(-1)^n\frac{\partial\theta}{\partial z}(l,t)=(-1)^n\frac{2c^2}{\mu\pi a^4}N(t)$$

となる．$N(t)$ に与えられた偶力を入れて，$\omega_n{}^2=\left(\dfrac{c\pi}{l}\left(n+\dfrac{1}{2}\right)\right)^2$ として

$$c_n(t)=\int_0^t \sin\omega_n(t-\tau)N(\tau)d\tau\cdot\frac{2(-1)^nc^2}{\omega_n\mu\pi a^4}$$
$$=\frac{2(-1)^nc^2N}{\mu\pi a^4\omega_n}\int_0^T \sin\omega_n(t-\tau)d\tau$$
$$=\frac{2(-1)^nc^2N}{\mu\pi a^4\omega_n{}^2}(\cos\omega_n(t-T)-\cos\omega_n t)$$
$$=\frac{2(-1)^nl^2N}{\mu\pi^3a^4(n+1/2)^2}(\cos\omega_n t(\cos\omega_n T-1)-\sin\omega_n t\sin\omega_n T)$$

となる．これを用いて

$$\theta(z,t)=\frac{2}{l}\sum_{n=0}^{\infty}c_n(t)\sin\frac{(2n+1)\pi z}{2l}$$

と表わされる．▌

§7.3 電気回路，線形系

a) Fourier 級数による解析

図7.2のような電気回路を流れる電流 J の充たす方程式は

$$L\frac{dJ(t)}{dt}+RJ(t)+\frac{1}{C}\int^t J(t')dt' = V(t) \qquad (7.3.1)$$

である．この不定積分の定数は $V(t)$ に含めればよい．これに対応する力学系を考えると，図7.3のように，バネ κ で結ばれている質量 m の物体が速度に比例するまさつ力が働く場合である．

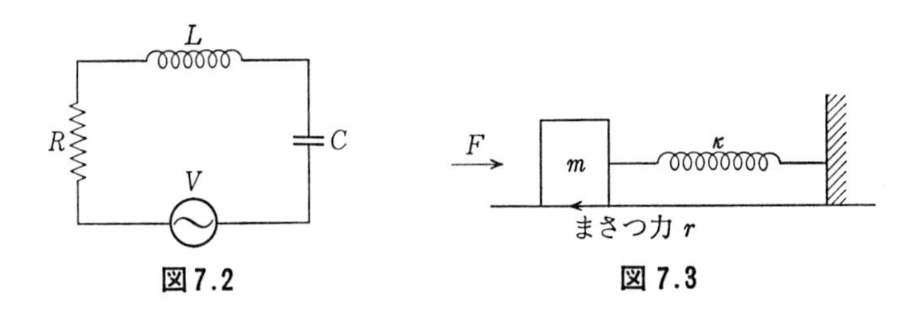

図7.2　　図7.3

このとき Newton の運動方程式は

$$m\ddot{x}+r\dot{x}+\kappa x = F \qquad (7.3.2)$$

である．この2つの物理系の対応は

$$m \leftrightarrow L,\ \ r \leftrightarrow R,\ \ \frac{1}{C} \leftrightarrow \kappa,\ \ \dot{x} \leftrightarrow J,\ \ F \leftrightarrow V \qquad (7.3.3)$$

となる．

方程式(7.3.1)の特長はまず線形であることである．このとき重ね合せの原理が成立して，$V(t)$ の Fourier 級数展開の各項に対する解が $u(t)$ の Fourier 級数の各項を形成する．すなわち正弦波の $V(t)$ について解が求まれば，すべての歪波に対して解が求まる．つぎの特長は線形に加えて実係数であることである．このとき複素数値をとる解が求まれば，その実部・虚部はそれぞれ解になっている．このことは後に見るように，物理量の大きさと位相を同時に表わす利点，一般に指数関数の微分積分が関数形を変えない利点のために複素解の利用を示唆する．

このような観点に立って正弦波に対する複素解を考えよう．$V(t)=ve^{i\omega t}$ に対応する解を $J(t)=je^{i\omega t}$ とおくと，方程式(7.3.1)から

$$\left(i\omega L+R+\frac{1}{i\omega C}\right)j=zj=v \tag{7.3.4}$$

が得られる．ここで

$$z=R+i\left(\omega L-\frac{1}{C\omega}\right)=R+iX=|z|e^{i\theta} \qquad \left(\theta=\tan^{-1}\frac{X}{R}\right) \tag{7.3.5}$$

とかいて，z を(**複素**)**インピーダンス**(impedance) という．$|z|$ をインピーダンスということもある．すなわち $V(t)$ は $J(t)$ より θ だけ位相が進み $|z|$ 倍だけ振幅が大きい．重ね合せの原理から

$$V(t)=\sum v_n e^{in\omega t} \tag{7.3.6}$$

に対する解は

$$J(t)=\sum j_n e^{in\omega t} \tag{7.3.7}$$

であり，

$$j_n=z_n{}^{-1}v_n \tag{7.3.8}$$

$$z_n=R+i\left(n\omega L-\frac{1}{n\omega C}\right) \tag{7.3.9}$$

である．

このようにして Fourier 級数展開によって解が得られたのであるが，第1章で述べたようにこの展開の各項 v_n, j_n はそれぞれ電圧と電流の振動数 $n\omega$ に対応する振幅を表わすという物理的意味づけができる．したがってまた z_n は振動数 $n\omega$ に対する複素インピーダンスである．

複素インピーダンスについても抵抗の合成と全く同様に直列回路 $z_1, z_2, \cdots$ については J が一定であるので

$$Jz = \sum Jz_j$$

から

$$z = \sum z_j \tag{7.3.10}$$

として合成され，並列回路については V が一定であるので

$$Jz = J_j z_j, \qquad \sum J_j = J$$

から

$$z^{-1} = \sum z_j^{-1} \tag{7.3.11}$$

が得られる．

力学的な単位時間あたりの仕事 Fu に対応して電力は $\mathrm{Re}\, V \cdot \mathrm{Re}\, J$ となる．正弦波 $J=|j|e^{i\phi+i\omega t}$，$V=|zj|e^{i\phi+i\omega t+i\theta}$ に対しては有効電力

$$\begin{aligned}\frac{1}{T}\int_0^T \mathrm{Re}\, V \cdot \mathrm{Re}\, J dt &= \frac{1}{T}|zj^2| \int_0^T \cos(\omega t+\phi+\theta)\cos(\omega t+\phi)dt \\ &= \frac{1}{2}|JV|\cos\theta \end{aligned} \tag{7.3.12}$$

となる．これはまた $\mathrm{Im}\, V \cdot \mathrm{Im}\, J$ の時間平均でも同じである．したがって有効電力を

$$P = \frac{1}{4T}\int_0^T (V^*J + VJ^*)dt = \frac{1}{4}(V^*J+VJ^*) \tag{7.3.13}$$

のようにも表わせる．すなわち2次形式に対しても複素解がそのまま用いて有効となることもある．(7.3.12)から明らかなように $\theta=(n+1/2)\pi$ のときは電力は0である．すなわちこの回路でエネルギーが消費されない．

ひずんだ波の有効電力は同様に

$$V=\sum v_n\cos(n\omega t+\phi_n+\theta_n)$$
$$J=\sum j_n\cos(n\omega t+\phi_n)$$

とかいて

$$P=\frac{\omega}{2\pi}\int_0^{2\pi/\omega}VJdt=v_0j_0+\frac{1}{2}\sum_{n=1}^{\infty}v_nj_n\cos\theta_n \tag{7.3.14}$$

で表わされる．ここで $\theta_0=0$ ととっているが，これは $C\neq\infty$ なら $j_0=0$, $C=\infty$ なら z_0 は実数となるからである．

このようにして一般のひずんだ波を Fourier 展開をして取り扱うと便利なことが多い．例えば図 7.4 のような半波整流波を展開すれば

$$y(t)=\frac{A}{\pi}+\frac{A}{2}\sin\omega t$$
$$-\frac{2A}{\pi}\left(\frac{1}{3}\cos 2\omega t+\frac{1}{15}\cos 4\omega t+\cdots+\frac{1}{4n^2-1}\cos 2n\omega t+\cdots\right)$$

のように得られ，どのような正弦波がどの程度まじっているかというように解釈される．

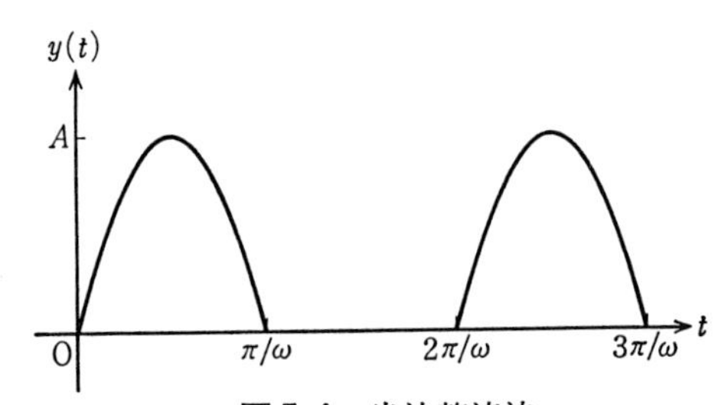

図 7.4　半波整流波

普通このような Fourier 展開は収束性のよいことが取り扱いを容易にするが，ときには例えば真空管の特性を調べるなど，いろいろな波長の波に対する性質を知りたいような場合はむしろ級数の先の方まで残るような波を用いることがある．例えば矩形波は

$$y(t)=\frac{4A}{\pi}\left[\sin\omega t+\frac{1}{3}\sin 3\omega t+\frac{1}{5}\sin 5\omega t+\cdots+\frac{1}{n}\sin n\omega t+\cdots\right]$$

のように展開され，$y_n \propto n^{-1}$ であるのでかなり先まで残るのでこのような目的に合致する．

［例題 7.3.1］ 搬送波 $A\sin\omega t$ の振幅を信号波 $a\sin pt$ で変調するとき，どのような波が送られるか．

［解］ 搬送波の振幅が変調されるのであるから，送られる波は $A(1+a\sin pt)\sin\omega t$ である．これは

$$A(1+a\sin pt)\sin\omega t$$
$$=A\sin\omega t+\frac{Aa}{2}\cos(\omega-p)t-\frac{Aa}{2}\cos(\omega+p)t$$

とかける．信号波が多数の周波数の集り

$$\sum a_n\sin p_n t$$

であるとき，これは

$$A\sin\omega t+\sum\frac{Aa_n}{2}\cos(\omega-p_n)t-\sum\frac{Aa_n}{2}\cos(\omega+p_n)t$$

となり，第2項に相当して低周波帯，第3項に相当して高周波帯が形成される．電離層の反射の関係で高周波で送らねばならぬときなどはこのようにして大きな ω の搬送波にのせて，低周波信号を $\omega-p$, $\omega+p$ というような高周波信号に変えて送るのである．▌

b) 線形系 (linear system)

ある物理系において，$f_i(t)$ という**入力** (input) があるときに $g_i(t)$ という**出力** (output) が結果として生じるとして，$\sum_{i=1}^{N}c_i f_i(t)$ という入力に対して $\sum_{i=1}^{N}c_i g_i(t)$ という出力が現われるならば，この物理系を**線形系**という．例えば図 7.5 のような物理系で，入力を $J(t)$，出力を $V_A(t)-V_B(t)$ とすると，両者の間には

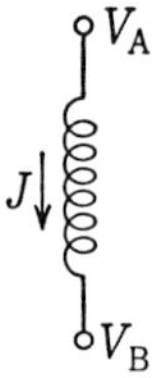

図 7. 5

$$L\frac{dJ(t)}{dt} = V_{\mathrm{A}}(t) - V_{\mathrm{B}}(t) \qquad (7.3.15)$$

という関係があるのでこれは線形系である．

ある線形系において $\delta(t)$ という入力に対する出力 $h(t)$ を**インパルス応答**(impulse response)という．因果律から $t<0$ の時刻に出力が現われないから

$$h(t) = 0 \qquad (t<0) \qquad (7.3.16)$$

が成立する．また線形性から入力

$$f(t) = \int f(\tau)\delta(t-\tau)d\tau$$

に対する出力は

$$\int f(\tau)h(t-\tau)d\tau = f*h(t) = g(t) \qquad (7.3.17)$$

である．f, h, g の Fourier 変換を

$$\hat{f}(\omega) = \frac{1}{2\pi}\int_{-\infty}^{\infty} f(t)e^{-i\omega t}dt$$

などとすると，たたみこみの性質(6.21)から

$$2\pi\hat{f}(\omega)\hat{h}(\omega) = \hat{g}(\omega) \qquad (7.3.18)$$

が成立する．インパルス応答 $h(t)$ の Fourier 変換 $\hat{h}(\omega)$ を**伝達関数**(transfer function)という．ある線形系の伝達関数がわかっていれば，入力の Fourier 変換との積をとることにより，(7.3.18)のように出力の Fourier 変換が得られる．したがって伝達関数 $\hat{h}(\omega)$ の大きさは振動数 ω に対応する出力と入力の比に比例する．

すなわち $|\hat{h}(\omega)|$ が小さいような振動数部分の影響は線形系を通すことによって取り除かれる．

とくに

$$f(t) = e^{i\omega_0 t} \tag{7.3.19}$$

のような入力を**調和入力** (harmonic input) という．このとき

$$\hat{f}(\omega) = \delta(\omega - \omega_0) \tag{7.3.20}$$

であるので，出力は

$$\hat{g}(\omega) = 2\pi\hat{h}(\omega)\delta(\omega - \omega_0) \tag{7.3.21}$$

から Fourier 逆変換で求められる．

図7.5のような物理系では入力 $J(t)$ を $\delta(t)$ にとると，出力 $V_A(t) - V_B(t)$ は (7.3.15) から $Ld\delta(t)/dt$ となるので

$$h(t) = L\frac{d\delta(t)}{dt}$$

$$\hat{h}(\omega) = \frac{1}{2\pi}\int L\frac{d\delta(t)}{dt}e^{-i\omega t}dt = \frac{iL\omega}{2\pi}$$

のようにインパルス応答，伝達関数が得られる．この回路の複素インピーダンス $z(\omega)$ と伝達関数の間には

$$z(\omega) = iL\omega = 2\pi\hat{h}(\omega) \tag{7.3.22}$$

の関係がある．しかし図7.6のような例で入力を $J(t)$，出力を $V_A(t) - V_B(t)$ とすると，

$$\frac{1}{C}\int^t J(\tau)d\tau = V_A(t) - V_B(t)$$

の関係があるので，インパルス応答は

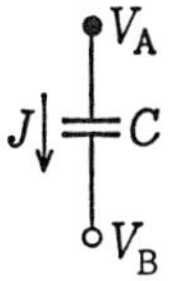

V_A

J C

V_B

図 7.6

$$h(t)=\frac{1}{C}\theta(t)$$

であり，伝達関数は補遺[B]の式(B. 11)を用いて

$$\hat{h}(\omega)=\frac{1}{2\pi C}\int_0^{\infty}e^{-i\omega t}dt=\frac{-i}{2\pi C}\frac{1}{\omega-i\varepsilon}=\frac{-i}{2\pi C}\left(\frac{P}{\omega}+i\pi\delta(\omega)\right)$$

となる．この系の複素インピーダンスは $z(\omega)=1/iC\omega$ であるから伝達関数との間に

$$z(\omega)=2\pi\hat{h}(\omega)-\frac{\pi}{C}\delta(\omega) \tag{7.3.23}$$

が成立する．すなわち $\omega=0$ では図7.5の場合に成立した(7.3.22)の関係が成り立たない．これは複素インピーダンスが調和入力に対応する物理量であるので，(7.3.21)において $\delta(\omega)\delta(\omega-\omega_0)=0$ を用いると，$\hat{h}(\omega)$ のなかの $\delta(\omega)$ の項がきかないことから理解できる．

［例題7.3.2］ 図7.7で $V_A(t)$ を入力，$V_B(t)$ を出力とするとき，$(RC)^{-1}$ より大きい振動数部分の影響をとり除く効果があることを示せ．

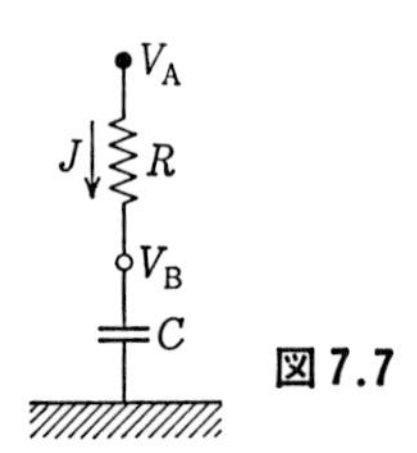

図7.7

［解］ このとき，$J(t)=dQ(t)/dt$ として

$$R\frac{dQ(t)}{dt}+\frac{1}{C}Q(t)=V_A(t)$$

$$\frac{1}{C}Q(t)=V_B(t)$$

が成り立つ．$V_A(t)=\delta(t)$ に対し，(7.3.16)を充たす解は

$$h(t) = V_{\mathrm{B}}(t) = \frac{1}{C}Q(t) = \frac{1}{CR}e^{-t/RC}\theta(t)$$

である．したがって伝達関数は

$$\hat{h}(\omega) = \frac{1}{2\pi CR}\int_0^\infty e^{-t/RC}e^{-i\omega t}dt = \frac{1}{2\pi CR}\frac{1}{i\omega+1/RC}$$

となり，$\omega>1/RC$ では小さくなりその影響が取り除かれる．▌

この例でもわかるように，一般に入力と出力の波形は異なる．線形系をこのような効果をもたらすものと意識してこれを**フィルター**(filter)と考えることができる．理想的なフィルターを入力の波形を変えないもの，すなわち

$$g(t) = f(t-t_0)$$
$$\hat{g}(\omega) = \hat{f}(\omega)e^{-i\omega t_0}$$

が成り立つものと考えると，その伝達関数は

$$\hat{h}(\omega) = \frac{1}{2\pi}e^{-i\omega t_0}$$

である．またある領域 (ω_1, ω_2) の波だけを通す理想的な**バンドフィルター**(band-pass filter)の伝達関数は

$$\hat{h}(\omega) = \frac{1}{2\pi}e^{-i\omega t_0}\theta(\omega_2-|\omega|)\theta(|\omega|-\omega_1)$$

である．

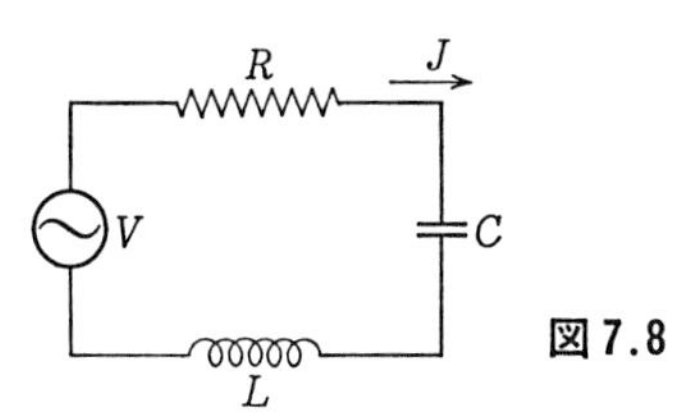

図 7.8

つぎにふたたび上図のような回路を考えよう．$\omega_0{}^2 \equiv \dfrac{1}{LC}-\dfrac{R^2}{4L^2}>0$ と仮定しておく．$Q(t)=\displaystyle\int^t J(\tau)d\tau$ は(7.3.1)から方程式

$$L\frac{d^2Q(t)}{dt^2}+R\frac{dQ(t)}{dt}+\frac{1}{C}Q(t)=V(t) \qquad (7.3.24)$$

を充たしている．いま入力として $V(t)$ をとり，出力として $Q(t)$ をとろう．インパルス応答を求めるために，$V(t)=\delta(t)$ として，$Q(t)=0\ (t<0)$ と $Q(t)$，$dQ(t)/dt$ が有界であることとを仮定し，方程式(7.3.24)を $t=0$ を含む無限小区間で積分すると $L\dfrac{dQ}{dt}(+0)=1$ が得られる．換言すれば $Q(t)$ は $V(t)=0$ に対して初期条件 $L\dfrac{dQ}{dt}(0)=1$，$Q(0)=0$ のもとでの解である．これは対応する力学系図7.3において静止している質点に1という大きさの撃力を働かしたときの質点の運動に相当する．(7.3.23)の同次部分の特解を $Q(t)=e^{\gamma t}$ とおくと

$$L\gamma^2+R\gamma+\frac{1}{C}=0$$

が成り立つから

$$\gamma=\frac{-R\pm\sqrt{R^2-4L/C}}{2L}=\frac{-R}{2L}\pm i\omega_0$$

となる．したがって同次方程式の一般解は

$$Q(t)=e^{-(R/2L)t}(A\cos\omega_0 t+B\sin\omega_0 t)$$

である．さきの初期条件に対応する解，すなわちインパルス応答は

$$h(t)=\frac{1}{L\omega_0}e^{-(R/2L)t}\sin\omega_0 t\,\theta(t) \qquad (7.3.25)$$

であり，伝達関数は

$$\begin{aligned}\hat{h}(\omega)&=\frac{1}{2\pi L\omega_0}\int_0^\infty\frac{1}{2i}(e^{i\omega_0 t}-e^{-i\omega_0 t})e^{-(R/2L)t-i\omega t}dt\\&=\frac{1}{2\pi L}\frac{1}{{\omega_0}^2+\dfrac{R^2}{4L^2}-\omega^2+\dfrac{iR\omega}{L}}\end{aligned}$$

となる．また $V(t)$ のみによって生じる解，すなわち $V(t)$ が作用する前は Q も dQ/dt も 0 である解は(7.3.17)から

$$Q(t) = V*h(t) \tag{7.3.26}$$

として得られる．

いまこの同じ物理系を $J(t)$ を入力，$V(t)$ を出力と考えると，インパルス応答は(7.3.24)から

$$h(t) = L\frac{d\delta(t)}{dt}+R\delta(t)+\frac{1}{C}\theta(t)$$

であるから伝達関数は補遺Bの性質を用いて

$$\begin{aligned}\hat{h}(\omega) &= \frac{1}{2\pi}\int\left(L\frac{d\delta(t)}{dt}+R\delta(t)+\frac{1}{C}\theta(t)\right)e^{-i\omega t}d\omega \\ &= \frac{1}{2\pi}\left(iL\omega+R+\frac{1}{i\omega C+\varepsilon}\right) \\ &= \frac{1}{2\pi}\left\{R+i\left(L\omega-\frac{1}{\omega C}\right)+\frac{\pi}{C}\delta(\omega)\right\}\end{aligned}$$

となる．これは図7.6の場合のように，複素インピーダンス $z(\omega)$ との間に(7.3.23)の関係があることを示している．

［例題 7.3.3］ 図7.9の π 型回路 $A_1A_2A_3A_4$ において，入力を I_i，出力を I_0 として I_0/I_i を求めよ．ただし電圧差 E_e は I_i の変化に応じて変化するものとする．

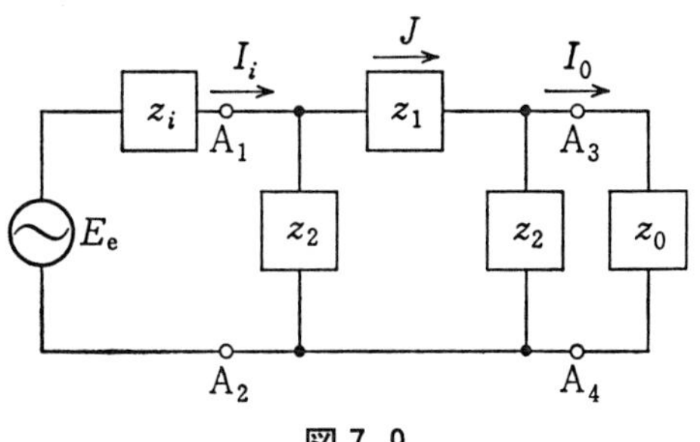

図7.9

［解］ Kirchhoff の法則から

$$E_e = z_i I_i + z_2(I_i - J)$$
$$0 = z_1 J + z_2(J - I_0) - z_2(I_i - J)$$
$$0 = z_0 I_0 - z_2(J - I_0)$$

が得られる．下の2つから J を消去すると

$$\frac{I_0}{I_i} = \frac{{z_2}^2}{{z_2}^2 + 2z_0 z_2 + z_1 z_2 + z_0 z_1}$$

となる．始めの式は E_e と I_i の比例関係を与える．▌

とくに z_1, z_2 が図7.10の場合には

$$\frac{I_0}{I_i} = \frac{1}{\omega^2 C^2} \frac{1}{\left\{\dfrac{1}{\omega^2 C^2} - \dfrac{L}{C} - z_0\left(i\omega L + \dfrac{2}{i\omega C}\right)\right\}}$$

となるが，これは ω の大きいところで絶対値が小さくなるので**低周波フィルター**(low-pass filter)として働く．また z_1, z_2 が図7.11の場合には

$$\frac{I_0}{I_i} = \frac{\omega^2 L^2}{\omega^2 L^2 - \dfrac{L}{C} - z_0\left(2i\omega L + \dfrac{1}{i\omega C}\right)}$$

となり，逆に ω の小さいところで絶対値が小さくなるので**高周波フィルター**(high-pass filter)として働く．

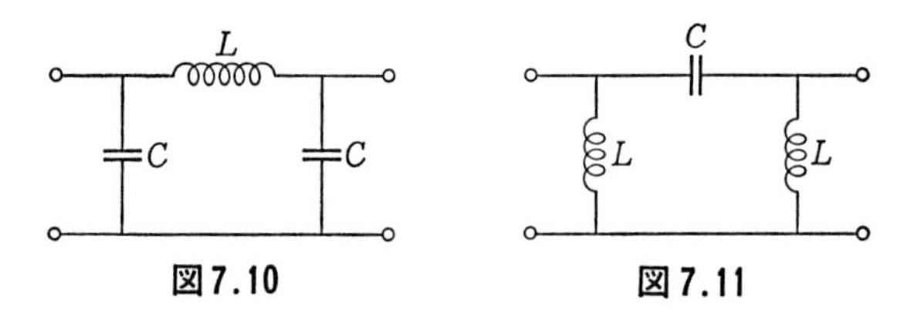

図7.10　　図7.11

線形系の入力出力は複数の物理量であってもよい．例えば図7.12において A_1A_2 間の電圧 E_i と A_1 を通る電流 I_i を入力，A_3A_4 間の電圧 E_0 と A_3 を通る電流を I_0 を出力と考えると，I_iE_i に

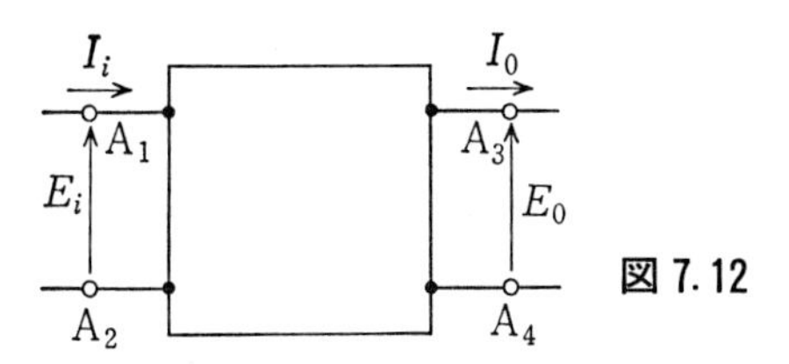

図 7.12

対して I_0E_0, $I_i'E_i'$ に対して $I_0'E_0'$ であれば入力 I_i+I_i', E_i+E_i' に対する出力が I_0+I_0', E_0+E_0' であるなら線形系である．このように外側の端子 A_1A_2 と A_3A_4 における IE を入力，出力と考え，内部の回路は一般のままで線形系として取り扱うとき，これを**4端子網**(four terminal)という．その線形性から

$$\begin{pmatrix} E_i \\ I_i \end{pmatrix} = \begin{pmatrix} A & B \\ C & D \end{pmatrix} \begin{pmatrix} E_0 \\ I_0 \end{pmatrix}, \qquad \begin{pmatrix} E_0 \\ I_0 \end{pmatrix} = \begin{pmatrix} D & -B \\ -C & A \end{pmatrix} \begin{pmatrix} E_i \\ I_i \end{pmatrix}$$

$$\begin{pmatrix} I_i \\ I_0 \end{pmatrix} = \begin{pmatrix} y_{11} & y_{12} \\ y_{21} & y_{22} \end{pmatrix} \begin{pmatrix} E_i \\ E_0 \end{pmatrix}, \qquad \begin{pmatrix} E_i \\ E_0 \end{pmatrix} = \begin{pmatrix} z_{11}' & z_{12}' \\ z_{21}' & z_{22}' \end{pmatrix} \begin{pmatrix} I_i \\ I_0 \end{pmatrix}$$

のような1次変換がある．これらの係数の間には相反定理により $y_{12}=y_{21}$, $z_{12}'=z_{21}'$, $AD-BC=1$ が成立する．行列 (z') をインピーダンス行列とよぶことがある．とくに $A=D$ であるものを**対称4端子網**という．4端子網は独立な3つの複素量をきめれば定まるので図7.13，図7.14のように3つの複素インピーダンスを持った回路によって同じ4端子回路定数を持ったものが作れる．このような回路を等価回路といい，図7.13を等価T回路，図7.14

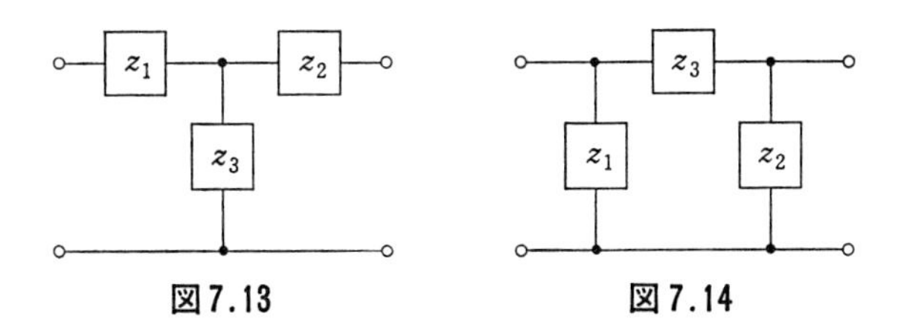

図7.13　　図7.14

を等価π回路という．等価T回路に対して

$$\begin{pmatrix} A & B \\ C & D \end{pmatrix} = \begin{pmatrix} 1+\dfrac{z_1}{z_3} & \dfrac{z_1z_2+z_2z_3+z_3z_1}{z_3} \\ \dfrac{1}{z_3} & 1+\dfrac{z_2}{z_3} \end{pmatrix}$$

であり，等価π回路に対しては

$$\begin{pmatrix} A & B \\ C & D \end{pmatrix} = \begin{pmatrix} 1+\dfrac{z_3}{z_2} & z_3 \\ \dfrac{z_1+z_2+z_3}{z_1z_2} & 1+\dfrac{z_3}{z_1} \end{pmatrix}$$

となる．いずれの場合でも$z_1=z_2$のとき対称4端子網となる．

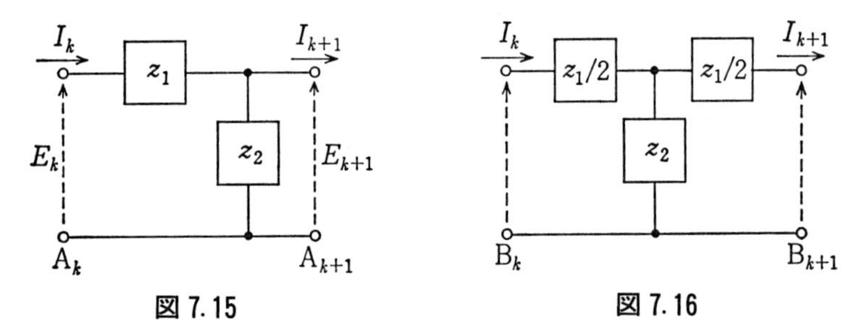

図 7.15　　図 7.16

同じ対称4端子回路をつぎつぎとつないだものを反覆回路という．図7.15でA_{k+1}の2端子から右の複素インピーダンスをzとするとA_kの2端子から右の複素インピーダンスも無限反覆回路なら等しいはずである．したがって

$$z = z_1+\left(\frac{1}{z_2}+\frac{1}{z}\right)^{-1} = z_1+\frac{zz_2}{z+z_2}$$

となる．これを解くと

$$z = \frac{z_1}{2}+\sqrt{\frac{{z_1}^2}{4}+z_1z_2}$$

となる．$z_2\to 0$の極限では$z\to z_1$とならなくてはいけないので，この$\sqrt{}$はそのような分枝をとると約束しておく．かくして図

7.16 の B_k から右の複素インピーダンス $\hat{z}$ は

$$\hat{z} = z - \frac{z_1}{2} = \sqrt{\frac{{z_1}^2}{4} + z_1 z_2}$$

である.

$$E_k - E_{k+1} = I_k z_1 = \frac{E_k}{z} z_1$$

を用いて**伝播因子** α を

$$\frac{E_{k+1}}{E_k} = \frac{I_{k+1}}{I_k} = 1 - \frac{z_1}{z} = \frac{\hat{z} - z_1/2}{\hat{z} + z_1/2} \equiv \alpha \quad (7.3.27)$$

で定義すると，無限反覆回路では

$$\frac{I_{\text{out}}}{I_{\text{in}}} \propto \alpha^{\infty}$$

となるから $|\alpha|=1$ となる周波数の波は通し，$|\alpha|<1$ の周波数の波はとめる.

z_1, z_2 が純虚数であると，

$$\frac{{z_1}^2}{4} + z_1 z_2 \gtrless 0$$

に対して，それぞれ $|\alpha|=1$，$|\alpha|<1$ となる．負のとき $z_1/2$ と $\sqrt{{z_1}^2/4 + z_1 z_2}$ が同符号の虚数部を持つことを用いる.

［例題 7.3.4］　図 7.17 の反覆回路の透過周波数帯を求めよ.

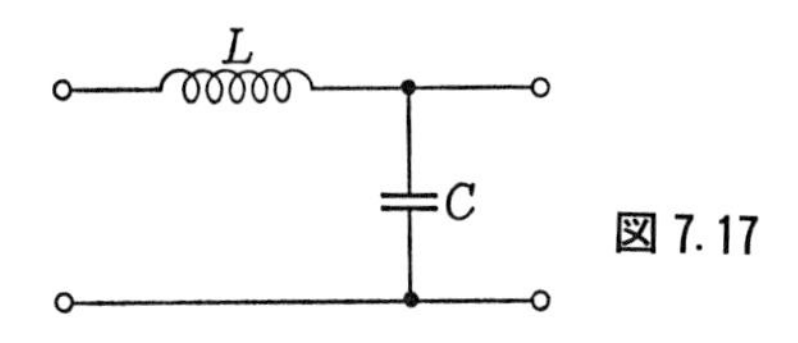

図 7.17

［解］　このとき

$$\frac{{z_1}^2}{4} + z_1 z_2 = -\frac{\omega^2 L^2}{4} + \frac{L}{C}$$

であるから，

$$\omega^2 \gtrless \frac{4}{LC}$$

に対してそれぞれ $|\alpha| \leq 1$ となる．したがってこの反復回路は $\omega^2 < 4/LC$ のみを通す．▌

§7.4　熱　伝　導

比熱(specific heat) c，密度 ρ，**熱伝導度**(thermal conductivity) λ である一様な物質内での温度分布 $T(\boldsymbol{x}, t)$ は，単位時間に発生する熱量密度を $Q(\boldsymbol{x}, t)$ として，熱伝導の方程式

$$\frac{\partial T(\boldsymbol{x}, t)}{\partial t} - \frac{\lambda}{c\rho}\Delta T(\boldsymbol{x}, t) = \frac{1}{c\rho}Q(\boldsymbol{x}, t) \qquad (7.4.1)$$

を充たす．$\lambda/c\rho = \kappa^2$ を**温度伝導率**(diffusivity of heat)という．

(7.4.1)を解くにあたって与えられる境界条件としては，(i)境界上で温度 $T(\boldsymbol{x}, t)$ を与える．(ii)境界上の単位面(外向き法線 $\boldsymbol{n}$)を通り単位時間に流れ出る熱量 $J(\boldsymbol{x}, t)$

$$-\lambda \boldsymbol{n} \cdot \mathrm{grad}\, T(\boldsymbol{x}, t) = J(\boldsymbol{x}, t) \qquad (7.4.2)$$

を与える．とくに断熱境界のときは

$$\boldsymbol{n} \cdot \mathrm{grad}\, T(\boldsymbol{x}, t) = 0 \qquad (7.4.3)$$

である．(iii)放射により T_∞ の温度の物体と熱のやりとりがあるとき α を表面できまる定数として

$$\boldsymbol{n} \cdot \mathrm{grad}\, T(\boldsymbol{x}, t) + \frac{\alpha}{\lambda}(T(\boldsymbol{x}, t) - T_\infty) = 0 \qquad (7.4.4)$$

が成り立つ．…などが代表的な境界条件である．

また特別な場合として，断面が近似的に一定温度である棒が表面では T_∞ の温度の物体と放射により熱のやりとりがあるとき，棒の長さの方向 x についての熱伝導が方程式

$$\frac{\partial T(x, t)}{\partial t} - \kappa^2 \frac{\partial^2 T(x, t)}{\partial x^2} + b^2(T(x, t) - T_\infty) = 0 \qquad (7.4.5)$$

により記述される．ここで s を棒の断面積，p を周囲の長さとして

$$b^2 = \frac{\alpha p}{c\rho s}$$

である．

［例題 7.4.1］ 充分長く細い棒の一端の温度 T_0 が与えられている．この棒が側面を通して温度 T_∞ の外界と熱放射による熱のやりとりがあるとき，(i) 定常温度分布を求めよ．(ii) 2 種類の物質により作られた同形の 2 本の棒の表面に‘蜜ろう’がぬってあるとき，温度 T_0 の一端から‘蜜ろう’の融けるまでの長さ l_1, l_2 と，熱伝導度 λ_1, λ_2 の関係を求めよ (Ingen–Hausz の実験)．

［解］ (i) 方程式 (7.4.5) において定常的すなわち時間微分を 0 とおいた方程式の一般解は

$$T(x) - T_\infty = Ae^{bx/\kappa} + Be^{-bx/\kappa}$$

である．温度が T_0 の一端を $x=0$ にとると，x の大きいところで温度が非常に高くならないために $A=0$，$x=0$ の条件から $B=T_0-T_\infty$ であるから

$$T(x) = T_\infty + (T_0 - T_\infty)e^{-bx/\kappa}$$

となる．

(ii)‘蜜ろう’の融ける温度は 2 本とも等しいから

$$e^{-b_1 l_1/\kappa_1} = e^{-b_2 l_2/\kappa_2}$$

である．

$$\kappa_i = \sqrt{\frac{\lambda_i}{c_i \rho_i}}, \qquad b_i = \sqrt{\frac{\alpha p}{c_i \rho_i s}} \qquad (i=1,2)$$

であるが，同形であるから α, p, s は共通であるので，結局

$$\frac{{l_1}^2}{\lambda_1} = \frac{{l_2}^2}{\lambda_2}$$

となる．したがって l_1, l_2 を測定して，λ_1 がわかっていれば λ_2 が

得られる．▌

［例題 7. 4. 2］　幅 a cm，温度伝導率 κ^2 cm^2/s の壁の一方の側に断熱板が張ってある．$t=0$ で温度が T_0°C であったとして他の側の温度を時刻 $t=t_1$ s まで一様な速さで上げて T_1°C にして後 T_1°C に保ったとする．$t>t_1$ での温度分布を求めよ．とくに $T_0=0$，$T_1=500$，$a=20$，$\kappa^2=0.0074$，$t_1=2\times60\times60$ であるとき $t=2t_1$ での断熱板の温度を求めよ．

［解］　空間が1次元の熱伝導方程式は

$$\frac{\partial T(x,t)}{\partial t}=\kappa^2\frac{\partial^2 T(x,t)}{\partial x^2}$$

である．これを初期条件

$$T(x,0)=T_0$$

境界条件

$$\frac{\partial T}{\partial x}(a,t)=0$$

$$T(0,t)=\begin{cases}T_0+(T_1-T_0)\dfrac{t}{t_1} & (0<t<t_1)\\ T_1 & (t_1<t)\end{cases}$$

を与えて解く問題である．

いま $t_1<t$ で 0 となるように $v(x,t)=T(x,t)-T_1$ とおけば，$v(x,t)$ に対する方程式，初期条件，境界条件はそれぞれ

$$\frac{\partial v(x,t)}{\partial t}=\kappa^2\frac{\partial^2 v(x,t)}{\partial x^2}$$

$$v(x,0)=T_0-T_1$$

$$\frac{\partial v}{\partial x}(a,t)=0,\qquad v(0,t)=\begin{cases}(T_0-T_1)\left(1-\dfrac{t}{t_1}\right) & (0<t<t_1)\\ 0 & (t_1<t)\end{cases}$$

である．境界条件が $x=0$ で v を与え，$x=a$ で $\partial v/\partial x$ を与えて

いるので表 4.1 から $\{\sin\alpha_n x\}$ $(\alpha_n=\pi(n+1/2)/a)$ による展開が適当な場合であることがわかる．方程式に $\sin\alpha_n x$ をかけて 0 から a まで積分すると，部分積分によって

$$v_n(t) \equiv \int_0^a \sin\alpha_n x\cdot v(x,t)dx$$

に対する方程式として

$$\begin{aligned}\frac{dv_n(t)}{dt} &= \kappa^2\frac{\partial v}{\partial x}(a,t)\sin\pi\left(n+\frac{1}{2}\right)+\kappa^2\alpha_n v(0,t)-\kappa^2{\alpha_n}^2 v_n(t)\\ &= \kappa^2\alpha_n(T_0-T_1)\left(1-\frac{t}{t_1}\right)\theta(t_1-t)-\kappa^2{\alpha_n}^2 v_n(t)\end{aligned}$$

が得られる．この解は $t_1<t$ で

$$\begin{aligned}v_n(t) &= A_n e^{-\kappa^2{\alpha_n}^2 t}+\int_0^{t_1} e^{-\kappa^2{\alpha_n}^2(t-\tau)}\kappa^2\alpha_n(T_0-T_1)\left(1-\frac{\tau}{t_1}\right)d\tau\\ &= A_n e^{-\kappa^2{\alpha_n}^2 t}+\frac{T_0-T_1}{\alpha_n}e^{-\kappa^2{\alpha_n}^2 t}\\ &\quad\times\left[-1-\frac{1}{\kappa^2{\alpha_n}^2 t_1}+\frac{1}{\kappa^2{\alpha_n}^2 t_1}e^{\kappa^2{\alpha_n}^2 t_1}\right]\end{aligned}$$

となる．$t<t_1$ ではこの積分が $\int_0^t$ となるので，初期値から

$$A_n = \int_0^a \sin\alpha_n x(T_0-T_1)dx = \frac{1}{\alpha_n}(T_0-T_1)$$

である．したがって $t_1<t$ では

$$v_n(t) = \frac{T_0-T_1}{{\alpha_n}^3\kappa^2 t_1}\left[e^{-\kappa^2{\alpha_n}^2(t-t_1)}-e^{-\kappa^2{\alpha_n}^2 t}\right]$$

となる．この v_n を用いて温度分布が

$$T(x,t) = T_1+\frac{2}{a}\sum_{n=0}^{\infty} v_n(t)\sin\alpha_n x$$

と表わされる．

とくに与えられた数値を入れると

$$e^{-\kappa^2\alpha_0{}^2t_1} \simeq e^{-0.3287} \simeq 0.7199, \quad e^{-\kappa^2\alpha_0{}^2 2t_1} \simeq e^{-0.6573} \simeq 0.5182$$
$$e^{-\kappa^2\alpha_1{}^2t_1} \simeq e^{-2.958} \simeq 0.0519, \quad e^{-\kappa^2\alpha_1{}^2 2t_1} \simeq e^{-5.916} \simeq 0.0027$$
$$e^{-\kappa^2\alpha_2{}^2t_1} \simeq e^{-8.22} \simeq 0.0003, \quad e^{-\kappa^2\alpha_2{}^2 2t_1} \simeq e^{-16.43} \simeq O(10^{-7})$$

となり，$x=a$ での温度は $t=2t_1$ で

$$T(a, 2t_1) = 500-390.71+3.53-0.004+\cdots \simeq 112.8$$

となるので約 113℃ である．▮

さてこの問題を解くのに $T(x,t)$ のまま解かずに $v(x,t)$ を扱った．その理由をみるために，$T(x,t)$ を $\{\sin\alpha_n x\}$ で展開して

$$T_n(t) \equiv \int_0^a \sin\alpha_n x T(x,t)dx$$

の方程式を求めてみよう．$v_n(t)$ についての方程式を求めたのと同様にして

$$\begin{aligned}\frac{dT_n(t)}{dt} &= \kappa^2\frac{\partial T}{\partial x}(a,t)\sin\pi\left(n+\frac{1}{2}\right)+\kappa^2\alpha_n T(0,t)-\kappa^2\alpha_n{}^2T_n(t)\\ &= \kappa^2\alpha_n\left[\left\{T_0+(T_1-T_0)\frac{t}{t_1}\right\}\theta(t_1-t)+T_1\theta(t-t_1)\right]\\ &\quad -\kappa^2\alpha_n{}^2T_n(t)\end{aligned}$$

となる．初期値 $T_n(0)=0$ に対するこの解は $t_1<t$ に対して

$$\begin{aligned}T_n(t) &= \int_0^{t_1} e^{-\kappa^2\alpha_n{}^2(t-\tau)}\kappa^2\alpha_n T_1\frac{\tau}{t_1}d\tau+\int_{t_1}^t e^{-\kappa^2\alpha_n{}^2(t-\tau)}\kappa^2\alpha_n T_1 d\tau\\ &= T_1\left[\frac{1}{\alpha_n}-\frac{1}{\kappa^2\alpha_n{}^3t_1}\{e^{-\kappa^2\alpha_n{}^2(t-t_1)}-e^{-\kappa^2\alpha_n{}^2t}\}\right]\end{aligned}$$

となり，これを用いて温度分布が

$$T(x,t) = \frac{2}{a}\sum_{n=0}^{\infty} T_n(t)\sin\alpha_n x$$

と表わされる．とくに与えられた数値を入れると

$$T(a, 2t_1) = 245.7-208.6+127.3-90.9+70.7-57.8+\cdots$$

のような交代級数となる．第 n 項までとった値を c_n とすると

$$c_4 = 144.1,\ c_5 = 86.3,\ c_6 = 135.2,\ \cdots,$$
$$c_{13} = 101.3,\ c_{14} = 123.2,\ c_{15} = 102.7,\ \cdots$$

となり，さきに $v(x,t)$ を展開して求めたものよりはるかに収束性が悪いことがわかる．この理由は $T_n(t)$ の第1項 T_1/α_n のように n と共にゆるやかにしかおちない項があるからである．そしてこのような項が出てこないためには T_n のように t と共にいつまでも大きくなるような領域での積分でなく，v_n のように有限領域での積分で表わせたことが必要であった．そのために v_n のように微分方程式の非同次項がある時刻以後に0となるように，すなわち最終の境界値 T_1 を原点にとって温度をきめればよい．これがわざわざ原点をずらして v について問題を扱った理由である．

とくに $t_1 \to 0$，すなわち境界条件が $T(0,t) = T_1\ (0<t)$ ならば，$v(0,t) = 0\ (0<t)$ となり，$v_n(t)$ の方程式は同次となって取扱いが楽である．このように単純な原点のずらしで境界値を0にすることができるなら，まずそれを試みて変換 $v_n(t)$ の充たす方程式を簡単にすべきである．この事情はとくに他端の条件がこのように $\partial T/\partial x = 0$ で与えられたり，次の球の問題のように球の中心での条件が T の原点のずらしによって変わらない場合に有効である．

[例題 7.4.3]　温度 T_1 の水中に入れた半径 a cm，温度伝導率 κ^2 cm^2/s の鉄球を，$(0, \varDelta t)$，$(t_1, t_1+\varDelta t)$ の2回の非常に短い時間だけ水中からとり出し，その間表面を高温 T_0 に保ったという．$\varDelta t(T_0 - T_1) = \alpha$ (有限) と考えて，$t = 2t_1$ における鉄球の温度分布を求めよ．ただし $e^{-\kappa^2\pi^2 2t_1/a^2} \ll 1$ とせよ．

[解]　温度分布 $T(\boldsymbol{x}, t)$ は球対称としてよいから，球座標で

$$\frac{\partial T(r,t)}{\partial t}$$
$$=\kappa^2\left[\frac{1}{r}\frac{\partial^2}{\partial r^2}r+\frac{1}{r^2\sin\theta}\frac{\partial}{\partial\theta}\sin\theta\frac{\partial}{\partial\theta}+\frac{1}{r^2\sin^2\theta}\frac{\partial^2}{\partial\varphi^2}\right]T(r,t)$$
$$=\kappa^2\frac{1}{r}\frac{\partial^2}{\partial r^2}rT(r,t)$$

である．$r(T(r,t)-T_1)=v(r,t)$ とおくと，方程式は

$$\frac{\partial v(r,t)}{\partial t}=\kappa^2\frac{\partial^2 v(r,t)}{\partial r^2}$$

となり，初期条件，境界条件は，それぞれ

$$v(r,0)=0,\quad v(0,t)=0,\quad v(a,t)=a(T(a,t)-T_1)$$

である．$r=0, a$ で v が与えられているから表 4.1 から有効な Fourier 変換は $\left\{\sin\frac{n\pi r}{a}\right\}$ 展開である．

$$v_n(t)=\int_0^a v(r,t)\sin\frac{n\pi r}{a}dr$$

を用いて，

$$\frac{\partial v_n(t)}{\partial t}=-\frac{n^2\pi^2\kappa^2}{a^2}v_n(t)-\kappa^2\frac{n\pi}{a}a(T(a,t)-T_1)(-1)^n$$

が得られる．この解で上記初期条件を充たすものに境界条件を入れれば，$\Delta t\to 0$ の極限で

$$v_n(t)=\int_0^t e^{-\kappa^2n^2\pi^2(t-\tau)/a^2}\kappa^2 n\pi(-1)^{n+1}(T(a,\tau)-T_1)d\tau$$
$$=\kappa^2 n\pi(-1)^{n+1}\alpha(e^{-\kappa^2n^2\pi^2t/a^2}+e^{-\kappa^2n^2\pi^2(t-t_1)/a^2})$$

となる．したがって，$e^{-\kappa^2n^2\pi^22t_1/a^2}\ll 1$ を用いると次式を得る．

$$T(r,2t_1)-T_1=\frac{2}{ra}\sum_{n=1}^{\infty}v_n(2t_1)\sin\frac{n\pi r}{a}\simeq\frac{2\kappa^2\pi\alpha}{ra}e^{-\kappa^2\pi^2t_1/a^2}\sin\frac{\pi r}{a}$$ ▌

この問題を簡単化して，水中からとり出した鉄球の表面をずっ

と一定温度 T_0 に保ったとしてみよう．最終温度が T_0 であるから，こんどは $r(T(r,t)-T_0)=v(r,t)$ に対して，方程式

$$\frac{\partial v(r,t)}{\partial t}=\kappa^2\frac{\partial^2 v(r,t)}{\partial r^2}$$

を，初期条件と境界条件を

$$v(r,0)=r(T_1-T_0),\qquad v(0,t)=0,\qquad v(a,t)=0$$

と与えて解く問題となる．したがって Fourier sine 変換の係数 v_n の充たす方程式は，同次境界条件のために，同次方程式

$$\frac{\partial v_n(t)}{\partial t}=-\frac{n^2\pi^2\kappa^2}{a^2}v_n(t)$$

となり，これを初期条件

$$v_n(0)=\int_0^a r(T_1-T_0)\sin\frac{n\pi r}{a}dr=-\frac{(-1)^n a^2}{n\pi}(T_1-T_0)$$

のもとに解くと，

$$v_n(t)=-\frac{(-1)^n a^2}{n\pi}(T_1-T_0)e^{-n^2\pi^2\kappa^2 t/a^2}$$

が得られる．したがって次の温度分布を得る．

$$T(r,t)=T_0-\frac{2}{ra}\sum_{n=1}^{\infty}\frac{(-1)^n a^2}{n\pi}(T_1-T_0)e^{-n^2\pi^2\kappa^2 t/a^2}\sin\frac{n\pi r}{a}$$

このような同次境界条件に対しては，変数分離の方法によっても解くことができる．すなわち，変数分離型の解 $v(r,t)=V(r)T(t)$ に対して，方程式

$$\frac{1}{T}\frac{dT}{dt}=\frac{1}{V}\kappa^2\frac{d^2V}{dr^2}=\lambda\ \text{(分離定数)}$$

が得られ，同次境界条件 $V(0)=V(a)=0$ を充たす $V(r)$ は，固有値 $\lambda_n=n^2\pi^2\kappa^2/a^2$ に対する固有関数 $V=\sin\pi nr/a$ であり，その λ_n に対して $T=\exp[-n^2\pi^2\kappa^2 t/a^2]$ は解である．したがって，一般解はそれらの1次結合

$$\sum c_n \sin \frac{n\pi r}{a} e^{-n^2\pi^2\kappa^2 t/a^2}$$

として得られ，係数 c_n は初期条件から得られて，上述の $v(r, t)$ と一致する．

［例題 7. 4. 4］　幅 l cm，温度伝導率 κ^2 cm^2/s の壁が $t=0$ で $T(x, 0)=ax/l\,(0\leq x\leq l)$ という温度分布をしていた．面 $x=0$ を 0°C に保ち，面 $x=l$ は 0°C の物質と放射により熱のやりとりがある．$e^{-9\pi^2\kappa^2 t/4l^2}\ll 1$ が成り立つ時刻における温度分布を求めよ．

［解］　熱伝導の方程式

$$\frac{\partial T(x, t)}{\partial t}-\kappa^2\frac{\partial^2 T(x, t)}{\partial x^2}=0$$

を境界条件

$$T(0, t)=0, \qquad \frac{\partial T}{\partial x}(l, t)+hT(l, t)=0$$

で解く問題であるから，表 4. 1 からわかるように有効な変換は $\{\sin \xi_n x\}$ $(\xi_n \cot l\xi_n+h=0)$ による変換である．

$$c_n(t)=\int_0^l \sin \xi_n x T(x, t)dx$$

とすると

$$\frac{dc_n(t)}{dt}+\kappa^2\xi_n{}^2 c_n(t)=0$$

である．これを初期条件

$$c_n(0)=\int_0^l \sin \xi_n x\frac{ax}{l}dx=\frac{a}{l\xi_n{}^2}(1+lh)\sin \xi_n l$$

で解くと

$$c_n(t)=\frac{a}{l\xi_n{}^2}(1+lh)\sin \xi_n l e^{-\kappa^2\xi_n{}^2 t}$$

となる．したがって

$$T(x,t) = \sum_n \frac{2(h^2+\xi_n{}^2)}{l(h^2+\xi_n{}^2)+h} \frac{(1+lh)a\sin\xi_n l}{l\xi_n{}^2} e^{-\kappa^2\xi_n{}^2 t}\sin\xi_n x$$

である．さて $\xi\cot\xi l+h=0$ の正根は図7.18の $y=\tan\xi l$ と $y=-\xi l/hl$ の交点の座標から求められる．図から明らかに $\pi/2<\xi_1 l<\pi$，$3\pi/2<\xi_n l$ $(n\geq 2)$ が成立する．かくして

$$e^{-\kappa^2\xi_n{}^2 t} < e^{-\kappa^2 9\pi^2 t/4l^2} \ll 1 \qquad (n\geq 2)$$

を用いると

$$T(x,t) \simeq \frac{2(h^2+\xi_1{}^2)}{l(h^2+\xi_1{}^2)+h} \frac{(1+lh)a\sin\xi_1 l}{l\xi_1{}^2} e^{-\kappa^2\xi_1{}^2 t}\sin\xi_1 x$$

が得られる．▌

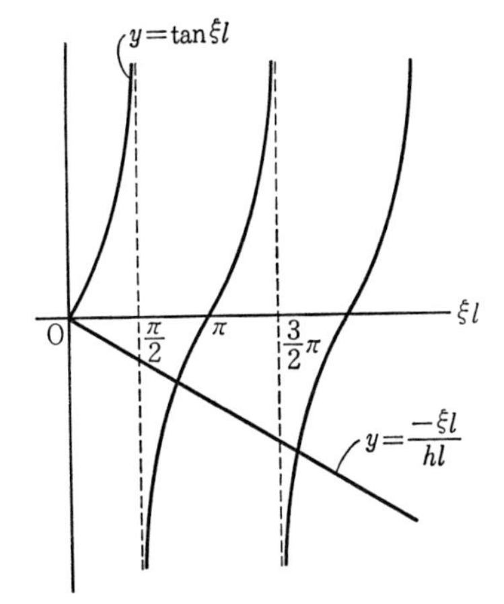

図7.18

［例題7.4.5］ 非常に厚いコンクリートの壁の端 $x=0$ に断熱板がとりつけてある．$t=0$ で温度分布が $T_0\delta(x-l)$ であるとして，以後の温度分布を求めよ．T_0, l は定数．

［解］ 方程式，初期条件，境界条件はそれぞれ

$$\frac{\partial T(x,t)}{\partial t} = \kappa^2 \frac{\partial^2 T(x,t)}{\partial x^2}$$

$$T(x,0) = T_0\delta(x-l)$$

$$\left.\frac{\partial T(x,t)}{\partial x}\right|_{x=0}=0$$

である．$0<x<\infty$ で考えて $\left.\dfrac{\partial T}{\partial x}\right|_{x=0}$ が与えられているから，表 6.1 から Fourier cosine 積分変換

$$\hat{T}(k,t)=\sqrt{\frac{2}{\pi}}\int_0^\infty T(x,t)\cos kx dx$$

が有効である．方程式を cosine 積分変換をして境界条件を用い

$$\frac{\partial \hat{T}(k,t)}{\partial t}+\kappa^2k^2\hat{T}(k,t)=0$$

を得る．これを初期条件

$$\hat{T}(k,0)=\sqrt{\frac{2}{\pi}}T_0\cos kl$$

で解くと

$$\hat{T}(k,t)=\sqrt{\frac{2}{\pi}}T_0\cos kl\, e^{-\kappa^2k^2t}$$

となるので，逆変換をとると

$$\begin{aligned}T(x,t)&=\sqrt{\frac{2}{\pi}}\int_0^\infty \cos kx\hat{T}(k,t)dk\\&=\frac{T_0}{4\pi}\int_{-\infty}^\infty (e^{ikx}+e^{-ikx})(e^{ikl}+e^{-ikl})e^{-\kappa^2k^2t}dk\\&=T_0\sqrt{\frac{1}{4\pi\kappa^2t}}(e^{-(x+l)^2/4\kappa^2t}+e^{-(x-l)^2/4\kappa^2t})\end{aligned}$$

が得られる．▌

［例題 7.4.6］　地表の温度が年周期の変化を示すとして，(i) 地下 6 m における温度変化を論ぜよ．(ii) 地表温度の最高が 20°C 最低が −10°C のとき，級数展開の第 2 項までとって地下何 m 以下では凍結しないかを調べよ．(iii) 地表温度変化が $T_0+T_1\cos\omega t$ で与えられているとき，温度分布を求めよ．ただし地殻の温度伝

導率を $\kappa^2=4\times10^{-2}\,\mathrm{cm^2/s}$ とせよ．

［解］ (i) 年周期(t_1 s, $2\pi/t_1=\omega$) の温度分布 $T(x,t)$ が期待されるので，t について Fourier 級数展開

$$T(x,t)=\sum_{n=-\infty}^{\infty}c_n(x)e^{in\omega t}$$

を用いて解いてみる．1次元熱伝導方程式から

$$in\omega c_n=\kappa^2\frac{d^2c_n}{dx^2}$$

となる．この一般解は

$$p_n\equiv\left(\frac{in\omega}{\kappa^2}\right)^{1/2}\equiv(1\pm i)q_n=(1\pm i)\sqrt{\frac{\omega|n|}{2\kappa^2}}\qquad(n\gtrless0)$$

とおいて

$$c_n(x)=A_ne^{(1\pm i)q_nx}+B_ne^{-(1\pm i)q_nx}\qquad(n\gtrless0)$$

$$c_0(x)=A_0x+B_0$$

となる．$x\to\infty$ で有限であるため $A_n=0$ であるので，$B_n=|B_n|e^{i\gamma_n}$, $\gamma_{-n}=-\gamma_n$ とかくと，温度分布は

$$T(x,t)=\sum_{n=-\infty}^{\infty}|B_n|e^{-(1\pm i)q_nx+i\gamma_n+in\omega t}$$

$$=B_0+2\sum_{n=1}^{\infty}|B_n|e^{-q_nx}\cos(n\omega t-q_nx+\gamma_n)$$

とかける．年周期($\omega\simeq1.99\times10^{-7}\,\mathrm{s^{-1}}$)，$x=600$ cm に対して

$$q_1x\simeq3.0\sim\pi,\qquad q_2x\simeq4.2,\qquad q_3x\simeq5.2$$

$$e^{-q_1x}\simeq0.050,\qquad e^{-q_2x}\simeq0.015,\qquad e^{-q_3x}\simeq0.006$$

となるので，第2項までで近似すると

$$T(600,t)\simeq B_0+0.1|B_1|\cos(\omega t-\pi+\gamma_1)$$

である．cosine のなかの π は $x=0$ と $x=600$ との位相の差を表わすので，ちょうど位相が逆転していることを示している．すなわち地下 6 m では夏にもっとも温度が低い．実際にはこのような

理想的な状況は実現しにくい．ただもっと深くなると，$e^{-q_1 x}$ がさらに小さくなり，事実上温度が一定となる．井戸水の温度がほぼ一定であるのはこの事情を示している．

(ii) 第2項までの近似をとり，地表で最高 20°C 最低 −10°C とすると

$$B_0 = \frac{20+(-10)}{2} = 5, \qquad 2|B_1| = \frac{20-(-10)}{2} = 15$$

である．したがって最低が 0°C を示す深さを l cm とすると

$$0 = 5-15e^{-q_1 l}$$

すなわち

$$l = -\frac{1}{q_1}\ln\frac{1}{3} \sim 220$$

となり，この近似では 220 cm より深ければ凍らない．

(iii) 地表の温度が $T_0+T_1\cos\omega t$ で与えられているので適当な変換は Fourier sine 変換である．$T(\infty,t)=T_0$ と考えられるので $u(x,t)\equiv T(x,t)-T_0$ の Fourier sine 変換

$$\hat{u}(k,t) \equiv \sqrt{\frac{2}{\pi}}\int_0^\infty \sin kx(T(x,t)-T_0)dx$$

に対する方程式は

$$\frac{\partial \hat{u}(k,t)}{\partial t} = -\sqrt{\frac{2}{\pi}}\kappa^2 k\Big[\cos kx(T(x,t)-T_0)\Big]_0^\infty - \kappa^2 k^2 \hat{u}(k,t)$$
$$= \sqrt{\frac{2}{\pi}}\kappa^2 k T_1 \cos\omega t - \kappa^2 k^2 \hat{u}(k,t)$$

である．この解は

$$\hat{u}(k,t) = A(k)e^{-\kappa^2 k^2 t} + \sqrt{\frac{2}{\pi}}\kappa^2 k\int_0^t e^{-\kappa^2 k^2 (t-\tau)} T_1 \cos\omega\tau d\tau$$

とかけ，$A(k)$ は初期値から定められる．充分長時間たった後であると考えると，この項は無視できるので

$$\hat{u}(k,t)=\sqrt{\frac{2}{\pi}}\kappa^2 kT_1\,\mathrm{Re}\int_0^t e^{-\kappa^2k^2(t-\tau)+i\omega\tau}d\tau$$

$$=\sqrt{\frac{2}{\pi}}\kappa^2 kT_1\,\mathrm{Re}\,e^{-\kappa^2k^2t}\frac{1}{\kappa^2{k_n}^2+i\omega}\Big[e^{\kappa^2k^2\tau+i\omega\tau}\Big]_{\tau=0}^{\tau=t}$$

$$\xrightarrow[t\to\infty]{}\sqrt{\frac{2}{\pi}}\kappa^2 kT_1\,\mathrm{Re}\frac{1}{\kappa^2k^2+i\omega}e^{i\omega t}$$

となる．これを逆変換した

$$T(x,t)-T_0=\sqrt{\frac{2}{\pi}}\int_0^\infty \sin kx\cdot\hat{u}(k,t)dk$$

$$=\frac{\kappa^2T_1}{\pi}\mathrm{Re}\int_{-\infty}^{\infty}\frac{e^{ikx}-e^{-ikx}}{2i}\frac{k}{\kappa^2k^2+i\omega}e^{i\omega t}dk$$

の被積分項の極は図7.19に示されている．e^{ikx}の項は上半面を，e^{-ikx}の項は下半面をまわる充分大きな半円を積分路につけ加えて閉曲線の積分路にすることができる．こうしてCauchy積分を行なうと

$$T(x,t)=T_0+T_1e^{-\sqrt{\omega/2\kappa^2}x}\cos\left(\omega t-\sqrt{\frac{\omega}{2\kappa^2}}x\right)$$

となり，(i)で得られた第2項までの形と同じになる．▮

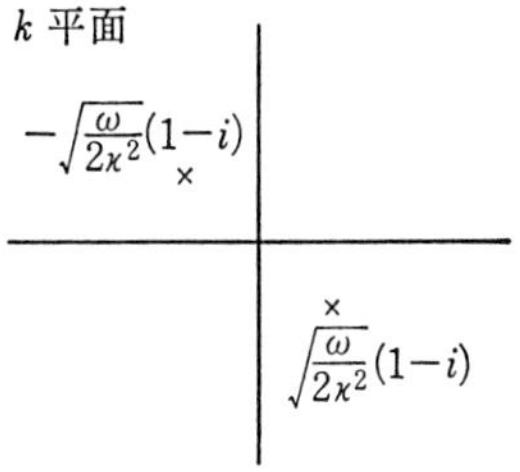

k 平面

$-\sqrt{\frac{\omega}{2\kappa^2}}(1-i)$

$\sqrt{\frac{\omega}{2\kappa^2}}(1-i)$

図7.19

§7.5　X線・中性子・電子散乱

a)　散乱と密度関数

X線・中性子・電子の散乱を取り扱うとき，散乱体を離散的なものとして扱うのが便利か，連続的な分布として扱うのが適当か

は，それぞれの場合による．例えばあまり波長が短くないX線散乱においては原子の内部構造はあまり問題にならず原子を点散乱体として取り扱うのが適当であるし，内部構造が問題になるくらい波長が短いX線散乱においては連続的な確率分布をもつ電子によって散乱されるような扱いが必要となる．中性子散乱は普通，原子核を点散乱体として扱われるし，電子散乱は原子を連続的に分布しているポテンシャルで表わされる散乱体として扱われることが多い．

以上の話は1つの原子または1つの原子核による散乱である．結晶とか液体とかいわゆる多体系による散乱を取り扱うときにはさらに個々の散乱体としての原子とか原子核が離散的に分布していると考えた方がよいか，連続的に分布していると考えた方がよいかはそれぞれの場合による．以下においては波長の短いX線については個々の散乱体を電子にとってそれが連続的な確率分布をしているとする．その他については原子分子または原子核が個々の散乱体として空間的に離散的に分布していると考え，さらに極限としてそれらが連続的に分布しているとして扱うことにする．

1つの散乱体が原点にある場合の散乱は後に§9.4で Green 関数を用いて取り扱うが，ここではそこで得られる結果のうちこの節で必要となるものを書いておこう．まず(9.4.25)から得られるように，波数ベクトル $\boldsymbol{k}_0$ の入射平面波

$$\phi_{\mathrm{in}} = \phi_0 e^{i\boldsymbol{k}_0\cdot\boldsymbol{r}} \tag{7.5.1}$$

にともなって原点から散乱角 θ の方向に充分大きな距離 R だけ離れた点で散乱波

$$\phi_{\mathrm{sc}} = \frac{\phi_0 f(\theta)}{R} e^{ikR} \tag{7.5.2}$$

が見いだされる．ここで $k=|\boldsymbol{k}_0|$ であり，**散乱振幅**(scattering

amplitude) $f(\theta)$ は(9.4.32), (9.4.33), (9.4.35)のように表わされる量であり，中性子散乱のように δ 型ポテンシャルに対しては(9.4.37)から定数，電子の Coulomb 場による散乱のときにはポテンシャルの Fourier 展開に対応して(9.4.38)のように運動量変化 $\hbar\boldsymbol{K}$ の2乗に逆比例する．§9.4でも計算しないがX線の電子による散乱では $\boldsymbol{e}$ を入射X線の偏りベクトルとして

$$|f(\theta)| = \frac{\mu_0 e^2}{4\pi m}\left|\boldsymbol{e}\times\frac{\boldsymbol{R}}{R}\right| \tag{7.5.3}$$

となる．

多くの散乱体による散乱を扱うために，まず原点から $\boldsymbol{r}$ の点にある散乱体による散乱と原点にある散乱体による散乱とを比較しよう．図7.20からわかるように，両方の散乱波の位相差は $\boldsymbol{k}_1$ ($|\boldsymbol{k}_1|=k$) を散乱波の波数ベクトルとして

$$\boldsymbol{k}_1\cdot\boldsymbol{r}-\boldsymbol{k}_0\cdot\boldsymbol{r} = \boldsymbol{K}\cdot\boldsymbol{r} \tag{7.5.4}$$

である．したがって原点からの散乱波(7.5.2)に対して $\boldsymbol{r}$ 点から出た散乱波は

$$\phi_{\mathrm{sc}} = \frac{\phi_0 f(\theta)}{R}e^{ikR-i\boldsymbol{K}\cdot\boldsymbol{r}} \tag{7.5.5}$$

となる．ここで散乱体の拡りすなわち $\boldsymbol{r}$ の大きさにくらべて散乱を観測している点を充分遠方にとっているので，2つの散乱波に対して散乱角 θ は同じであると考えてよい．また $\sin\theta/2=K/2k$ である．

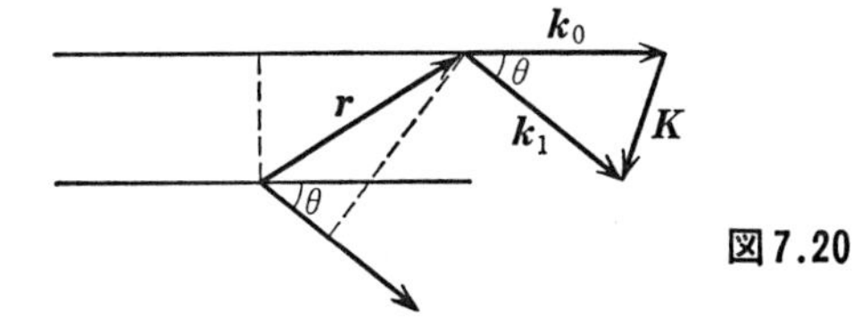

図7.20

つぎに多くの同質の散乱体 $\{\boldsymbol{r}_i\}$ $(i=1,2,\cdots)$ による全散乱波は，散乱体の密度関数 $\rho(\boldsymbol{r})=\sum_j \delta(\boldsymbol{r}-\boldsymbol{r}_j)$ を用いて

$$\phi_{\mathrm{sc}}=\frac{\phi_0 f(\theta)}{R}e^{ikR}\sum_j e^{-i\boldsymbol{K}\cdot\boldsymbol{r}_j}=\frac{\phi_0 f(\theta)}{R}e^{ikR}\int\rho(\boldsymbol{r})e^{-i\boldsymbol{K}\cdot\boldsymbol{r}}d\boldsymbol{r} \tag{7.5.6}$$

とかける．**散乱微分断面積**(differential scattering cross-section)は(9.4.28)で与えるが

$$\sigma(\boldsymbol{K})=\frac{|\phi_{\mathrm{sc}}|^2R^2}{|\phi_{\mathrm{in}}|^2}=|f(\theta)|^2\left|\int\rho(\boldsymbol{r})e^{-i\boldsymbol{K}\cdot\boldsymbol{r}}d\boldsymbol{r}\right|^2 \tag{7.5.7}$$

と表わされる．

散乱関数(scattering function) $S(\boldsymbol{K})$ を

$$S(\boldsymbol{K})\equiv\frac{\left|\int\rho(\boldsymbol{r})e^{-i\boldsymbol{K}\cdot\boldsymbol{r}}d\boldsymbol{r}\right|^2}{\int\rho(\boldsymbol{r})d\boldsymbol{r}}=\frac{\int e^{-i\boldsymbol{K}\cdot\boldsymbol{r}}\int\rho(\boldsymbol{r}')\rho(\boldsymbol{r}'+\boldsymbol{r})d\boldsymbol{r}'d\boldsymbol{r}}{\int\rho(\boldsymbol{r})d\boldsymbol{r}} \tag{7.5.8}$$

で定義すれば，

$$\sigma(\boldsymbol{K})=|f(\theta)|^2S(\boldsymbol{K})\int\rho(\boldsymbol{r})d\boldsymbol{r} \tag{7.5.9}$$

とかける．$f(\theta)$ は個々の散乱体との散乱によって定まる量であり，それがわかっているとすると，(7.5.9)から $\sigma(\boldsymbol{K})$ を知ることは $S(\boldsymbol{K})$ を知ることになる．

非常に複雑な物理系とか不安定な物理系にあっては，かなり精密に実験を整えても結果が実験毎に大きく変動する．したがって個々の実験の結果を論ずるのはあまり意味がなくなり，物理量の平均といった統計的な量についての法則のみが検証の対象となることが多い．このような平均は理論的には同等とみなされる数多くの実験を行ない，それらについての平均をとる統計的平均

(ensemble mean)である．しかし実験的には1つの実験について(7.5.8)に現われるような空間平均

$$\langle\rho(\boldsymbol{r}')\rho(\boldsymbol{r}'+\boldsymbol{r})\rangle_{\text{空間}} = \frac{1}{V}\int_V \rho(\boldsymbol{r}')\rho(\boldsymbol{r}'+\boldsymbol{r})d\boldsymbol{r}'$$

とか時間平均でおきかえるのが普通である．この平均のおきかえはある条件のもとでは厳密に成立することが証明されるが，多くの場合には多分許されると考えて**エルゴード仮説**として導入される．例えば統計的平均を$\langle\cdots\rangle$で示すと

$$\langle\rho(\boldsymbol{r}')\rho(\boldsymbol{r}'+\boldsymbol{r})\rangle = \langle\rho(\boldsymbol{r}')\rho(\boldsymbol{r}'+\boldsymbol{r})\rangle_{\text{空間}}$$

などを要請する仮説である．

2点における密度の積の統計的平均を密度の**相関関数**(correlation function)という．エルゴード仮説を用いれば，散乱関数$S(\boldsymbol{K})$は

$$S(\boldsymbol{K}) = \frac{\displaystyle\int e^{-i\boldsymbol{K}\cdot\boldsymbol{r}}\langle\rho(\boldsymbol{r}')\rho(\boldsymbol{r}'+\boldsymbol{r})\rangle d\boldsymbol{r}}{\langle\rho(\boldsymbol{r})\rangle} \qquad (7.5.10)$$

のように密度の相関関数の Fourier 変換と関係づけることができる．ここでも第1章で述べたように Fourier 成分$S(\boldsymbol{K})$は運動量変化が$\hbar\boldsymbol{K}$である散乱に対する散乱関数という物理的意味を付することができる．エルゴード仮説が成立するならば$\langle\rho(\boldsymbol{r})\rangle$は$\boldsymbol{r}$によらないので，以下$\langle\rho\rangle$とかくことにする．

このようにしてすべての$\boldsymbol{K}$に対して$\sigma(\boldsymbol{K})$したがって$S(\boldsymbol{K})$を測定できれば密度の相関関数が Fourier 逆変換により得られる．いま$\boldsymbol{k}_0$と的とを固定すると，$\boldsymbol{K}$は大きさ$|\boldsymbol{k}_0|$の散乱波数ベクトル$\boldsymbol{k}_1$と$\boldsymbol{k}_0$の差であるからそのとり得る範囲は図7.21で示される．$\boldsymbol{k}_0, \boldsymbol{k}_1$を固定して的を回転させると，その$|\boldsymbol{K}|$について的に対する$\boldsymbol{K}$の相対的なすべての方向の散乱が得られる．かくして

実験的に $|\boldsymbol{K}|<4\pi/\lambda$ のすべての $S(\boldsymbol{K})$ が知られる．もし $|\boldsymbol{K}|$ の大きな値に対して $S(\boldsymbol{K})$ が小さいと仮定できれば，$|\boldsymbol{K}|>4\pi/\lambda$ に対して $S(\boldsymbol{K})=0$ と近似して Fourier 逆変換を計算して密度の相関関数を知ることができる．

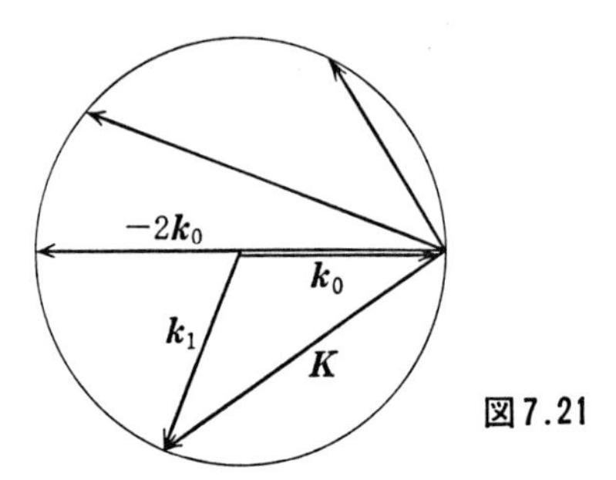

図7.21

対相関関数(pair correlation function) $g(\boldsymbol{r})$ を

$$S(\boldsymbol{K})=1+\int g(\boldsymbol{r})e^{-i\boldsymbol{K}\cdot\boldsymbol{r}}d\boldsymbol{r} \tag{7.5.11}$$

で定義する．(7.5.8) とくらべて

$$\begin{aligned}\int\rho(\boldsymbol{r}_1)\rho(\boldsymbol{r}_1+\boldsymbol{r})d\boldsymbol{r}_1 &= \int\sum_{ij}\delta(\boldsymbol{r}_1-\boldsymbol{r}_i)\delta(\boldsymbol{r}_1+\boldsymbol{r}-\boldsymbol{r}_j)d\boldsymbol{r}_1\\ &= \sum_{ij}\delta(\boldsymbol{r}_i+\boldsymbol{r}-\boldsymbol{r}_j) = N\delta(\boldsymbol{r})+\sum_{i\neq j}\delta(\boldsymbol{r}-(\boldsymbol{r}_j-\boldsymbol{r}_i))\\ &= N\delta(\boldsymbol{r})+Ng(\boldsymbol{r})\end{aligned} \tag{7.5.12}$$

の関係がわかるので，$g(\boldsymbol{r})$ はある粒子から $\boldsymbol{r}$ 離れて別の粒子を見出す確率密度に比例する．

一様な液体による散乱においては $g(\boldsymbol{r})$ の関数形は大体図 7.22 のようである．いま $S(\boldsymbol{K})$ を

$$S(\boldsymbol{K}) = 1+\int(g(\boldsymbol{r})-g(\infty))e^{-i\boldsymbol{K}\cdot\boldsymbol{r}}d\boldsymbol{r}+\int g(\infty)e^{-i\boldsymbol{K}\cdot\boldsymbol{r}}d\boldsymbol{r} \tag{7.5.13}$$

とかき表わすと，標的の大きさが形式的に無限大となり，$g(\infty)\neq 0$

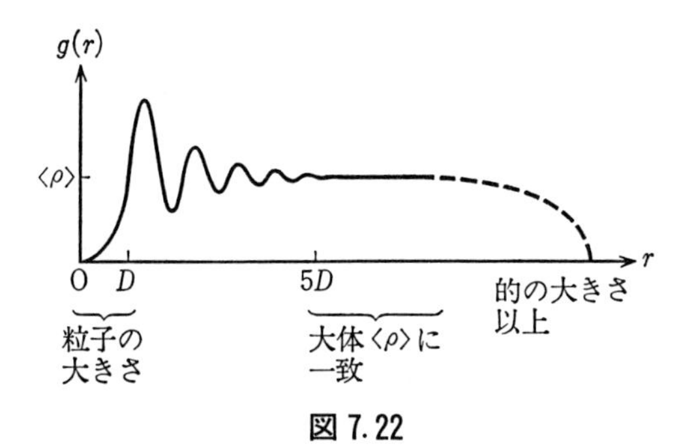

図 7.22

となっても有効な表現となる．このとき $g(\infty)=\langle\rho\rangle$ であり，

$$S'(\boldsymbol{K}) \equiv S(\boldsymbol{K})-(2\pi)^3 g(\infty)\delta(\boldsymbol{K})$$

$$=\frac{\displaystyle\int\{\langle\rho(\boldsymbol{r}')\rho(\boldsymbol{r}'+\boldsymbol{r})\rangle-\langle\rho\rangle^2\}\,e^{-i\boldsymbol{K}\cdot\boldsymbol{r}}d\boldsymbol{r}}{\langle\rho\rangle} \quad (7.5.14)$$

とかきなおしてみると

$$S'(\boldsymbol{0})=\frac{\displaystyle\int\{\langle\rho(\boldsymbol{r}')\rho(\boldsymbol{r})-\langle\rho\rangle^2\rangle\}\,d\boldsymbol{r}'d\boldsymbol{r}}{\displaystyle\int\langle\rho\rangle d\boldsymbol{r}}=\frac{\langle(N-\langle N\rangle)^2\rangle}{N} \quad (7.5.15)$$

と表わせて，粒子数のゆらぎと関係づけることができる．統計力学においてよく知られた関係

$$\frac{\langle(N-\langle N\rangle)^2\rangle}{\langle N\rangle}=-\frac{k_{\mathrm{B}}T\langle N\rangle}{V^2}\left.\frac{\partial V}{\partial P}\right|_T=\frac{k_{\mathrm{B}}T\langle N\rangle}{V}\chi_T \quad (7.5.16)^*$$

を用いると Ornstein–Zernike の関係

$$S'(\boldsymbol{0})=k_{\mathrm{B}}T\langle\rho\rangle\chi_T \quad (7.5.17)$$

---

* L. D. Landau and E. M. Lifshitz (小林秋男他訳)：ランダウ-リフシッツ統計物理学(第2版)下，岩波書店(1958)，p. 445，式(*114. 13*)．

が得られる．ここで k_B は Boltzmann 定数，χ_T は等温圧縮率(isothermal compressibility)である．

$S(\boldsymbol{K})$ は散乱の実験から求められ，その Fourier 逆変換が密度の相関関数というミクロの物理量を与える．一方その δ 部分を除いた $S'(\boldsymbol{K})$ の $\boldsymbol{K}=\boldsymbol{0}$ の値はマクロの物理量である等温圧縮率 χ_T と関係づけられる．換言すれば $S(\boldsymbol{K})$ を仲介としてミクロの物理量とマクロの物理量の間の関係が得られたのである．

b)　結 晶 解 析

入射線，散乱線を含む面に直角に偏った強度 $I_{0\perp}$ の入射線に対する散乱線強度 $I_\perp$ は(7.5.3)，(7.5.6)から

$$I_\perp = I_{0\perp}\frac{e^4}{R^2m^2c^4}\left|\int_{\text{crystal}}\rho(\boldsymbol{r})e^{-i\boldsymbol{K}\cdot\boldsymbol{r}}d\boldsymbol{r}\right|^2 \qquad (7.5.18)$$

である．ここで $\boldsymbol{K}=\boldsymbol{k}_1-\boldsymbol{k}$ で，$\boldsymbol{k}, \boldsymbol{k}_1$ はそれぞれ入射，散乱線の波数ベクトル，R は結晶からの距離である．

結晶の格子ベクトルを $\{\boldsymbol{a}^{(i)}\}$ とすると周期性から

$$\rho(\boldsymbol{r}+\sum m_i\boldsymbol{a}^{(i)}) = \rho(\boldsymbol{r}) \qquad (m_i：整数) \qquad (7.5.19)$$

が成立する．したがって結晶全体にわたっての積分は

$$\int_{\text{crystal}}\rho(\boldsymbol{r})e^{-i\boldsymbol{K}\cdot\boldsymbol{r}}d\boldsymbol{r} = \int_{\text{cell}}\rho(\boldsymbol{r})e^{-i\boldsymbol{K}\cdot\boldsymbol{r}}d\boldsymbol{r}\sum_{\{m_i\}}e^{-i\boldsymbol{K}\cdot\sum m_i\boldsymbol{a}^{(i)}} \qquad (7.5.20)$$

のように1つの単位結晶についての積分で表わされる．結晶が $M_i\boldsymbol{a}^{(i)}$ を3辺とする平行6面体であるとすると

$$\sum_{m=0}^{M-1}e^{-mx} = \frac{e^{-Mx}-1}{e^{-x}-1}$$

を用いて

$$I_\perp = I_{0\perp}\frac{e^4}{R^2m^2c^4}|F|^2G^2 \qquad (7.5.21)$$

$$F = \int_{\text{cell}} \rho(\boldsymbol{r}) e^{-i\boldsymbol{K}\cdot\boldsymbol{r}} d\boldsymbol{r} \tag{7.5.22}$$

$$G^2 = \prod_{i=1}^{3} \left| \frac{e^{-i\boldsymbol{K}\cdot M_i \boldsymbol{a}^{(i)}} - 1}{e^{-i\boldsymbol{K}\cdot\boldsymbol{a}^{(i)}} - 1} \right|^2 = \prod_{i=1}^{3} \frac{\sin^2\left(\dfrac{M_i}{2}\boldsymbol{K}\cdot\boldsymbol{a}^{(i)}\right)}{\sin^2\left(\dfrac{1}{2}\boldsymbol{K}\cdot\boldsymbol{a}^{(i)}\right)} \tag{7.5.23}$$

とかける．$\sin^2 Mx/\sin^2 x$ は $\sin x \sim 0$ の近くでは $O(M^2)$ であり，それ以外では $O(1)$ である．したがって M が充分大きければ $x \sim n\pi$ の所に極大がくる．すなわち G^2 は

$$\frac{\boldsymbol{K}\cdot\boldsymbol{a}^{(i)}}{2} = h_i \pi \qquad (h_i：\text{整数}) \tag{7.5.24}$$

のところで大きくなる．これを波長でかくと，入射，散乱方向の単位ベクトルを $\boldsymbol{s}, \boldsymbol{s}_1$ として

$$\boldsymbol{a}^{(i)}\cdot(\boldsymbol{s}_1 - \boldsymbol{s}) = \frac{2\pi}{k} h_i = \lambda h_i \tag{7.5.25}$$

となり **Laue の条件**が得られる．(7.5.25) を (5.11) で導入した逆格子ベクトル $\{\boldsymbol{b}^{(i)}\}$ を用いてかくと

$$\boldsymbol{s}_1 - \boldsymbol{s} = \lambda \boldsymbol{h} = \lambda \sum_{i=1}^{3} h_i \boldsymbol{b}^{(i)} \tag{7.5.26}$$

の方向で散乱強度が大きくなる．この $\boldsymbol{h}$ の値に対して

$$F_{\boldsymbol{h}} = \int_{\text{cell}} \rho(\boldsymbol{r}) e^{-2\pi i \boldsymbol{h}\cdot\boldsymbol{r}} d\boldsymbol{r} \tag{7.5.27}^*$$

と定義すれば，逆変換は (5.12) により

$$\rho(\boldsymbol{r}) = \frac{1}{v} \sum_{\{h_i\}} F_{\boldsymbol{h}} e^{2\pi i \boldsymbol{h}\cdot\boldsymbol{r}} \tag{7.5.28}$$

である．

実験では $\boldsymbol{h}$ で指定される方向に散乱線の極大が現われる．そこでの強度を測ると $|F_{\boldsymbol{h}}|$ がわかる．もし何かの方法で $F_{\boldsymbol{h}}$ の 位相が

---

* $F_{\boldsymbol{h}}$ は (5.12) の $vA_{\boldsymbol{h}}$ である．

推定されれば(7.5.28)によって電子密度 $\rho(\boldsymbol{r})$ がわかり，結晶構造を知ることができる．また Patterson 関数 $P(\boldsymbol{r})$ に対して

$$P(\boldsymbol{r}) \equiv \frac{1}{v}\sum|F_{\boldsymbol{h}}|^2 e^{-2\pi i\boldsymbol{h}\cdot\boldsymbol{r}} = \int_{\text{cell}} \rho(\boldsymbol{r}')\rho(\boldsymbol{r}'+\boldsymbol{r})d\boldsymbol{r}' \qquad (7.5.29)$$

が成立することが(6.23)からわかるので，電子密度の大きい2点を結ぶ $\boldsymbol{r}$ を $F_{\boldsymbol{h}}$ の符号によらず実験値 $|F_{\boldsymbol{h}}|$ のみから求めることができる．したがって結晶に重い原子を入れることができればその位置を求めることができ，重い原子の位置を用いて(7.5.27)の $F_{\boldsymbol{h}}$ を近似的に評価してその位相を推定することができる.*

c) 密度の摂動

散乱体の密度 $\rho_0(\boldsymbol{r})$ が小さな変化をうけて

$$\rho(\boldsymbol{r}) = \rho_0(\boldsymbol{r})(1+a(\boldsymbol{r})) \qquad (7.5.30)$$

になったときの散乱の様子を見よう．$\rho(\boldsymbol{r})$ の Fourier 変換を

$$\hat{\rho}(\boldsymbol{K}) = \frac{1}{(2\pi)^3}\int \rho(\boldsymbol{r})e^{-i\boldsymbol{K}\cdot\boldsymbol{r}}d\boldsymbol{r} \qquad (7.5.31)$$

とすると，(7.5.7)からわかるように $\sigma(\boldsymbol{K})$ は $|\hat{\rho}(\boldsymbol{K})|^2$ に比例する．$\rho_0(\boldsymbol{r}), a(\boldsymbol{r})$ の Fourier 変換をそれぞれ $\hat{\rho}_0(\boldsymbol{K}), \hat{a}(\boldsymbol{K})$ とすると，第6章のたたみこみの演算を用いて，$\hat{\rho}(\boldsymbol{K})$ は

$$\begin{aligned}\hat{\rho}(\boldsymbol{K}) &= \hat{\rho}_0(\boldsymbol{K})+\hat{\rho}_0*\hat{a}(\boldsymbol{K}) \\ &= \hat{\rho}_0(\boldsymbol{K})+\int \hat{\rho}_0(\boldsymbol{K}-\boldsymbol{K}')\hat{a}(\boldsymbol{K}')d\boldsymbol{K}' \qquad (7.5.32)\end{aligned}$$

で表わされる．

散乱体に音波のような粗密波が生じたとして

$$a(\boldsymbol{r}) = a_0 \cos \boldsymbol{Q}\cdot\boldsymbol{r} \qquad (7.5.33)$$

とすると

---

* 対称中心のある結晶では $F_{\boldsymbol{h}}$ は実数となり位相は0か π である．

$$\hat{a}(\boldsymbol{K}) = \frac{a_0}{2}\{\delta(\boldsymbol{Q}-\boldsymbol{K})+\delta(\boldsymbol{Q}+\boldsymbol{K})\} \qquad (7.5.34)$$

となるから

$$\hat{\rho}(\boldsymbol{K}) = \hat{\rho}_0(\boldsymbol{K})+\frac{a_0}{2}\{\hat{\rho}_0(\boldsymbol{K}-\boldsymbol{Q})+\hat{\rho}_0(\boldsymbol{K}+\boldsymbol{Q})\} \qquad (7.5.35)$$

となる．$\rho_0(\boldsymbol{r})\sim$定数のときには $\hat{\rho}_0(\boldsymbol{K})\sim\delta(\boldsymbol{K})$ となり，$\hat{\rho}(\boldsymbol{K})$ は $\boldsymbol{K}=\boldsymbol{0}$ の極大とともに $\boldsymbol{K}=\pm\boldsymbol{Q}$ にも極大をともなう．結晶のように $\hat{\rho}_0(\boldsymbol{K})$ が(7.5.26)を充たす $\boldsymbol{K}_i$ で極大を持つと $\boldsymbol{K}_i\pm\boldsymbol{Q}$ でも $\hat{\rho}(\boldsymbol{K})$ は極大を持つ．$\boldsymbol{K}_i$ は結晶格子との運動量交換，$\boldsymbol{Q}$ は励起子またはフォノンとの運動量交換と解釈することができる．

d)　散漫散乱(diffuse scattering)

個々の散乱体が本来あるべき位置 $\boldsymbol{r}_i$ から $\boldsymbol{u}$ だけずれて存在する確率密度が $p(\boldsymbol{u})$ で表わされるとき，そのようなゆらぎに対応する対相関関数は(7.5.12)から，ゆらぎを考慮しない場合の対相関関数 $g_0(\boldsymbol{r})$ を用いて

$$\begin{aligned} g(\boldsymbol{r}) &= \frac{1}{N}\int\sum_{i\neq j}p(\boldsymbol{u})\delta(\boldsymbol{r}_i+\boldsymbol{u}+\boldsymbol{r}-\boldsymbol{r}_j-\boldsymbol{u}')p(\boldsymbol{u}')d\boldsymbol{u}d\boldsymbol{u}' \\ &= \int p(\boldsymbol{u})g_0(\boldsymbol{r}+\boldsymbol{u}-\boldsymbol{u}')p(\boldsymbol{u}')d\boldsymbol{u}d\boldsymbol{u}' \\ &= g_0*p*p'(\boldsymbol{r}) \end{aligned} \qquad (7.5.36)$$

と表わされる．ここで $p'(\boldsymbol{r})\equiv p(-\boldsymbol{r})$ である．したがって $g(\boldsymbol{r})$, $g_0(\boldsymbol{r}), p(\boldsymbol{r})$ の Fourier 変換をそれぞれ $\hat{g}(\boldsymbol{K}), \hat{g}_0(\boldsymbol{K}), \hat{p}(\boldsymbol{K})$ とかくと，(6.21)をくりかえし用いて

$$\hat{g}(\boldsymbol{K}) = (2\pi)^6|\hat{p}(\boldsymbol{K})|^2\hat{g}_0(\boldsymbol{K}) \qquad (7.5.37)$$

が得られる．

散乱関数 $S(\boldsymbol{K})$ は

$$S(\boldsymbol{K}) = 1+(2\pi)^3\hat{g}(\boldsymbol{K}) = 1+(2\pi)^9|\hat{p}(\boldsymbol{K})|^2 g_0(\boldsymbol{K})$$
$$= S_0(\boldsymbol{K})-(2\pi)^3\hat{g}_0(\boldsymbol{K})\{1-(2\pi)^6|\hat{p}(\boldsymbol{K})|^2\} \tag{7.5.38}$$

と表わされる．例えば結晶による散乱のような場合には，ゆらぎが問題にならないときに散乱が現われない $\boldsymbol{K}$ に対して

$$S_0(\boldsymbol{K}) \sim 0, \qquad (2\pi)^3\hat{g}_0(\boldsymbol{K}) \sim -1$$

である．ゆらぎが無視できなくなると，そこで

$$S(\boldsymbol{K}) \sim \{1-(2\pi)^6|\hat{p}(\boldsymbol{K})|^2\}$$

となり散乱が現われる．これを**散漫散乱**という．

§7.6　空 洞 放 射

1辺 L の金属箱の中の光の振動の自由度のうち，振動数が ω と $\omega+d\omega$ の間にある数を求めてみる．Maxwell 方程式は

$$\mathrm{rot}\,\boldsymbol{E}(\boldsymbol{r},t)+\frac{\partial}{\partial t}\boldsymbol{B}(\boldsymbol{r},t) = 0 \tag{7.6.1}$$

$$\mathrm{div}\,\boldsymbol{B}(\boldsymbol{r},t) = 0 \tag{7.6.2}$$

$$\mathrm{rot}\,(\mu_0{}^{-1}\boldsymbol{B}(\boldsymbol{r},t))-\frac{\partial}{\partial t}(\varepsilon_0\boldsymbol{E}(\boldsymbol{r},t)) = 0 \tag{7.6.3}$$

$$\mathrm{div}\,(\varepsilon_0\boldsymbol{E}(\boldsymbol{r},t)) = 0 \tag{7.6.4}$$

である．このとき境界条件は壁面上で壁面に垂直な単位ベクトルを $\boldsymbol{n}$ として

$$\boldsymbol{n}\times\boldsymbol{E}(\boldsymbol{r},t) = 0 \tag{7.6.5}$$

$$\boldsymbol{n}\cdot\boldsymbol{B}(\boldsymbol{r},t) = 0 \tag{7.6.6}$$

である．

$$\boldsymbol{E}(\boldsymbol{r},t) = -\frac{\partial}{\partial t}\boldsymbol{A}(\boldsymbol{r},t) \tag{7.6.7}$$

$$\boldsymbol{B}(\boldsymbol{r},t) = \mathrm{rot}\,\boldsymbol{A}(\boldsymbol{r},t) \tag{7.6.8}$$

とおくと(7. 6. 1), (7. 6. 2) は自動的に充たされ，(7. 6. 10) のようにゲージを定めると，(7. 6. 3), (7. 6. 4) は $\varepsilon_0\mu_0=c^{-2}$ として

$$\Delta \boldsymbol{A}(\boldsymbol{r},t)-\frac{1}{c^2}\frac{\partial^2}{\partial t^2}\boldsymbol{A}(\boldsymbol{r},t)=0 \tag{7.6.9}$$

$$\operatorname{div}\boldsymbol{A}(\boldsymbol{r},t)=0 \tag{7.6.10}$$

を充たす $\boldsymbol{A}(\boldsymbol{r},t)$ を用いれば充たされる.

$x=0,L$ で (7. 6. 5), (7. 6. 6) が充たされるためには，そこで

$$A_y(\boldsymbol{r},t)=A_z(\boldsymbol{r},t)=0 \qquad (x=0,L) \tag{7.6.11}$$

であればよいことが (7. 6. 7), (7. 6. 8) を用いるとわかる．また (7. 6. 10), (7. 6. 11) から

$$\frac{\partial A_x(\boldsymbol{r},t)}{\partial x}=0 \qquad (x=0,L) \tag{7.6.12}$$

が成立する．同様なことを $y=0,L$，$z=0,L$ について考えれば，例えば $A_x(\boldsymbol{r},t)$ については

$$\frac{\partial A_x(\boldsymbol{r},t)}{\partial x}=0\ \ (x=0,L),\ \ A_x(\boldsymbol{r},t)=0\ \ (y=0,L),$$
$$A_x(\boldsymbol{r},t)=0\ \ (z=0,L) \tag{7.6.13}$$

が成り立つことがわかる．したがって許される振動の自由度を求めるには，方程式 (7. 6. 9), (7. 6. 10) を境界条件 (7. 6. 13) などのもとに解けばよい．通常これは変数分離法を用いてなされる．しかし§4. 3 で述べたように，表 4. 1 であげられている境界条件で与えられる値，例えば $\partial A_x/\partial x$ とか A_x などがこの例のようにすべて 0 であるならば，適当な Fourier 級数展開による各項は変数分離による解と一致する．すなわち，このときには Fourier 級数展開の各項がそれぞれ与えられた境界条件を充たし，したがって許される振動の自由度を与える．このことを理解すると (7. 6. 13) のような境界条件に対応する展開として表 4. 1 から x について

Fourier cosine 級数展開，y, z について Fourier sine 級数展開をとれば各項が自動的に境界条件(7.6.13)を充たす．同様な考察を $A_y(\boldsymbol{r}, t)$，$A_z(\boldsymbol{r}, t)$ についても行なうと

$$A_x(\boldsymbol{r}, t) = \sum_{\boldsymbol{s}} Q_x(\boldsymbol{s}, t) \cos\frac{\pi s_x x}{L} \sin\frac{\pi s_y y}{L} \sin\frac{\pi s_z z}{L} \tag{7.6.14}$$

$$A_y(\boldsymbol{r}, t) = \sum_{\boldsymbol{s}} Q_y(\boldsymbol{s}, t) \sin\frac{\pi s_x x}{L} \cos\frac{\pi s_y y}{L} \sin\frac{\pi s_z z}{L} \tag{7.6.15}$$

$$A_z(\boldsymbol{r}, t) = \sum_{\boldsymbol{s}} Q_z(\boldsymbol{s}, t) \sin\frac{\pi s_x x}{L} \sin\frac{\pi s_y y}{L} \cos\frac{\pi s_z z}{L} \tag{7.6.16}$$

の各項がすべて(7.6.13)などを充たしている．ここで $\boldsymbol{s}$ は成分が $0, 1, 2, \cdots$ であるベクトルである．

方程式(7.6.10)が充たされるためには

$$\boldsymbol{Q}(\boldsymbol{s}, t)\cdot\boldsymbol{s} = 0 \tag{7.6.17}$$

であればよく，したがって $\boldsymbol{s}$ に直交する2つの単位ベクトルを $\boldsymbol{e}^{(1)}(\boldsymbol{s}), \boldsymbol{e}^{(2)}(\boldsymbol{s})$ として

$$\boldsymbol{Q}(\boldsymbol{s}, t) = q^{(1)}(\boldsymbol{s}, t)\boldsymbol{e}^{(1)}(\boldsymbol{s}) + q^{(2)}(\boldsymbol{s}, t)\boldsymbol{e}^{(2)}(\boldsymbol{s}) \tag{7.6.18}$$

となる．方程式(7.6.9)から $q^{(i)}(\boldsymbol{s}, t)$ は

$$\frac{d^2}{dt^2} q^{(i)}(\boldsymbol{s}, t) + \omega_s{}^2 q^{(i)}(\boldsymbol{s}, t) = 0 \tag{7.6.19}$$

を充たす．ここで

$$\omega_s = \frac{\pi|\boldsymbol{s}|c}{L} \tag{7.6.20}$$

である．(7.6.19)の解は $a^{(i)}(\boldsymbol{s}), \delta^{(i)}(\boldsymbol{s})$ を積分定数として

$$q^{(i)}(\boldsymbol{s}, t) = a^{(i)}(\boldsymbol{s}) \cos\left(\omega_s t + \delta^{(i)}(\boldsymbol{s})\right) \tag{7.6.21}$$

とかける．かくしてこの空洞内の電磁場は $\boldsymbol{s}, i$ で指定される自由

度に対応する ω_s という振動数を持った調和振動子の集りと解釈される．

ω より小さい振動数を持った自由度の数は半径 ω の球のなかにある $\boldsymbol{s}$ と i で指定される格子点の数である．$\boldsymbol{s}$ としては第1象限のみ考え，$\boldsymbol{s}$ により指定される格子点に i による自由度が2つずつあるから，自由度の数は

$$2\times\left(\text{半径}\ \omega\ \text{の球の体積}\ \frac{4\pi\omega^3}{3}\right)\times\frac{1}{8}$$
$$\times\left(\text{単位体積中の}\ \boldsymbol{s}\ \text{による格子点の数}\ \frac{L^3}{c^3\pi^3}\right)=\frac{L^3\omega^3}{3c^3\pi^2} \tag{7.6.22}$$
*

となる．ω と $\omega+d\omega$ の間に入る振動数を持った自由度の数は，したがって

$$N(\omega)d\omega=\frac{L^3}{c^3\pi^2}\omega^2 d\omega \tag{7.6.23}$$

である．

Boltzmann 統計によれば各固有振動に $k_{\mathrm{B}}T$ のエネルギーが配分されている．ここで k_{B} は Boltzmann 定数，T は絶対温度である．そうすると振動数が ω から $\omega+d\omega$ の間の単位体積あたりの空洞放射エネルギーは

$$U(\omega)d\omega=\frac{k_{\mathrm{B}}T}{\pi^2c^3}\omega^2 d\omega \tag{7.6.24}$$

である．これを **Rayleigh–Jeans の公式**という．これは明らかに正しくない．なぜなら全振動数にわたって積分すると全エネルギーが発散量となるからである．事実，実験との比較においても，ω が小さいところではよく合うが大きいところでは合わない．

---

* 弾性振動のように横振動2(位相速度 c_{t})，縦振動1(位相速度 c_l)がある場合は $2/c^3$ を $2/c_{\mathrm{t}}^3+1/c_l^3$ でおきかえればよい．

もし振動数 ω に対応するエネルギーが $\hbar$ を定数として $n\hbar\omega$ のように $\hbar\omega$ の整数倍のみしかとらないと仮定すると，その自由度のエネルギーの平均は

$$\bar{E} = \frac{\sum n\hbar\omega e^{-n\hbar\omega/k_{\mathrm{B}}T}}{\sum e^{-n\hbar\omega/k_{\mathrm{B}}T}} = \frac{\hbar\omega}{e^{\hbar\omega/k_{\mathrm{B}}T}-1} \qquad (7.6.25)$$

となる．振動数が ω の自由度に対して $k_{\mathrm{B}}T$ の代りにこの $\bar{E}$ だけのエネルギーが分配されているとすると，(7.6.24)の代りに

$$U(\omega)d\omega = \frac{\hbar\omega^3}{\pi^2c^3}(e^{\hbar\omega/k_{\mathrm{B}}T}-1)^{-1}d\omega \qquad (7.6.26)$$

が得られる．これを **Planck の公式**という．$h=2\pi\hbar$ を **Planck の定数**という．この ω という振動数をもった光のエネルギーが $\hbar\omega$ の整数倍，すなわち $\hbar\omega$ というエネルギーを持った光子の集りであるとの考えが量子力学の誕生へとつながったのである．(7.6.26) は古典的極限 $\hbar\to0$ で (7.6.24) となる．

空洞放射の全エネルギーは

$$\int_0^\infty U(\omega)d\omega = \frac{\pi^2 k_{\mathrm{B}}{}^4}{15c^3\hbar^3}T^4 \qquad (7.6.27)$$

となり，T^4 に比例する．これが **Stefan–Boltzmann の法則**である．

§7.7　金属の自由電子論

金属内を電子が自由に運動していると考えて，気体分子運動論を援用して比熱・電気伝導度・熱伝導度を求めようという試みが Drude や Lorentz によってなされた．彼らは電子が Maxwell 分布に従うとして理論を組みたてたので，あまり成功しなかった．後に Sommerfeld が Fermi 分布を用いて大きな成果を得た．このような理論を金属の自由電子論という．

金属を充分大きいと考えてその端の効果を無視する．金属を全体の大きさにくらべると小さいが，かなり大きい1辺 L の立方体にわけて考えよう．端の効果を無視しこの立方体が充分大きいとすると，これらの立方体は互いに物理系として同等と考えられる．そこで x, y, z 方向に L という周期を考えて問題を解くことにしよう．すなわち自由電子の Schrödinger 方程式

$$-\frac{\hbar^2}{2m}\Delta\psi(\boldsymbol{r},t)=i\hbar\frac{\partial}{\partial t}\psi(\boldsymbol{r},t) \tag{7.7.1}$$

を周期性境界条件

$$\left.\begin{aligned}
&\psi(0,y,z,t)=\psi(L,y,z,t),\\
&\psi(x,0,z,t)=\psi(x,L,z,t),\\
&\psi(x,y,0,t)=\psi(x,y,L,t)\\
&\frac{\partial\psi}{\partial x}(0,y,z,t)=\frac{\partial\psi}{\partial x}(L,y,z,t),\\
&\frac{\partial\psi}{\partial y}(x,0,z,t)=\frac{\partial\psi}{\partial y}(x,L,z,t),\\
&\frac{\partial\psi}{\partial z}(x,y,0,t)=\frac{\partial\psi}{\partial z}(x,y,L,t)
\end{aligned}\right\} \tag{7.7.2}$$

のもとに解く問題となる．この解は周期境界条件に対する Fourier 級数展開

$$\psi(\boldsymbol{r},t)=\sum_{\boldsymbol{k}}T_{\boldsymbol{k}}(t)e^{i\boldsymbol{k}\cdot\boldsymbol{r}} \qquad \left(\boldsymbol{k}=\left(\frac{2\pi l_1}{L},\frac{2\pi l_2}{L},\frac{2\pi l_3}{L}\right),\ l_i:\text{整数}\right) \tag{7.7.3}$$

を用いて解かれ，このとき(7.7.1)から

$$T_{\boldsymbol{k}}(t)=C_{\boldsymbol{k}}e^{-iE_{\boldsymbol{k}}t/\hbar},\qquad E_k=\frac{\hbar^2}{2m}k^2 \tag{7.7.4}$$

となる．換言すればこの級数の各項が境界条件(7.7.2)を充たす定常 Schrödinger 方程式

$$-\frac{\hbar^2}{2m}\Delta\psi(\boldsymbol{r}) = E\psi(\boldsymbol{r}) \tag{7.7.5}$$

の固有値 E_k に対する固有関数になっている．

これらの固有状態のうち波数 k が k と $k+dk$ の間にある状態の数 $D'(k)dk$ を求めよう．これは半径 k と $k+dk$ の球面ではさまれた球殻の体積 $4\pi k^2 dk$ に波数空間での単位体積中の状態の数 $(L/2\pi)^3$ をかけ，さらに電子スピンの自由度2をかけたものであるので

$$D'(k)dk = \frac{L^3}{\pi^2}k^2 dk \tag{7.7.6}$$

である．

(7.7.6)からただちに単位体積あたり，エネルギー E と $E+dE$ にある状態数 $D(E)dE$ が

$$D(E)dE = \frac{D'(k)}{L^3}\frac{dk}{dE}dE = \frac{1}{2\pi^2}\left(\frac{2m}{\hbar^2}\right)^{3/2}E^{1/2}dE = cE^{1/2}dE \tag{7.7.7}$$

として得られる．

Fermi 統計によればエネルギー E の状態の分布関数 $f(E)$ は

$$f(E) = \frac{1}{e^{\beta(E-\zeta)}+1} \qquad \left(\beta = \frac{1}{k_{\mathrm{B}}T}\right) \tag{7.7.8}$$

である．ここで k_{B} は Boltzmann 定数，T は絶対温度，ζ は化学ポテンシャルといわれ $f(E)$ の規格化からきまる．(7.7.7)と(7.7.8)から単位体積内でエネルギーが E と $E+dE$ の間にある電子数 $N(E)dE$ は

$$N(E)dE = D(E)f(E)dE = \frac{c\sqrt{E}dE}{e^{(E-\zeta)\beta}+1} \tag{7.7.9}$$

である．全電子数 n とすると

$$n = \int_0^\infty N(E)dE = c\int_0^\infty \sqrt{E}\, f(E)dE \tag{7.7.10}$$

となり，これからζがきまる．全エネルギー$n\bar{E}$は

$$n\bar{E} = \int_0^\infty EN(E)dE = c\int_0^\infty E^{3/2}f(E)dE \tag{7.7.11}$$

で表わされる．

絶対0度のときには

$$f(E) = \theta(\zeta_0 - E) \tag{7.7.12}$$

となるので

$$n = c\int_0^{\zeta_0} \sqrt{E}dE = \frac{2}{3}c\zeta_0^{3/2} \tag{7.7.13}$$

となる．1原子あたりに大体1個自由電子があるとして，$n\sim 10^{22}$であるから$\zeta_0\sim 10^{-12}$ erg～数eVとなる．

$$\frac{\zeta_0}{k} = \frac{10^{-12}}{1.4\times 10^{-16}} \sim 10^4\,\mathrm{K}$$

であるので通常の温度では絶対0度として考える近似がよい近似になっていることがわかる．

零度近似からの補正を考えるために

$$\int_0^\infty E^l f(E)dE = -\frac{1}{l+1}\int_0^\infty E^{l+1}\frac{df(E)}{dE}dE \tag{7.7.14}$$

の積分を近似的に求めることを考えよう．$df(E)/dE$は$E\sim\zeta_0$の近くで極大を持ち

$$-\frac{df(E)}{dE} = \beta\frac{e^x}{(e^x+1)^2} = \beta\frac{e^{-x}}{(1+e^{-x})^2}, \qquad x = (E-\zeta)\beta \tag{7.7.15}$$

とかけば明らかなように，xの偶関数である．(7.7.14)を

$$\frac{-1}{l+1}\int_0^\infty (\zeta+(E-\zeta))^{l+1}\frac{df(E)}{dE}dE$$
$$=\frac{-1}{l+1}\left\{\zeta^{l+1}\Big[f(E)\Big]_0^\infty+(l+1)\int_0^\infty (E-\zeta)\zeta^l\frac{df}{dE}dE\right.$$
$$\left.+\frac{l(l+1)}{2}\int_0^\infty (E-\zeta)^2\zeta^{l-1}\frac{df(E)}{dE}dE+\cdots\right\}$$

のように展開し，$df(E)/dE$ が $E\sim\zeta_0$ の近く以外では小さいことを利用して，積分領域を $(-\infty,\infty)$ にのばして近似すると，第2項は対称性から0となるのでこれは

$$\simeq\frac{\zeta^{l+1}}{l+1}+\frac{l\zeta^{l-1}}{2\beta^2}\int_{-\infty}^\infty\frac{x^2e^x}{(1+e^x)^2}dx+\cdots$$

となる．この積分は

$$2\int_0^\infty x^2\frac{d}{dx}\frac{-1}{(1+e^x)}dx=2\Big[x^2\frac{-1}{1+e^x}\Big]_0^\infty+4\int_0^\infty\frac{x}{1+e^x}dx$$
$$=4\int_0^\infty xe^{-x}\sum_{n=0}^\infty(-1)^ne^{-nx}dx=4\sum_{n=0}^\infty(-1)^n\frac{1}{(1+n)^2}$$
$$=4\sum_{n=1}^\infty(-1)^{n+1}\frac{1}{n^2}=4\times\frac{\pi^2}{12} \tag{7.7.16}$$

と計算される．ここで無限級数の和は x^2 の Fourier 級数展開

$$x^2=\frac{\pi^2}{3}+4\sum_{n=1}^\infty(-1)^n\frac{1}{n^2}\cos nx$$

において $x=0$ とおくと，ただちに得られる*．かくして

$$\int_0^\infty E^lf(E)dE\simeq\frac{\zeta^{l+1}}{l+1}+\frac{\pi^2l}{6\beta^2}\zeta^{l-1}+\cdots \tag{7.7.17}$$

が得られる．

(7.7.17) で $l=1/2$ とすると

---

*　このようにして Fourier 級数展開は無限級数の和を求めるときにも利用できる．また逆にこのような式を用いて円周率 π の値を求めることもある．

$$n = \frac{2}{3}c\zeta^{3/2}\left[1+\frac{\pi^2}{8}\left(\frac{k_{\rm B}T}{\zeta}\right)^2+\cdots\right]$$

とかけ，これから

$$\zeta = \zeta_0\left[1-\frac{\pi^2}{12}\left(\frac{k_{\rm B}T}{\zeta_0}\right)^2+\cdots\right]$$

が得られる．また $l=3/2$ とすると

$$\begin{aligned} n\bar{E} &= \frac{2}{5}c\zeta^{5/2}\left[1+\frac{5\pi^2}{8}\left(\frac{k_{\rm B}T}{\zeta}\right)^2+\cdots\right] \\ &= \frac{2}{5}c{\zeta_0}^{5/2}\left[1+\frac{5\pi^2}{12}\left(\frac{k_{\rm B}T}{\zeta_0}\right)^2+\cdots\right] \\ &\simeq n\bar{E}_0+\frac{a}{2}T^2+\cdots \qquad \left(a=\frac{\pi^2{k_{\rm B}}^2n}{2\zeta_0}\right) \end{aligned}$$

となり，自由電子による比熱

$$C_v = \frac{\partial n\bar{E}}{\partial T} = aT$$

が得られる．

第 8 章　Laplace 変換

§8.1　Fourier 変換と Laplace 変換

第 6 章で述べた Fourier 積分変換

$$\hat{f}(p)=\frac{1}{2\pi}\int_{-\infty}^{\infty}e^{-ipt}f(t)dt \tag{8.1.1}$$

が有効に用いられるためには，$\hat{f}(p)$ としては δ 関数などを除けばこの積分が収束するようなものでなければならない．例えば $f(t)$ が時刻 t におけるある振動の振幅を表わしているとして，減衰がなければ t を大きくしても $f(t)$ は小さくならず積分(8.1.1)は収束しない．また表 6.1 からわかるように，Fourier 変換・Fourier sine 変換・Fourier cosine 変換は，初期値問題としての取り扱いに適合したものではない．例えば Fourier sine 変換は，方程式 $\sum_{r=0}^{R}c_r\frac{d^{2r}}{dx^{2r}}f(x)=g(x)$ を，境界条件 $\frac{d^{2r}f}{dx^{2r}}(0)\,(r=0,\cdots,R-1)$ と $f(\infty)=0$ を与えて解くときに有効であった．方程式 $\sum_{r=0}^{R}c_r\frac{d^r}{dx^r}\cdot f(x)=g(x)$ を初期値 $\frac{d^rf}{dx^r}(0)\,(r=0,\cdots,R-1)$ を与えて解くような問題に対してはどの Fourier 変換も代数方程式を解く問題に簡易化しない．この事情は§7.1 で質点の振動の Fourier 級数展開によって容易に扱われる部分が非同次方程式の特解の部分であり，初期条件は同次方程式の一般解を別に求めて扱わなければならなかったことにも表われている．

このように $t\to\infty$ で $f(t)$ が小さくならない場合とか，初期値問題の取り扱いとかに便利な方法として **Laplace 変換**の方法がある．$f(t)$ を $0\leq t\leq\infty$ で定義された関数として，複素数 s に対して

$$\bar{f}(s) = \int_0^\infty e^{-st} f(t) dt \tag{8.1.2}$$

が存在する場合を考えよう．$\bar{f}(s)$ を $f(t)$ の Laplace 変換という．減衰しない振動に対しても $\mathrm{Re}\, s > 0$ にとれば(8.1.2)は収束する．さらにこれが初期値問題に対して有効であることは後に示すとして，まず Laplace 変換のいろいろの性質を示すことにしよう．

§8.2 Laplace 変換の性質

a) 収束座標と収束軸

(8.1.2)の $\bar{f}(s)$ が $s = s_0$ で収束すれば，$\mathrm{Re}\, s > \mathrm{Re}\, s_0$ の任意の s に対しても収束することが

$$\bar{f}(s) = \int_0^\infty e^{-st} f(t) dt = \int_0^\infty e^{-(s-s_0)t} f(t) e^{-s_0 t} dt$$
$$= (s-s_0) \int_0^\infty e^{-(s-s_0)t} \left(\int_0^t f(\tau) e^{-s_0 \tau} d\tau \right) dt < \infty \tag{8.2.1}$$

のようにして示せる．したがって $\mathrm{Re}\, s > \sigma_c$ では収束し，$\mathrm{Re}\, s < \sigma_c$ では発散するというような σ_c がかならず存在する．これを**収束座標**(abscissa of convergence)といい，複素 s 平面で $\mathrm{Re}\, s = \sigma_c$ の直線を**収束軸**(axis of convergence)という．例えば $f(t) = e^{\gamma t}$ であれば収束座標は $\mathrm{Re}\, \gamma$ である．

b) 絶対収束，一様収束，正則性

$\bar{f}(s)$ が $s = s_0$ で絶対収束であれば $\mathrm{Re}\, s = \sigma > \mathrm{Re}\, s_0 = \sigma_0$ に対して

$$\int_0^\infty |e^{-st} f(t)| dt = \int_0^\infty e^{-\sigma t} |f(t)| dt < \int_0^\infty e^{-\sigma_0 t} |f(t)| dt < \infty \tag{8.2.2}$$

であるから絶対一様収束する．

つぎに $\bar{f}(s)$ が $s = s_0 = \sigma_0 + i\tau_0$ で収束するとき $|s - s_0| \leq K(\sigma - \sigma_0)$

(K任意)の領域で一様収束することを証明しよう．すなわちこの領域(図8.1のΩ)において，sに無関係な定数R_0が存在して任意の正の定数εに対して$R>R_0$で

$$\left|\int_R^\infty e^{-st}f(t)dt\right|<\varepsilon \tag{8.2.3}$$

がいえればよい．Kは大きいほど領域Ωは大きくなるので一般性を失わずに$K>1$としてよい．

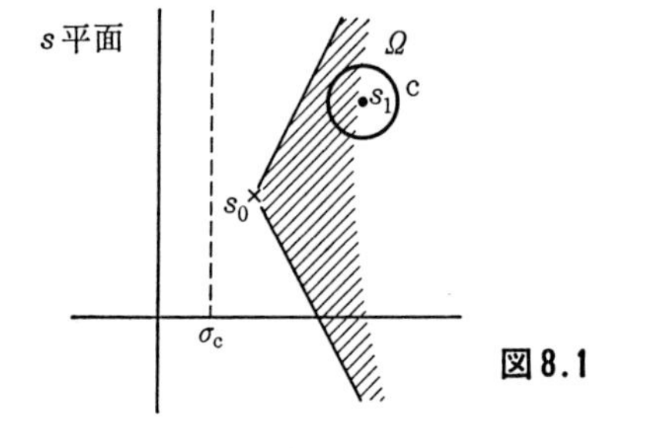

図8.1

$$\Phi(t)\equiv\int_0^t e^{-s_0u}f(u)du \tag{8.2.4}$$

とおくと，$\Phi(\infty)$は収束するので任意のεに対して

$$|\Phi(t)-\Phi(t')|<\frac{\varepsilon}{K} \tag{8.2.5}$$

がR_0より大きいすべてのt,t'に対して成立するように定数R_0を定めることができる．s_0と異なるsに対しては

$$\begin{aligned}\int_R^\infty e^{-st}f(t)dt &= \int_R^\infty e^{-s_0t}f(t)e^{-(s-s_0)t}dt\\ &= \left[e^{-(s-s_0)t}\int_R^t e^{-s_0u}f(u)du\right]_R^\infty\\ &\quad +(s-s_0)\int_R^\infty e^{-(s-s_0)t}\int_R^t e^{-s_0u}f(u)dudt\\ &= (s-s_0)\int_R^\infty e^{-(s-s_0)t}\{\Phi(t)-\Phi(R)\}dt\end{aligned}$$

となるので，R を R_0 より大きくとって

$$\left|\int_R^\infty e^{-st}f(t)dt\right| \leq |(s-s_0)|\frac{\varepsilon}{K}\int_R^\infty e^{-(\sigma-\sigma_0)t}dt = \frac{|s-s_0|}{\sigma-\sigma_0}\frac{\varepsilon}{K} \leq \varepsilon$$

が成立する．$s=s_0$ に対しては，(8.2.5) で $t=R$，$t'=\infty$ にとって

$$\left|\int_R^\infty e^{-st}f(t)dt\right| < \frac{\varepsilon}{K} < \varepsilon$$

が成立する．かくして(8.2.3)が証明された．

つぎに $\bar{f}(s)$ が $\mathrm{Re}\, s>\sigma_c$ で正則であり，

$$\frac{d^p\bar{f}(s)}{ds^p} = \int_0^\infty e^{-st}(-t)^p f(t)dt \tag{8.2.6}$$

が成立することを証明しよう．s_1 を $\mathrm{Re}\, s_1>\sigma_c$ である任意の点とする．$\mathrm{Re}\, s_1>\mathrm{Re}\, s>\sigma_c$ を充たす s 点では $\bar{f}(s)$ が収束するが，そのうちの１つを s_0 とする．s_0 を頂点として，図 8.1 の角範囲 Ω を充分広くとると，その範囲内に s_1 のまわりの小円 c をとることができる．c 上で $\bar{f}(s)$ は一様収束であるから，級数

$$\bar{f}(s) = \sum_{n=0}^\infty \int_n^{n+1} e^{-st}f(t)dt \tag{8.2.7}$$

は一様収束する．$f^n_{\max} \equiv \max\limits_{n\leq t\leq n+1} |f(t)|$ とおくと

$$\begin{aligned}\int_n^{n+1} e^{-st}f(t)dt &= \sum_{\nu=0}^\infty \frac{(-s)^\nu}{\nu!}\int_n^{n+1} t^\nu f(t)dt \\ &\leq \sum_{\nu=0}^\infty \frac{(-s)^\nu}{\nu!}(n+1)^\nu f^n_{\max}\end{aligned} \tag{8.2.8}$$

とかけるので，第２辺の級数は一様収束する．正則な各項の和が一様収束するとき，その和は正則である．したがって(8.2.8)の第１辺が正則となり，また $\bar{f}(s)$ が c 上で正則となる．さらにまた

$$\int_0^\infty e^{-st}(-t)^p f(t)dt$$

に対しても，上述の議論で $f^n_{\max}$ を $f^n_{\max}(n+1)^p$ でおきかえれば

(8. 2. 6) の右辺の一様収束性・正則性がいえるので，項別微分ができて (8. 2. 6) が証明される．（参考書 (10) 34, 35 ページ参照）

§8.3　逆　変　換

$f(t)$ の Laplace 変換 $\bar{f}(s)$ を用い，$\sigma>\sigma_c$（収束軸）に対して

$$f_T(t)=\frac{1}{2\pi i}\int_{\sigma-iT}^{\sigma+iT}\bar{f}(s)e^{st}ds \tag{8.3.1}$$

を考えよう．変数変換 $s=\sigma+ip$ により

$$\begin{aligned}f_T(t)&=\frac{1}{2\pi}e^{\sigma t}\int_{-T}^{T}\bar{f}(\sigma+ip)e^{ipt}dp\\&=\frac{1}{2\pi}e^{\sigma t}\int_{-T}^{T}e^{ipt}\int_0^{\infty}f(t')e^{-t'(\sigma+ip)}dt'dp\end{aligned}$$

となる．$t'<0$ に対して $f(t')=0$ と定義すれば

$$e^{-\sigma t}f_T(t)=\frac{1}{2\pi}\int_{-T}^{T}e^{ipt}\int_{-\infty}^{\infty}e^{-\sigma t'}f(t')e^{-ipt'}dt'dp \tag{8.3.2}$$

とかける．$e^{-\sigma t}f(t)=\phi(t)$ に対して，これは Fourier 積分定理 (6. 5) の形である．したがって，$\phi(t)$ ゆえに $f(t)$ が区分的になめらかで $\int e^{-\sigma t}|f(t)|dt<\infty$ であるならば，$T\to\infty$ で左辺は $e^{-\sigma t}(f(t+0)+f(t-0))/2$ に収束する．かくして (8. 3. 1) は

$$\frac{1}{2}\{f(t+0)+f(t-0)\}=\frac{1}{2\pi i}\int_{\sigma-i\infty}^{\sigma+i\infty}\bar{f}(s)e^{st}ds \tag{8.3.3}$$

とかける．これが Laplace 変換の逆変換である．

§8.4　いろいろな性質

a)　た た み こ み

$$h(t)=f☆g(t)\equiv\int_0^t f(t-u)g(u)du \tag{8.4.1}$$

を f と g の**たたみこみ**という．このとき $h(t)$ の Laplace 変換は

$$\bar{h}(s) = \int_0^\infty e^{-st}\int_0^t f(t-u)g(u)dudt$$

$$= \int_0^\infty \int_0^t e^{-s(t-u)}f(t-u)e^{-su}g(u)dudt = \bar{f}(s)\bar{g}(s) \tag{8.4.2}$$

すなわち f と g の Laplace 変換の積に等しい．

これは後にみるように積分方程式や統計力学の計算に有効であるばかりでなく，積分の計算にも応用される．

例えば 0 次 Bessel 関数 $J_0(t)$ の Laplace 変換 $(s^2+1)^{-1/2}$ と $\sin t$ の Laplace 変換 $(s^2+1)^{-1}$ から

$$\int_0^t J_0(t-u)J_0(u)du = \sin t$$

表 8.1

$g(t)$	$\int_0^\infty g(t)e^{-st}dt$	
$\sum_1^\infty f_i(t)$	$\sum_1^\infty \bar{f}_i(s)$	(8.4.3)
$f(at)$	$\frac{1}{a}\bar{f}\left(\frac{s}{a}\right)$	(8.4.4)
$f(t)e^{-ct}$	$\bar{f}(s+c)$	(8.4.5)
$f(t-c)\theta(t-c)$	$e^{-cs}\bar{f}(s)$	(8.4.6)
$t^n f(t)$	$(-1)^n\frac{d^n}{ds^n}\bar{f}(s)$	(8.4.7)
$t^{-n}f(t)$	$\int_s^\infty ds_n\int_{s_n}^\infty ds_{n-1}\cdots\int_{s_2}^\infty ds_1\bar{f}(s_1)$	(8.4.8)
$\frac{d^n}{dt^n}f(t)$	$s^n\bar{f}(s)-\sum_{r=0}^{n-1}s^{n-r-1}\left.\frac{d^r f(t)}{dt^r}\right\|_{t=0}$	(8.4.9)

のような積分が得られる.

b)　形式的諸性質

収束性等に適当に条件をつければ，$f(t)$ の Laplace 変換を $\bar{f}(s)$ として，表 8.1 のような性質が証明される.

この表の (8.4.9) の性質が，§8.1 で述べた Laplace 変換の方法が初期値問題に非常に都合がよいことを示す．方程式

$$\sum_{n=0}^{N} a_n \frac{d^n f(t)}{dt^n} = g(t) \tag{8.4.10}$$

を Laplace 変換すると (8.4.9) により

$$\sum_{n=0}^{N} a_n \left(s^n \bar{f}(s) - \sum_{r=0}^{n-1} s^{n-r-1} \frac{d^r f}{dt^r}(0) \right) = \bar{g}(s) \tag{8.4.11}$$

が得られる．これは $\bar{f}(s)$ についての代数方程式であり，初期値 $\dfrac{d^r f}{dt^r}(0)\,(r \le N-1)$ と $\bar{g}(s)$ が与えられれば解ける．すなわち初期値問題を代数方程式を解く問題に簡易化することができたのである.

c)　積 分 公 式

$$\int_0^\infty K(t,u)e^{-ts}dt = \lambda(s)e^{-u\mu(s)} \tag{8.4.12}$$

の形になる $K(t,u)$ に対して,

$$\begin{aligned} \int_0^\infty \int_0^\infty K(t,u)f(u)du e^{-st}dt &= \int_0^\infty \lambda(s)e^{-u\mu(s)}f(u)du \\ &= \lambda(s)\bar{f}(\mu(s)) \end{aligned} \tag{8.4.13}$$

が成立する.

例えば $K(t,u)=(\pi t)^{-1/2}e^{-u^2/4t}$ に対して

$$\int_0^\infty \frac{1}{\sqrt{t\pi}} e^{-u^2/4t} e^{-st}dt = \frac{1}{\sqrt{s}} e^{-u\sqrt{s}} \tag{8.4.14}^*$$

であるので

---

*　(8.5.34) 参照.

$$\int_0^\infty \int_0^\infty \frac{1}{\sqrt{\pi t}} e^{-u^2/4t} f(u) du e^{-st} dt = \frac{1}{\sqrt{s}} \bar{f}(\sqrt{s}) \tag{8.4.15}$$

が証明される.

§8.5　応　　用

a)　定数係数線形常微分方程式

図8.2のような回路において，コンデンサーにたまる電荷を $q(t)$ とすると，

$$L\frac{d^2q(t)}{dt^2} + R\frac{dq(t)}{dt} + \frac{q(t)}{C} = P(t) \tag{8.5.1}$$

が成り立つ．いまこれを初期値 $q(0)=Q$, $\dfrac{dq}{dt}(0)=I$ のもとに解こう．$q(t), P(t)$ の Laplace 変換をそれぞれ $\bar{q}(s), \bar{P}(s)$ とすると，(8.4.9)を用いて(8.5.1)の Laplace 変換は

$$L(s^2\bar{q}(s)-I-sQ)+R(s\bar{q}(s)-Q)+\frac{\bar{q}(s)}{C} = \bar{P}(s) \tag{8.5.2}$$

となる．これを解くと

$$\bar{q}(s) = \frac{\bar{P}(s)}{s^2L+sR+C^{-1}} + \frac{IL+RQ+sLQ}{Ls^2+Rs+C^{-1}} \tag{8.5.3}$$

とかける．この逆変換をとって $q(t)$ を求めればよいが，つぎの3つの場合に分けて考えよう．

(i)　$R<2\sqrt{L/C}$ のとき

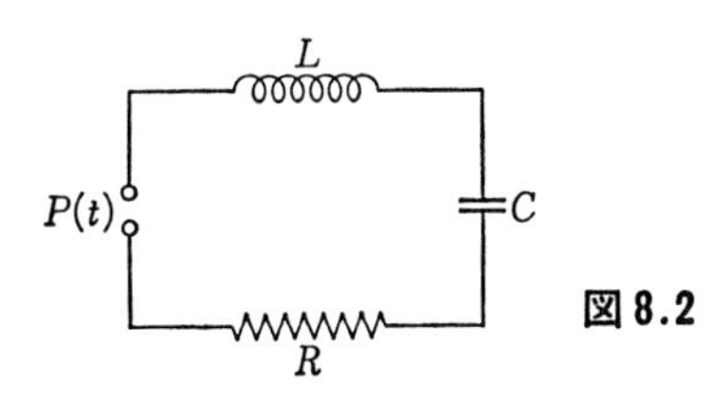

図8.2

$$Ls^2+sR+\frac{1}{C}=L\left[\left(s+\frac{R}{2L}\right)^2+\omega^2\right] \qquad \left(\omega^2=\frac{1}{LC}-\frac{R^2}{4L^2}\right) \tag{8.5.4}$$

とかける．(8.5.3)の逆変換を求めるのに，Laplace 変換

$$\int_0^\infty e^{\pm i\omega t}e^{-st}dt=\frac{1}{s\mp i\omega} \tag{8.5.5}$$

と(8.4.3)から得られる

$$\int_0^\infty \sin\omega t e^{-st}dt=\frac{\omega}{s^2+\omega^2} \tag{8.5.6}$$

$$\int_0^\infty \cos\omega t e^{-st}dt=\frac{s}{s^2+\omega^2} \tag{8.5.7}$$

から出発しよう．(8.5.6)に(8.4.5)を用いると

$$\int_0^\infty \frac{1}{\omega}e^{-Rt/2L}\sin\omega t e^{-st}dt=\frac{1}{(s+R/2L)^2+\omega^2} \tag{8.5.8}$$

が得られ，(8.5.7)に(8.4.5)を用いると

$$\int_0^\infty e^{-Rt/2L}\cos\omega t e^{-st}dt=\frac{(s+R/2L)}{(s+R/2L)^2+\omega^2} \tag{8.5.9}$$

が得られる．(8.5.8)，(8.5.9)と(8.4.2)を用いれば(8.5.3)の逆変換は

$$q(t)=\int_0^t P(u)\frac{1}{L\omega}e^{-R(t-u)/2L}\sin\omega(t-u)du+Qe^{-Rt/2L}\cos\omega t$$
$$+\left(I+\frac{QR}{2L}\right)\frac{1}{\omega}e^{-Rt/2L}\sin\omega t \tag{8.5.10}$$

となる．

(ii)　$R=2\sqrt{L/C}$ のとき

$$Ls^2+sR+\frac{1}{C}=L\left(s+\frac{R}{2L}\right)^2 \tag{8.5.11}$$

である．

$$\int_0^\infty e^{-Rt/2L}e^{-st}dt = \frac{1}{s+R/2L} \tag{8.5.12}$$

を s で微分すると,

$$-\int_0^\infty te^{-Rt/2L}e^{-st}dt = \frac{-1}{(s+R/2L)^2} \tag{8.5.13}$$

となるから, (8.5.3)の逆変換は

$$q(t) = \int_0^t P(u)\frac{t-u}{L}e^{-R(t-u)/2L}du + Qe^{-Rt/2L} + \left(I+\frac{QR}{2L}\right)te^{-Rt/2L} \tag{8.5.14}$$

となる.

(iii)　$R>2\sqrt{L/C}$ のとき

$$Ls^2+Rs+\frac{1}{C} = L\left[\left(s+\frac{R}{2L}\right)^2-\omega^2\right] \qquad \left(\omega^2=\frac{R^2}{4L^2}-\frac{1}{LC}\right) \tag{8.5.15}$$

である. (i)のときと同様に

$$\int_0^\infty e^{\pm\omega t}e^{-st}dt = \frac{1}{s\mp\omega} \tag{8.5.16}$$

から

$$\int_0^\infty \cosh\omega t e^{-st}dt = \frac{s}{s^2-\omega^2} \tag{8.5.17}$$

$$\int_0^\infty \sinh\omega t e^{-st}dt = \frac{\omega}{s^2-\omega^2} \tag{8.5.18}$$

となるから, (8.5.3)の逆変換は

$$q(t) = \int_0^t \frac{P(u)}{L\omega}e^{-R(t-u)/2L}\sinh\omega(t-u)du + Qe^{-Rt/2L}\cosh\omega t + \left(I+\frac{QR}{2L}\right)\frac{1}{\omega}e^{-Rt/2L}\sinh\omega t \tag{8.5.19}$$

となる．(8.5.10), (8.5.13), (8.5.18) をくらべると，それぞれは減衰振動，一度大きくなるが振動せずに減少，単調減少を示すことがわかる．

b) 低次多項式係数の線形常微分方程式の初期値問題

微分の階数より低い次数の多項式を係数として持つ線形常微分方程式の初期値問題は Laplace 変換によって多項式の次数と同じ階数の線形常微分方程式を解く問題に帰着させることができる．これを2階微分方程式

$$(\alpha_1 t+\beta_1)\frac{d^2y(t)}{dt^2}+(\alpha_2 t+\beta_2)\frac{dy(t)}{dt}+(\alpha_3 t+\beta_3)y(t) = 0 \tag{8.5.20*}$$

で例示してみよう．これを Laplace 変換して，(8.4.7), (8.4.9) を用いると，

$$\left(-\alpha_1\frac{d}{ds}+\beta_1\right)\left(s^2\bar{y}(s)-sy(0)-\frac{dy}{dt}(0)\right)$$
$$+\left(-\alpha_2\frac{d}{ds}+\beta_2\right)(s\bar{y}(s)-y(0))+\left(-\alpha_3\frac{d}{ds}+\beta_3\right)\bar{y}(s)$$
$$= -(\alpha_1 s^2+\alpha_2 s+\alpha_3)\frac{d\bar{y}(s)}{ds}-(2s\alpha_1+\alpha_2-s^2\beta_1-s\beta_2-\beta_3)\bar{y}(s)$$
$$+(\alpha_1-\beta_1 s-\beta_2)y(0)-\beta_1\frac{dy}{dt}(0) = 0 \tag{8.5.21}$$

となる．この1階微分方程式を解き，逆変換して $y(t)$ が得られる．

ここで注意しておかなければならないのは初期条件の与え方である．(8.5.21) は一見 $y(0)$, $\frac{dy}{dt}(0)$ が自動的に取入れられて好都合に見える．しかし例えば $\beta_1=0$ のときには $\frac{dy}{dt}(0)$ は (8.5.21)

＊ この型の方程式の一般 Laplace 変換（複素平面上の線積分による変換）による解法については，参考書(10) 94 ページ参照．

に現われない．このときには $\dfrac{dy}{dt}(0)$ を自由に与えて，(8.5.21)を解くときに現われる積分定数で調節できるだろうか．つねに調節できるとは限らない．なぜなら $\beta_1=0$ の場合は $t=0$ が方程式(8.5.20)の正則特異点になっているから，もし1つの独立解が原点で発散するなら $y(0)$ を有限に与える解はあるとすれば，それだけで定まってしまうからである．いくつかの例を考えてみることにしよう．

［例題 8.5.1］　方程式

$$(t-\lambda)\frac{d^2y(t)}{dt^2}+(t-\lambda-1)\frac{dy(t)}{dt}-y(t)=0 \quad (8.5.22)$$

を初期値 $y(0), \dfrac{dy}{dt}(0)$ を与えて解け．

［解］　まず $\lambda\neq 0$ として話を進めよう．$t=0$ は正則点であるからこの条件のもとに解が定まるはずである．Laplace 変換によって(8.5.21)から

$$-(s^2+s)\frac{d\bar{y}(s)}{ds}-(s^2\lambda+s\lambda+3s+2)\bar{y}(s)$$

$$+(s\lambda+\lambda+2)y(0)+\lambda\frac{dy}{dt}(0)=0$$

が得られる．この方程式の一般解は

$$\bar{y}(s)=\exp\left[-\int^s\frac{s^2\lambda+s\lambda+3s+2}{s(s+1)}ds\right]$$

$$\times\left\{\int^s\exp\left[\int^s\frac{s^2\lambda+s\lambda+3s+2}{s(s+1)}ds\right]\right.$$

$$\left.\times\frac{(s\lambda+\lambda+2)y(0)+\lambda\dfrac{dy}{dt}(0)}{s(s+1)}ds+c\right\}$$

$$=\frac{e^{-\lambda s}}{s^2(s+1)}\left[\int^s e^{\lambda s}\left\{(s^2\lambda+s\lambda+2s)y(0)+s\lambda\frac{dy}{dt}(0)\right\}ds+c\right]$$

$$= \frac{1}{s^2(s+1)}\left[\left(s^2+s-\frac{1}{\lambda}\right)y(0)+\left(s-\frac{1}{\lambda}\right)\frac{dy}{dt}(0)+ce^{-\lambda s}\right]$$

$$= \left(-\frac{1}{\lambda}\frac{1}{s^2}+\left(1+\frac{1}{\lambda}\right)\frac{1}{s}-\frac{1}{\lambda}\frac{1}{(s+1)}\right)y(0)$$

$$+\left(-\frac{1}{\lambda}\frac{1}{s^2}+\left(1+\frac{1}{\lambda}\right)\frac{1}{s}-\left(1+\frac{1}{\lambda}\right)\frac{1}{s+1}\right)\frac{dy}{dt}(0)$$

$$+ce^{-\lambda s}\left(\frac{1}{s^2}-\frac{1}{s}+\frac{1}{s+1}\right)$$

となる.

$\lambda<0$ であればこの $e^{-\lambda s}$ の項があれば Laplace 変換の充たすべき条件

$$\lim_{\mathrm{Re}\, s\to\infty}\bar{y}(s)=0$$

を充たさない．したがって $c=0$ にとらねばならない．逆変換を表 8.1 を利用して行なうと

$$y(t)=\frac{-1}{\lambda}(t-\lambda-1+e^{-t})y(0)-\frac{1}{\lambda}\{t-\lambda-1+(\lambda+1)e^{-t}\}\frac{dy}{dt}(0)$$

が得られる．実際 $t-\lambda-1$ と e^{-t} が (8.5.22) の 2 つの独立解であること，確かに初期条件を充たしていることを直接確かめることができる.

$\lambda>0$ であれば $c=0$ にとる理由はない．表 8.1 を利用して逆変換を行なうと

$$y(t)=\frac{-1}{\lambda}(t-\lambda-1+e^{-t})y(0)-\frac{1}{\lambda}\{t-\lambda-1+(\lambda+1)e^{-t}\}\frac{dy}{dt}(0)$$
$$+c\{t-\lambda-1+e^{-(t-\lambda)}\}\theta(t-\lambda)$$

が得られる．この第 3 項を (8.5.22) に入れてみると (B.12) から

$$(t-\lambda)\{t-\lambda-1+e^{-(t-\lambda)}\}\frac{d\delta(t-\lambda)}{dt}+2(t-\lambda)(1-e^{-(t-\lambda)})\delta(t-\lambda)$$
$$+(t-\lambda-1)\{t-\lambda-1+e^{-(t-\lambda)}\}\delta(t-\lambda)$$

が残るが，(B.1)，(B.2)の性質からこれらは実質的に0と考えられる．したがって第3項はこのような実質的な意味で(8.5.22)の解となっている．また $t=0$ ではこの項は0となり初期値に影響を与えない．この項の出現は初期値問題を解いていった場合に方程式(8.5.22)の特異点 $t=\lambda$ をこえては一意的に解をのばしていくことができず，その点で第3項のような2階微分に不連続なとびを与える不定性が現われる可能性があることを示している．

$\lambda=0$ の場合は $\bar{y}(s)$ の一般解が

$$\bar{y}(s)=\frac{1}{s+1}y(0)+c\left(\frac{1}{s^2}-\frac{1}{s}+\frac{1}{s+1}\right)$$

となるので逆変換により

$$y(t)=e^{-t}y(0)+c(t-1+e^{-t})$$

が得られる．この解は

$$\frac{dy}{dt}(0)=-y(0)$$

であり，$y(0)$, $\dfrac{dy}{dt}(0)$ を独立に与えることができない．これは $t=0$ が方程式(8.5.22)の特異点であるからである．c はこのときは他の条件，例えば $t=\infty$ で有限というような条件で定めねばならない．この場合でも $t-1$ と e^{-t} は方程式の2つの独立解になっている．方程式(8.5.22)の正則特異点 $t=0$ における解を求めるために $y(t)=t^\rho\sum_{\nu=0}^{\infty}a_\nu t^\nu$ とおいて t の最低次の係数から定める決定方程式の根は $\rho=0,2$ である．この例は2根の差が整数ではあるが対数的非正則性が現われない場合である．また $t-1$ と e^{-t} の任意の1次結合がつねに $\dfrac{dy}{dt}(0)=-y(0)$ を充たすことも確かめることができる．▌

［例題8.5.2］　方程式

$$t\frac{d^2y(t)}{dt^2}+\frac{dy(t)}{dt}+a^2ty(t)=0 \qquad (8.5.23)$$

を $y(0)=b$ の条件のもとに解け.

［解］　(8.5.23) を Laplace 変換すると，(8.5.21) から

$$-(s^2+a^2)\frac{d\bar{y}(s)}{ds}-s\bar{y}(s)=0$$

となり，$y(0), \dfrac{dy}{dt}(0)$ ははいってこない．この一般解は

$$\bar{y}(s)=\frac{c}{(s^2+a^2)^{1/2}}$$

となり，逆変換は (D.23) から

$$y(t)=cJ_0(at)$$

となる．$J_0(0)=1$ であるので初期条件から $c=b$ である．この例は $t=0$ が (8.5.23) の正則特異点であり，もう1つの独立解 $N_0(at)$ が $t=0$ で発散することから $y(0)$ を与えれば定まるのである．▌

［例題 8.5.3］　方程式

$$t\frac{d^2y(t)}{dt^2}-\lambda t\frac{dy(t)}{dt}-\lambda y(t)=0 \qquad (8.5.24)$$

を初期値 $y(0)=0$ と $\dfrac{dy}{dt}(0)=b$ を与えて解け.

［解］　(8.5.24) の Laplace 変換をとれば，(8.5.21) から

$$-(s^2-\lambda s)\frac{d\bar{y}(s)}{ds}-2s\bar{y}(s)=-y(0)$$

となり，$\dfrac{dy}{dt}(0)$ は消えている．この一般解は

$$\bar{y}(s)=\frac{y(0)(s-\lambda\ln s)}{(s-\lambda)^2}+\frac{c}{(s-\lambda)^2}$$

となる．$y(0)=0$ のときこの逆変換は

$$y(t)=cte^{\lambda t}$$

となるから $\dfrac{dy}{dt}(0)=b$ から $c=b$ となる.

この場合も $t=0$ は正則特異点であり，通常の無限級数展開の方法でもう１つの独立解を求めると

$$te^{\lambda t}\ln t-\frac{1}{\lambda}-\lambda t^2+\cdots$$

のようになり，$y(0)=-1/\lambda$, $\dfrac{dy}{dt}(0)=-\infty$ となる．初期条件 $y(0)=0$ はこの解を排除しているのである．実際上述の $y(0)$ の項がこの独立解に対応していることは，$t\to 0$ の様子すなわち $s\to\infty$ での様子が $y(0)/s$ となり，この逆変換が $y(0)$ であることからも理解できる．▌

c）偏微分方程式

いろいろな方法を比較するために，ふたたび[例題 7.4.6]の(iii)すなわち地表の温度変化が $T_0+T_1\cos\omega t$ のときの地中の温度変化 $T(x,t)$ を求める問題を考えよう．これは§7.4で t についての周期性に着目して Fourier 級数展開で取り扱ったり，x について境界条件 $T(0,t)$ を与えていることに着目して Fourier sine 積分変換で扱ったりした．ここでは t について初期値問題に着目して Laplace 変換で扱ってみよう．

温度変化の原因が地表の温度変化だけであり，初期時刻から充分後の時刻を考えると，充分深いところでは地表の平均温度となるであろう．$T(x,t)-T_0=u(x,t)$ の充たす方程式は

$$\frac{\partial}{\partial t}u(x,t)=\kappa^2\frac{\partial^2}{\partial x^2}u(x,t) \qquad (8.5.25)$$

である．したがって u の t についての Laplace 変換 $\bar{u}(x,s)$ は

$$s\bar{u}(x,s)-u(x,0)=\kappa^2\frac{\partial^2\bar{u}(x,s)}{\partial x^2} \qquad (8.5.26)$$

を充たす．この解は

$$\bar{u}(x,s)=A(s)e^{\sqrt{s/\kappa^2}x}+B(s)e^{-\sqrt{s/\kappa^2}x}$$
$$-\frac{1}{\sqrt{s\kappa^2}}\int_0^x \sinh\sqrt{\frac{s}{\kappa^2}}(x-x')u(x',0)dx'$$
$$=\left(A(s)-\frac{1}{2}\frac{1}{\sqrt{s\kappa^2}}\int_0^x e^{-\sqrt{s/\kappa^2}x'}u(x',0)dx'\right)e^{\sqrt{s/\kappa^2}x}$$
$$+\left(B(s)+\frac{1}{2\sqrt{s\kappa^2}}\int_0^x e^{\sqrt{s/\kappa^2}x'}u(x',0)dx'\right)e^{-\sqrt{s/\kappa^2}x} \tag{8.5.27}$$

である．地中深くで温度が有限であることから第1項に

$$A(s)=\frac{1}{2}\frac{1}{\sqrt{s\kappa^2}}\int_0^\infty e^{-\sqrt{s/\kappa^2}x'}u(x',0)dx' \tag{8.5.28}$$

の条件が必要であり，地表の温度分布から

$$B(s)+\frac{1}{2}\frac{1}{\sqrt{s\kappa^2}}\int_0^\infty e^{-\sqrt{s/\kappa^2}x'}u(x',0)dx'$$
$$=\int_0^\infty T_1\cos\omega t e^{-st}dt=\frac{T_1 s}{s^2+\omega^2} \tag{8.5.29}$$

が成立する．したがって

$$\bar{u}(x,s)=\frac{T_1 s}{s^2+\omega^2}e^{-\sqrt{s/\kappa^2}x}+\frac{1}{2\sqrt{s\kappa^2}}$$
$$\times\left(\int_0^\infty e^{-\sqrt{s/\kappa^2}|x'-x|}u(x',0)dx'-\int_0^\infty e^{-\sqrt{s/\kappa^2}(x'+x)}u(x',0)dx'\right) \tag{8.5.30}$$

となる．

(8.5.30)の逆変換を求めるために，まず誤差関数

$$\mathrm{erf}\,(x)\equiv\frac{2}{\sqrt{\pi}}\int_0^x e^{-\eta^2}d\eta \tag{8.5.31}$$

に対して，Laplace変換

$$\int_0^\infty \mathrm{erf}\left(\frac{a}{2\sqrt{t}}\right)e^{-st}dt=\frac{1}{s}(1-e^{-\sqrt{s}a}) \tag{8.5.32}$$

を証明しておこう．これは

$$\int_0^\infty \frac{2}{\sqrt{\pi}}\int_0^{a/2\sqrt{t}} e^{-\eta^2}d\eta e^{-st}dt$$

$$=\left[\frac{e^{-st}}{-s}\frac{2}{\sqrt{\pi}}\int_0^{a/2\sqrt{t}} e^{-\eta^2}d\eta\right]_0^\infty-\int_0^\infty \frac{e^{-st}}{-s}\frac{2}{\sqrt{\pi}}\frac{-a/2}{2t^{3/2}}e^{-a^2/4t}dt$$

$$=\frac{2}{s\sqrt{\pi}}\int_0^\infty e^{-\eta^2}d\eta+\frac{a}{s\sqrt{\pi}}\int_0^\infty e^{-s/p^2-a^2p^2/4}dp$$

$$=\frac{1}{s}-\frac{a}{s\sqrt{\pi}}\frac{\sqrt{\pi}}{a}e^{-a\sqrt{s}}$$

として証明される．ここで $p=t^{-1/2}$ とおいたのち

$$\int_0^\infty e^{-b^2(x^2+a^2/x^2)}dx=\frac{\sqrt{\pi}}{2b}e^{-2ab^2}\qquad\left(|\arg ab|\le\frac{\pi}{4},\ \ |\arg b|\le\frac{\pi}{4}\right)\tag{8.5.33}$$

を用いた．(8.5.32)を a で微分していくことにより

$$\int_0^\infty \frac{1}{\sqrt{\pi t}}e^{-a^2/4t}e^{-st}dt=\frac{1}{\sqrt{s}}e^{-\sqrt{s}a}\tag{8.5.34}$$

$$\int_0^\infty \frac{a}{2\sqrt{\pi}\,t^{3/2}}e^{-a^2/4t}e^{-st}dt=e^{-\sqrt{s}a}\tag{8.5.35}$$

が得られる．

かくして(8.5.30)の逆変換が，第1項は(8.5.29)と(8.5.35)とたたみこみにより，第2項は(8.5.34)によって

$$u(x,t)=\int_0^t \frac{x}{2\sqrt{\pi\kappa^2}}\frac{1}{(t-\tau)^{3/2}}e^{-x^2/4\kappa^2(t-\tau)}T_1\cos\omega\tau d\tau$$
$$+\frac{1}{2\sqrt{\pi\kappa^2 t}}\int_0^\infty (e^{-(x-x')^2/4\kappa^2t}-e^{-(x+x')^2/4\kappa^2t})u(x',0)dx'\tag{8.5.36}$$

となる．$t\to\infty$ では初期値の影響を与える第2項は0となり，第1項は $x/\sqrt{4\kappa^2(t-\tau)}=\eta$ と変数変換すると，(8.5.33)を用いて

$$u(x,t)=\mathrm{Re}\frac{2T_1}{\sqrt{\pi}}\int_{x/2\sqrt{\kappa^2t}}^\infty e^{i\omega(t-x^2/4\kappa^2\eta^2)}e^{-\eta^2}d\eta$$

$$\to \mathrm{Re}\, T_1 e^{i\omega t} e^{-2\sqrt{i\omega x^2/4\kappa^2}} = T_1 e^{-\sqrt{\omega/2\kappa^2}x} \cos\left(\omega t - \sqrt{\frac{\omega}{2\kappa^2}}x\right)$$

となり[例題7.4.6]の結果と一致する.

d) 積分方程式

積分核が Volterra 形のたたみこみになっている積分方程式は Laplace 変換によって容易に解くことができる. 例えば

$$f(x) = g(x) + \int_0^x k(x-u)f(u)du \tag{8.5.37}$$

の Laplace 変換をとれば

$$\bar{f}(s) = \bar{g}(s) + \bar{k}(s)\bar{f}(s) \tag{8.5.38}$$

となるから

$$\bar{f}(s) = \bar{g}(s)(1-\bar{k}(s))^{-1} \tag{8.5.39}$$

となり, この逆変換を求めることにより $f(x)$ が求められる.

[例題8.5.4]

$$f(x) = ax + \int_0^x \sin(x-u)f(u)du$$

このとき

$$\bar{g}(s) = \frac{a}{s^2}, \qquad \bar{k}(s) = \frac{1}{s^2+1}$$

であるから

$$\bar{f}(s) = \frac{a(s^2+1)}{s^4}$$

したがって逆変換は

$$f(x) = ax + \frac{a}{6}x^3$$

である. ▌

また非線形積分方程式

$$\mu f(x) = g(x) + \lambda \int_0^x f(x-u)f(u)du \tag{8.5.40}$$

の Laplace 変換は

$$\mu\bar{f}(s) = \bar{g}(s)+\lambda(\bar{f}(s))^2 \tag{8.5.41}$$

であるから

$$\bar{f}(s) = \frac{\mu\pm\sqrt{\mu^2-4\lambda\bar{g}(s)}}{2\lambda}$$

と解け，この逆変換をとればよい．

［例題 8.5.5］

$$\int_0^x f(x-u)f(u)du = 16\sin 4x$$

これは $\lambda=1$，$\mu=0$，$\bar{g}(s)=64/(s^2+16)$ に相当するから

$$\bar{f}(s) = \pm\frac{8}{\sqrt{s^2+16}}$$

となり，その逆変換は(D. 23)により

$$f(x) = \pm 8J_0(4x)$$

である．▌

e) Darwin–Fowler の方法

エネルギーが E と $E+dE$ の間にある N 粒子の**位相空間**の体積を $\varphi^{(N)}(E)dE$ とする．平衡状態では位相空間のなかで等確率で状態が存在するという**等重率の原理**を認めれば，エネルギーが E の N 粒子系のなかで 1 粒子がエネルギーが ε と $\varepsilon+d\varepsilon$ の間にある確率は

$$P(\varepsilon)d\varepsilon \propto \varphi^{(1)}(\varepsilon)d\varepsilon\varphi^{(N-1)}(E-\varepsilon) \tag{8.5.42}$$

である．以下においては $\varphi^{(1)}(\varepsilon)$ を与えて充分 N が大きな場合の $\varphi^{(N)}(E)$ を求めさらに $P(\varepsilon)$ を求めることを考えよう．

$\varphi^{(N)}(E)$ の Laplace 変換

$$Z^{(N)}(s) = \int_0^\infty e^{-sE}\varphi^{(N)}(E)dE \tag{8.5.43}$$

を**状態和**(sum over states)または**分配関数**(partition function)と

いう．2体系の位相空間の体積は $\varphi^{(1)}(E)$ を用いて

$$\varphi^{(2)}(E) = \int_0^E \varphi^{(1)}(E-E')\varphi^{(1)}(E')dE' \qquad (8.5.44)$$

とたたみこみの形で書けるので，Laplace変換は

$$Z^{(2)}(s) = (Z^{(1)}(s))^2 \qquad (8.5.45)$$

となる．これをくりかえせば

$$Z^{(N)}(s) = (Z^{(1)}(s))^N \qquad (8.5.46)$$

が得られる．

(8.5.46)の逆変換は

$$\begin{aligned}\varphi^{(N)}(E) &= \frac{1}{2\pi i}\int_{\sigma-i\infty}^{\sigma+i\infty}(Z^{(1)}(s))^N e^{sE}ds \\ &= \frac{1}{2\pi i}\int_{\sigma-i\infty}^{\sigma+i\infty}\exp[N(s\bar{E}+\ln Z^{(1)}(s))]ds\end{aligned} \qquad (8.5.47)$$

である．ここで平均エネルギーを $\bar{E}=E/N$ とかいた．この積分を $N\to\infty$ の近似で求めるのには**鞍部点法**(method of steepest descent)を用いればよい．鞍部点法とは被積分関数 $e^{Nf(s)}$ がある点 $s=\beta$ で非常に急な極大を持つ場合に，その解析性を利用して積分路を変形し，その点(鞍部点)を通り最も早く小さくなるような道(峠道)を通る積分になおし，その鞍部点の附近の積分で全積分を近似する方法である．鞍部点は

$$\frac{df(s)}{ds} = \frac{d}{ds}(s\bar{E}+\ln Z^{(1)}(s)) = \bar{E}+\frac{1}{Z^{(1)}(s)}\frac{dZ^{(1)}(s)}{ds} = 0 \qquad (8.5.48)$$

から定められる．この点を $s=\beta$ として，その附近で $f(s)$ を Taylor 展開すると

$$f(s) = f(\beta)+\frac{1}{2}(s-\beta)^2\frac{d^2f(\beta)}{d\beta^2}+\cdots \qquad (8.5.49)$$

となる.

$$\frac{d^2f(s)}{ds^2}=\frac{1}{Z^{(1)}(s)}\frac{d^2Z^{(1)}(s)}{ds^2}-\frac{1}{(Z^{(1)}(s))^2}\left(\frac{dZ^{(1)}(s)}{ds}\right)^2$$
$$=\int_0^\infty e^{-sE}\left[E-\int_0^\infty e^{-sE'}E'\varphi^{(1)}(E')dE'(Z^{(1)}(s))^{-1}\right]^2$$
$$\times\varphi^{(1)}(E)dE(Z^{(1)}(s))^{-1} \qquad (8.5.50)$$

は $\varphi^{(1)}(E)\geq 0$ を用いると s が実数であれば正定符号となる. 一方 $s\to 0, \infty$ の極限では $f(s)\to\infty$ となるので, 鞍部点は正の実軸上にただ1つある. β を通る積分路で $e^{Nf(x)}$ が最も急に小さくなるのは(8.5.49)から $(s-\beta)^2<0$ の路すなわち $s-\beta$ が純虚数となる路である. したがって $s-\beta=iy$ とおいて

$$\varphi^{(N)}(E)\simeq\frac{1}{2\pi i}\int_{-\varepsilon}^{\varepsilon}\exp\left[N\left(\beta\bar{E}+\ln Z^{(1)}(\beta)-\frac{y^2}{2}\frac{d^2f(\beta)}{d\beta^2}\right)\right]idy$$
$$\simeq\left(2\pi N\frac{d^2f(\beta)}{d\beta^2}\right)^{-1/2}e^{\beta\bar{E}N}(Z^{(1)}(\beta))^N \qquad (8.5.51)$$

が得られる.

1粒子のエネルギー分布 $P(\varepsilon)$ を求めるには(8.5.42)から

$$\frac{\varphi^{(1)}(\varepsilon)d\varepsilon\varphi^{(N-1)}(E-\varepsilon)}{\varphi^{(N)}(E)}\simeq\frac{\varphi^{(1)}(\varepsilon)d\varepsilon e^{\beta(E-\varepsilon)}(Z^{(1)}(\beta))^{N-1}}{e^{\beta E}(Z^{(1)}(\beta))^N}$$
$$=\frac{e^{-\beta\varepsilon}\varphi^{(1)}(\varepsilon)d\varepsilon}{Z^{(1)}(\beta)} \qquad (8.5.52)$$

を考える. ε で積分すると1に規格化されているのでこれが $P(\varepsilon)d\varepsilon$ である. かくして有名な **Maxwell の因子** $e^{-\beta\varepsilon}$ が現われる.

理想気体では

$$\varphi^{(1)}(E)\propto\sqrt{E}$$

であるから

$$Z^{(1)}(s)\propto s^{-3/2}$$

となり，したがって

$$\bar{E} = \frac{3}{2}\beta^{-1}$$

が得られる．

第9章　Green 関数

§9.1　物理的，数学的意味

例として2次元空間において質量分布 $\rho(x, y)$ が与えられたときのポテンシャル $\phi(x, y)$ を考えよう．領域は $x \geq 0$，$y \geq 0$ として境界条件は $x=0, \infty$，$y=\infty$ で $\phi=0$，$y=0$ で $\phi(x, 0)=f(x)$ が与えられているとしよう．方程式

$$\left(\frac{\partial^2}{\partial x^2}+\frac{\partial^2}{\partial y^2}\right)\phi(x, y) = -\rho(x, y) \qquad (9.1.1)$$

をこの境界条件で解くのには，表6.1の考え方に従って x, y について Fourier sine 変換

$$\hat{\phi}(k, l) = \frac{2}{\pi}\int_0^\infty \sin kx \sin ly \phi(x, y) dx dy \qquad (9.1.2)$$

が有効であることが予想される．境界条件を用いて

$$\int_0^\infty \sin ly \frac{\partial^2 \phi(x, y)}{\partial y^2} dy = lf(x) - l^2 \int_0^\infty \sin ly \phi(x, y) dy$$

が示されるので，(9.1.1)から

$$-(k^2+l^2)\hat{\phi}(k, l) + l\sqrt{\frac{2}{\pi}}\hat{f}(k) = -\hat{\rho}(k, l) \qquad (9.1.3)$$

が得られる．ここで

$$\hat{f}(k) = \sqrt{\frac{2}{\pi}}\int_0^\infty \sin kx f(x) dx \qquad (9.1.4)$$

$$\hat{\rho}(k, l) = \frac{2}{\pi}\int_0^\infty \sin kx \sin ly \rho(x, y) dx dy \qquad (9.1.5)$$

である．(9.1.3)を解くと

$$\hat{\phi}(k,l)=\frac{1}{k^2+l^2}\left(l\sqrt{\frac{2}{\pi}}\hat{f}(k)+\hat{\rho}(k,l)\right) \tag{9.1.6}$$

となるから，逆変換により

$$\begin{aligned}\phi(x,y)&=\frac{2}{\pi}\int_0^\infty \sin kx\sin ly\hat{\phi}(k,l)dkdl\\&=\frac{4}{\pi^2}\int_0^\infty \sin kx\sin ly\left[l\int_0^\infty \sin kx'f(x')dx'\right.\\&\quad\left.+\int_0^\infty \sin kx'\sin ly'\rho(x',y')dx'dy'\right]\frac{1}{k^2+l^2}dkdl\end{aligned}$$

とかける．ここで

$$G(x,y;x',y')\equiv\frac{4}{\pi^2}\int_0^\infty\frac{\sin kx\sin ly\sin kx'\sin ly'}{k^2+l^2}dkdl \tag{9.1.7}$$

とおき

$$\left.\frac{\partial G(x,y;x',y')}{\partial y'}\right|_{y'=0}=\frac{4}{\pi^2}\int_0^\infty\frac{l\sin kx\sin ly\sin kx'}{k^2+l^2}dkdl$$

を用いると

$$\begin{aligned}\phi(x,y)&=\int_0^\infty f(x')\left.\frac{\partial G(x,y;x',y')}{\partial y'}\right|_{y'=0}dx'\\&\quad+\int_0^\infty G(x,y;x',y')\rho(x',y')dx'dy'\\&=-\int_S\phi(\boldsymbol{r}')\nabla'G(x,y;x',y')\cdot\boldsymbol{n}'dl'\\&\quad+\int_V G(x,y;x',y')\rho(x',y')dx'dy'\end{aligned} \tag{9.1.8}$$

とかける．ここで第1項は領域 V を包む境界線上の線積分であり，境界 $x=0,\infty$　$y=\infty$ で $\phi=0$ を考慮している．$\boldsymbol{n}'$ は境界上での外向きの単位法線ベクトルである．第2項は領域内の積分である．

(9.1.8)のようにかけば $\boldsymbol{r}(x, y)$，$\boldsymbol{r}'(x', y')$ を2次元ベクトルとして $G(x, y; x', y') = G(\boldsymbol{r}, \boldsymbol{r}')$ の物理的な意味は明らかである．すなわち第2項は $\boldsymbol{r}'$ 点における単位質量分布の $\boldsymbol{r}$ 点におけるポテンシャルへの寄与が $G(\boldsymbol{r}, \boldsymbol{r}')$ であることを示している．第1項は境界上のポテンシャルの影響を表わしているが，電荷2重層すなわち面上に分布した双極子がその面上でポテンシャルのとびを与えることからも予想されるように，境界上のポテンシャルの影響は質量分布の影響を表わす関数 $G(\boldsymbol{r}, \boldsymbol{r}')$ の法線方向の微分で表わされている．このような $\boldsymbol{r}'$ 点における質量分布の $\boldsymbol{r}$ 点におけるポテンシャルへの影響を表わす関数 $G(\boldsymbol{r}, \boldsymbol{r}')$ を **Green 関数**という．ここに Green 関数を用いる物理的理由がある．

数学的には Green 関数は基本解(fundamental solution)という性格を持つ．すなわち(9.1.7)に2次元のラプラシアンを作用させ，(B.4)で示される δ 関数を用いて得られる関係

$$\frac{2}{\pi}\int_0^\infty \sin kx \sin kx' dk = -\delta(x+x')+\delta(x-x') \tag{9.1.9}$$

を用いて

$$\Delta_2 G(\boldsymbol{r}, \boldsymbol{r}') = -\delta(\boldsymbol{r}-\boldsymbol{r}') \tag{9.1.10}$$

が得られる．ここで $\delta(\boldsymbol{r}-\boldsymbol{r}') = \delta(x-x')\delta(y-y')$ であり，Δ_2 は2次元のラプラシアン $\dfrac{\partial^2}{\partial x^2}+\dfrac{\partial^2}{\partial y^2}$ である．またここで x, x', y, y' はすべて正であり，$\delta(x+x')\sim 0$，$\delta(y+y')\sim 0$ を用いた．すなわち方程式(9.1.1)の Green 関数は方程式(9.1.10)の適当な境界条件のもとでの解である．上例では $\boldsymbol{r}$ または $\boldsymbol{r}'$ を境界上にとったとき0となる解である．

上例の解(9.1.8)を考えてみると，Green 関数は特別な質量分布 $\rho(\boldsymbol{r})$，境界条件 $f(x)$ にはよらないで定まっている．ただ方程

式(9.1.10)の解であり，境界 $x=0$, $y=0$ で0になるようなものである．一度このようなGreen関数が定まると，(9.1.8)により，方程式(9.1.1)の解であり境界 $x=0$, $y=0$ で ϕ の値が与えられているものはすべて積分(9.1.8)で表わせることになる．すなわちこのような境界条件が与えられれば，全く自由にとれる $\rho(\boldsymbol{r})$, $f(x)$ に対するすべての解は，ただ1つのGreen関数(9.1.7)さえわかれば積分(9.1.8)で表わされるのである．

(9.1.8)を見てもわかるように，この解は局所的に質量分布を与えたり，境界値を与えたりしたときの解の和になっている．すなわち重ね合わせの原理が許されている．これは方程式(9.1.1)が線形であることの重要な結果である．しかし(9.1.1)のような簡単な方程式に対するGreen関数を知ることは，もっと一般の方程式，例えば

$$(\Delta_2+V(\boldsymbol{r}))\psi(\boldsymbol{r})=0 \tag{9.1.11}$$

のような方程式の解析にも有効となる．実際これは(9.1.1)に対するGreen関数 $G(\boldsymbol{r},\boldsymbol{r}')$ を用いて

$$\psi(\boldsymbol{r})=\psi_0(\boldsymbol{r})+\int G(\boldsymbol{r},\boldsymbol{r}')V(\boldsymbol{r}')\psi(\boldsymbol{r}')d\boldsymbol{r}' \tag{9.1.12}$$

のような積分方程式にもってくることができる．ここで $\psi_0(\boldsymbol{r})$ は方程式

$$\Delta_2\psi_0(\boldsymbol{r})=0 \tag{9.1.13}$$

の解である．一般に積分方程式の方が解の一般的性質を知るのに便利なことが多いので，このようなかき換えは有効なのである．また(9.1.12)は $V(\boldsymbol{r})$ が $\psi(\boldsymbol{r})$ の関数であってもそのまま成立する．すなわち方程式(9.1.11)が非線形のときでもよいのである．

この節のおわりに以下の議論でよく用いられるよく知られた2つの定理を証明なしにかいておこう．

$$\int_V \mathrm{div}\, \boldsymbol{A}(\boldsymbol{r})d\boldsymbol{r} = \int_S \boldsymbol{A}(\boldsymbol{r})\cdot\boldsymbol{n}d\sigma \qquad \text{(Gauss の定理)} \tag{9.1.14}$$

$$\int_V (U(\boldsymbol{r})\Delta V(\boldsymbol{r}) - V(\boldsymbol{r})\Delta U(\boldsymbol{r}))d\boldsymbol{r} = \int_S \boldsymbol{n}\cdot(U(\boldsymbol{r})\nabla V(\boldsymbol{r}) - V(\boldsymbol{r})\nabla U(\boldsymbol{r}))d\sigma \qquad \text{(Green の定理)} \tag{9.1.15}$$

ここで S は3次元領域 V を含む閉曲面, $\boldsymbol{n}$ は閉曲面上の外向きの単位法線, 右辺はその閉曲面上の面積分, ベクトルはすべて3次元ベクトルである.

§9.2 Green 関数の諸性質

まず Helmholtz の方程式

$$(\Delta+k^2)u(\boldsymbol{r}) = -\rho(\boldsymbol{r}) \tag{9.2.1}$$

を例にとってその Green 関数を説明しよう. Helmholtz の方程式の Green 関数とは方程式

$$(\Delta+k^2)G(\boldsymbol{r},\boldsymbol{r}') = -\delta(\boldsymbol{r}-\boldsymbol{r}') \tag{9.2.2}$$

を充たし, ある境界面 S 上で $\boldsymbol{r}'$ によらず境界条件

$$AG(\boldsymbol{r},\boldsymbol{r}')+B\boldsymbol{n}\cdot\nabla G(\boldsymbol{r},\boldsymbol{r}') = 0 \qquad (\boldsymbol{r}: S\text{ 上},\ \boldsymbol{r}': \text{任意}) \tag{9.2.3}$$

を充たすものであると定義する. $\boldsymbol{n}$ は境界面での外向き単位法線ベクトル, A, B は定数である.

まず**相反性**

$$G(\boldsymbol{r},\boldsymbol{r}') = G(\boldsymbol{r}',\boldsymbol{r}) \tag{9.2.4}$$

を証明しておこう. Green の定理と方程式(9.2.2)を用いて

$$\int_S d\sigma\boldsymbol{n}\cdot\{G(\boldsymbol{r},\boldsymbol{r}')\nabla G(\boldsymbol{r},\boldsymbol{r}'')-G(\boldsymbol{r},\boldsymbol{r}'')\nabla G(\boldsymbol{r},\boldsymbol{r}')\}$$

$$= \int_V d\boldsymbol{r}\{G(\boldsymbol{r},\boldsymbol{r}')\Delta G(\boldsymbol{r},\boldsymbol{r}'')-G(\boldsymbol{r},\boldsymbol{r}'')\Delta G(\boldsymbol{r},\boldsymbol{r}')\}$$

$$= -\int_V d\boldsymbol{r}\{G(\boldsymbol{r},\boldsymbol{r}')\delta(\boldsymbol{r}-\boldsymbol{r}'')-G(\boldsymbol{r},\boldsymbol{r}'')\delta(\boldsymbol{r}-\boldsymbol{r}')\}$$

$$= G(\boldsymbol{r}',\boldsymbol{r}'')-G(\boldsymbol{r}'',\boldsymbol{r}')$$

が得られる．ここで S は2点 $\boldsymbol{r}',\boldsymbol{r}''$ を含む領域 V を包む閉曲面，$\boldsymbol{n}$ は外向きの単位法線ベクトル，$d\sigma$ は面積分を表わす．S 上で境界条件(9.2.3)が充たされると，左辺が0となるので相反性(9.2.4)が証明される．

つぎに Helmholtz の方程式の解 $u(\boldsymbol{r})$ を $G(\boldsymbol{r},\boldsymbol{r}')$ を用いて書き表わそう．ふたたび Green の定理と(9.2.1)，(9.2.2)を用いて

$$\int_S d\sigma'\boldsymbol{n}\cdot\{G(\boldsymbol{r}',\boldsymbol{r})\nabla'u(\boldsymbol{r}')-u(\boldsymbol{r}')\nabla'G(\boldsymbol{r}',\boldsymbol{r})\}$$

$$= \int_V d\boldsymbol{r}'\{G(\boldsymbol{r}',\boldsymbol{r})\Delta'u(\boldsymbol{r}')-u(\boldsymbol{r}')\Delta'G(\boldsymbol{r}',\boldsymbol{r})\}$$

$$= -\int_V d\boldsymbol{r}'\{G(\boldsymbol{r}',\boldsymbol{r})\rho(\boldsymbol{r}')-u(\boldsymbol{r}')\delta(\boldsymbol{r}'-\boldsymbol{r})\}$$

$$= -\int_V d\boldsymbol{r}'G(\boldsymbol{r}',\boldsymbol{r})\rho(\boldsymbol{r}')+u(\boldsymbol{r})$$

が得られ，これから解 $u(\boldsymbol{r})$ が

$$u(\boldsymbol{r}) = \int_S d\sigma'\boldsymbol{n}\cdot\{G(\boldsymbol{r}',\boldsymbol{r})\nabla'u(\boldsymbol{r}')-u(\boldsymbol{r}')\nabla'G(\boldsymbol{r}',\boldsymbol{r})\} + \int_V d\boldsymbol{r}'G(\boldsymbol{r},\boldsymbol{r}')\rho(\boldsymbol{r}') \tag{9.2.5}$$

のように書き表わせる．したがってもし境界上で $u(\boldsymbol{r})$ を与えて解くという問題(**Dirichlet 問題**という)であれば

$$G(\boldsymbol{r}',\boldsymbol{r}) = 0 \qquad (\boldsymbol{r}':S\text{ 上}) \tag{9.2.6}$$

という境界条件を充たす Green 関数をとれば(9.2.5)の右辺第1項は0となり，解を境界値と $\rho(\boldsymbol{r})$ で表わすことになる．このような Green 関数は境界面を定めれば一意的に定まるので，ある定ま

った境界面上で任意に $u(\boldsymbol{r})$ を与えて解く問題は，1つの Green 関数さえわかっていればすべて積分でかき表わされることになる．実際前節の例は空間が2次元，境界が $x=0, \infty$，$y=0, \infty$ の場合の Dirichlet 問題であった．また境界上で $\boldsymbol{n}\cdot\nabla' u(\boldsymbol{r}')$ を与えて解く問題(**Neumann 問題**という)であれば，境界条件

$$\boldsymbol{n}\cdot\nabla' G(\boldsymbol{r}', \boldsymbol{r}) = 0 \qquad (\boldsymbol{r}' : S\text{ 上}) \tag{9.2.7}$$

を充たす Green 関数を用いれば，(9.2.5)は解を境界値と $\rho(\boldsymbol{r})$ で表わす式となる．

さていま例えば Dirichlet 問題を考えるとして，(9.2.6)を充たす Green 関数をとり(9.2.5)の右辺の S 上の積分の $u(\boldsymbol{r}')$ に与えられた境界値を入れたとしよう．(9.2.5)で $\boldsymbol{r}$ を内側から境界上の1点 $\boldsymbol{r}_0$ に近づけたときに右辺は実際に $u(\boldsymbol{r}_0)$ に一致するかどうかを調べておこう．$\boldsymbol{r}$ を S 上の点 $\boldsymbol{r}_0$ に近づけると，(9.2.4)と(9.2.6)によって S 上の積分は $\boldsymbol{r}_0$ の近く以外は0に近づくことは明らかであろう．したがって S 上の積分を形式的に $\boldsymbol{r}_0$ を通り $\boldsymbol{r}$ を囲む小さな閉曲面 S_0 上の積分として極限をとってもよい．$u(\boldsymbol{r})$ があまり急激な変化をしない関数であるとすると，この小さな閉曲面上の積分で $u(\boldsymbol{r}')$ を $u(\boldsymbol{r}_0)$ でおきかえて積分の外に出してよいであろう．かくして Gauss の定理と(9.2.2)を用いて

$$\begin{aligned}
&\lim_{\boldsymbol{r}\to\boldsymbol{r}_0} -\int_{S_0} d\sigma' \boldsymbol{n}\cdot\nabla' G(\boldsymbol{r}', \boldsymbol{r}) u(\boldsymbol{r}') \\
&= \lim_{\boldsymbol{r}\to\boldsymbol{r}_0} -\int_{S_0} d\sigma' \boldsymbol{n}\cdot\nabla' G(\boldsymbol{r}', \boldsymbol{r}) u(\boldsymbol{r}_0) \\
&= -u(\boldsymbol{r}_0) \lim_{\boldsymbol{r}\to\boldsymbol{r}_0} \int_{V_0} d\boldsymbol{r}' \Delta' G(\boldsymbol{r}', \boldsymbol{r}) \\
&= u(\boldsymbol{r}_0) \lim_{\boldsymbol{r}\to\boldsymbol{r}_0} \int_{V_0} d\boldsymbol{r}' (\delta(\boldsymbol{r}-\boldsymbol{r}') + k^2 G(\boldsymbol{r}', \boldsymbol{r})) \\
&= u(\boldsymbol{r}_0)
\end{aligned}$$

となって実際に境界値 $u(\boldsymbol{r}_0)$ に近づくことが示される．ここで V_0 は S_0 で囲まれる領域である．また(9.2.5)の V についての積分は $\boldsymbol{r}$ を $\boldsymbol{r}_0$ に近づけると(9.2.6)により0に近づく．Neumann問題の場合もまったく同様に，(9.2.5)の $\boldsymbol{n}$ 方向微分 $\boldsymbol{n}\cdot\nabla u(\boldsymbol{r})$ が実際に境界値に近づくことが示される．

以上はHelmholtzの方程式を例にとったが，拡散方程式，波動方程式のGreen関数についても，それぞれの場合の相反性とかGreen関数による解の表現とかが同様な方法で得られる．これらを通常よく用いられるGreen関数の具体的な関数形とともに表

表 9.1　Helmholtz 方程式 $(\Delta+k^2)\psi(\boldsymbol{r})=-\rho(\boldsymbol{r})$ に対する Green 関数

相反性　$G(\boldsymbol{r},\boldsymbol{r}')=G(\boldsymbol{r}',\boldsymbol{r})$　　(9.2.8)

解の表現

$$\psi(\boldsymbol{r})=\int_S d\sigma'\boldsymbol{n}\cdot\{G(\boldsymbol{r}',\boldsymbol{r})\nabla'\psi(\boldsymbol{r}')-\psi(\boldsymbol{r}')\nabla'G(\boldsymbol{r}',\boldsymbol{r})\}+\int_V G(\boldsymbol{r},\boldsymbol{r}')\rho(\boldsymbol{r}')d\boldsymbol{r}' \tag{9.2.9}$$

境 界 条 件	Green 関数
$\lim_{\lvert\boldsymbol{r}-\boldsymbol{r}'\rvert\to\infty} G(\boldsymbol{r},\boldsymbol{r}')=0$ (G^∞ とかく)	3次元空間 $G^\infty(\boldsymbol{r},\boldsymbol{r}')=\dfrac{1}{4\pi\lvert\boldsymbol{r}-\boldsymbol{r}'\rvert}e^{\pm ik\lvert\boldsymbol{r}-\boldsymbol{r}'\rvert}$　(9.2.10)
	2次元空間 $G^\infty(\boldsymbol{r},\boldsymbol{r}')=\pm\dfrac{i}{4}H_0^{(1)\atop(2)}(k\lvert\boldsymbol{r}-\boldsymbol{r}'\rvert)$　(9.2.11)
	1次元空間 $G^\infty(r,r')=\dfrac{i}{2k}e^{ik\lvert r-r'\rvert}$　(9.2.12)
$G(\boldsymbol{r},\boldsymbol{r}')\rvert_{x=0}=0$	$G^\infty(\boldsymbol{r},\boldsymbol{r}')-G^\infty(\boldsymbol{r},\boldsymbol{r}'')$　$\boldsymbol{r}''(-x',y',z')$　(9.2.13)
$\left.\dfrac{\partial G(\boldsymbol{r},\boldsymbol{r}')}{\partial x}\right\rvert_{x=0}=0$	$G^\infty(\boldsymbol{r},\boldsymbol{r}')+G^\infty(\boldsymbol{r},\boldsymbol{r}'')$　(9.2.14)

表 9.2 拡散方程式 $\left(\Delta-\frac{1}{\kappa^2}\frac{\partial}{\partial t}\right)\psi(\boldsymbol{r},t)=-\rho(\boldsymbol{r},t)$ に対する Green 関数

相反性 $G(\boldsymbol{r},t,\boldsymbol{r}',t')=G(\boldsymbol{r}',-t',\boldsymbol{r},-t)$ (9.2.15)

解の表現

$$\psi(\boldsymbol{r},t)=\int_0^t dt'\int_S d\sigma'\boldsymbol{n}\cdot\{G(\boldsymbol{r},t,\boldsymbol{r}',t')\nabla'\psi(\boldsymbol{r}',t')-\psi(\boldsymbol{r}',t')\nabla'G(\boldsymbol{r},t,\boldsymbol{r}',t')\}$$
$$+\int_0^t dt'\int_V d\boldsymbol{r}'G(\boldsymbol{r},t,\boldsymbol{r}',t')\rho(\boldsymbol{r}',t')+\frac{1}{\kappa^2}\int_V d\boldsymbol{r}'G(\boldsymbol{r},t,\boldsymbol{r}',0)\psi(\boldsymbol{r}',0) \quad (9.2.16)$$

境　界　条　件	Green 関数 (n 次元空間)
$\lim_{\lvert\boldsymbol{r}-\boldsymbol{r}'\rvert\to\infty} G(\boldsymbol{r},t,\boldsymbol{r}',t')=0$	$G^{\infty}(\boldsymbol{r},t,\boldsymbol{r}',t')=\kappa^2\left(\frac{1}{4\kappa^2\pi(t-t')}\right)^{n/2}e^{-\lvert\boldsymbol{r}-\boldsymbol{r}'\rvert^2/4\kappa^2(t-t')}\theta(t-t')$ (9.2.17)
$G(\boldsymbol{r},t,\boldsymbol{r}',t')\rvert_{x=0}=0$	$G^{\infty}(\boldsymbol{r},t,\boldsymbol{r}',t')-G^{\infty}(\boldsymbol{r},t,\boldsymbol{r}'',t')$ $\boldsymbol{r}''=(-x',y',z',\cdots)$ (9.2.18)
$\left.\frac{\partial G(\boldsymbol{r},t,\boldsymbol{r}',t')}{\partial x}\right\rvert_{x=0}=0$	$G^{\infty}(\boldsymbol{r},t,\boldsymbol{r}',t')+G^{\infty}(\boldsymbol{r},t,\boldsymbol{r}'',t')$ (9.2.19)
$\left(-\frac{\partial G(\boldsymbol{r},t,\boldsymbol{r}',t')}{\partial x}+hG(\boldsymbol{r},t,\boldsymbol{r}',t')\right)_{x=0}=0$	$G^{\infty}(\boldsymbol{r},t,\boldsymbol{r}',t')+G^{\infty}(\boldsymbol{r},t,\boldsymbol{r}'',t')-2he^{hx'}\int_{-\infty}^{-x'}G^{\infty}(\boldsymbol{r},t,\xi y'z',t')e^{h\xi}d\xi$ (9.2.20)

表 9.3 波動方程式 $\left(\Delta-\frac{1}{c^2}\frac{\partial^2}{\partial t^2}\right)\psi(\boldsymbol{r},t)=-\rho(\boldsymbol{r},t)$ に対する Green 関数

相反性 $G(\boldsymbol{r},t,\boldsymbol{r}',t')=G(\boldsymbol{r}',-t',\boldsymbol{r},-t)$ (9.2.21)

解の表現

$$\psi(\boldsymbol{r},t)=\int_0^t dt'\int_S d\sigma'\boldsymbol{n}\cdot\{G(\boldsymbol{r},t,\boldsymbol{r}',t')\nabla'\psi(\boldsymbol{r}',t')-\psi(\boldsymbol{r}',t')\nabla'G(\boldsymbol{r},t,\boldsymbol{r}',t')\}+\int_0^t dt'\int_V d\boldsymbol{r}'G(\boldsymbol{r},t,\boldsymbol{r}',t')\rho(\boldsymbol{r}',t')$$
$$+\frac{1}{c^2}\int_V d\boldsymbol{r}'\left\{\left.\frac{\partial\psi(\boldsymbol{r}',t')}{\partial t'}\right|_{t'=0}G(\boldsymbol{r},t,\boldsymbol{r}',0)-\left.\frac{\partial G(\boldsymbol{r},t,\boldsymbol{r}',t')}{\partial t'}\right|_{t'=0}\psi(\boldsymbol{r}',0)\right\} \quad (9.2.22)$$

境 界 条 件	Green 関数		
$\lim_{\|\boldsymbol{r}-\boldsymbol{r}'\|\to\infty} G(\boldsymbol{r},t,\boldsymbol{r}',t')=0$	3 次元空間	$\frac{1}{4\pi\|\boldsymbol{r}-\boldsymbol{r}'\|}\delta\left(\frac{\|\boldsymbol{r}-\boldsymbol{r}'\|}{c}-(t-t')\right)$	(9.2.23)
	2 次元空間	$\frac{c}{2\pi\sqrt{c^2(t-t')-\|\boldsymbol{r}-\boldsymbol{r}'\|}}\theta(c(t-t')-\|\boldsymbol{r}-\boldsymbol{r}'\|)$	(9.2.24)
	1 次元空間	$\frac{c}{2}\theta(c(t-t')-\|\boldsymbol{r}-\boldsymbol{r}'\|)$	(9.2.25)

9.1〜表 9.3 にあげておこう．表に出てくる無限遠で与えた境界条件に対する Green 関数の具体的な関数形は次節で求める．

§9.3　無限遠境界条件に対する Green 関数

この節では前節の表 9.1〜表 9.3 にある無限遠で与えた境界条件

$$\lim_{|\boldsymbol{r}-\boldsymbol{r}'|\to\infty} G(\boldsymbol{r}, \boldsymbol{r}') = 0 \tag{9.3.1}$$

を充たす Green 関数を Fourier 変換を用いて具体的に求めることを考えよう．表 9.1〜表 9.3 からもわかるように，この境界条件に対する Green 関数は一般の境界条件に対する Green 関数を作るのにも用いられる．

a)　Helmholtz の方程式の Green 関数

まず Helmholtz の方程式

$$(\Delta+k^2)u(\boldsymbol{r}) = -\rho(\boldsymbol{r}) \tag{9.3.2}$$

の Green 関数を求めよう．充たすべき方程式は

$$(\Delta+k^2)G(\boldsymbol{r}, \boldsymbol{r}') = -\delta(\boldsymbol{r}-\boldsymbol{r}') \tag{9.3.3}$$

である．(9.3.3)の境界条件(9.3.1)を充たす解を求めるために $G(\boldsymbol{r}, \boldsymbol{r}')$ を $\boldsymbol{r}-\boldsymbol{r}'$ の関数と仮定して，その Fourier 変換と逆変換

$$\hat{G}(\boldsymbol{p}) = \frac{1}{(2\pi)^3}\int G(\boldsymbol{r}-\boldsymbol{r}')e^{-i\boldsymbol{p}\cdot(\boldsymbol{r}-\boldsymbol{r}')}d(\boldsymbol{r}-\boldsymbol{r}') \tag{9.3.4}$$

$$G(\boldsymbol{r}-\boldsymbol{r}') = \int \hat{G}(\boldsymbol{p})e^{i\boldsymbol{p}\cdot(\boldsymbol{r}-\boldsymbol{r}')}d\boldsymbol{p} \tag{9.3.5}$$

を考えよう．(9.3.5)を方程式(9.3.3)にいれ，δ 関数の Fourier 積分表示(B.4)すなわち

$$\delta(\boldsymbol{r}-\boldsymbol{r}') = \frac{1}{(2\pi)^3}\int e^{i\boldsymbol{p}\cdot(\boldsymbol{r}-\boldsymbol{r}')}d\boldsymbol{p} \tag{9.3.6}$$

を用い，さらに微分と積分の順序を交換できるとすると，

$$\int(-p^2+k^2)\hat{G}(\boldsymbol{p})e^{i\boldsymbol{p}\cdot(\boldsymbol{r}-\boldsymbol{r}')}d\boldsymbol{p} = -\frac{1}{(2\pi)^3}\int e^{i\boldsymbol{p}\cdot(\boldsymbol{r}-\boldsymbol{r}')}d\boldsymbol{p} \tag{9.3.7}$$

となる．ここで $p=|\boldsymbol{p}|$ である．これを Fourier 逆変換すると

$$(-p^2+k^2)\hat{G}(\boldsymbol{p}) = -\frac{1}{(2\pi)^3} \tag{9.3.8}$$

を得る．$x\delta(x)=0$ からこの解として未定の定数 c を用い

$$\hat{G}(\boldsymbol{p}) = \frac{1}{(2\pi)^3}\left[\frac{P}{p^2-k^2}+c\delta(p^2-k^2)\right]$$

にとる．P は Cauchy の主値をとることを意味する．c の代表的な選択として，$\mp i\pi$ をとってみよう．このとき(B.9)によって

$$\hat{G}_{\mp}(\boldsymbol{p}) = \frac{1}{(2\pi)^3}\frac{1}{p^2-k^2\pm i\varepsilon} \tag{9.3.9}$$

のように書ける．これから $G(\boldsymbol{r})$ を計算すると，$r=|\boldsymbol{r}|$ として，

$$\begin{aligned}
G_{\mp}(\boldsymbol{r}) &= \frac{1}{(2\pi)^3}\int\frac{1}{p^2-k^2\pm i\varepsilon}e^{i\boldsymbol{p}\cdot\boldsymbol{r}}d\boldsymbol{p} \\
&= \frac{1}{(2\pi)^3}\int\frac{1}{p^2-k^2\pm i\varepsilon}e^{ipr\cos\theta}p^2dpd(-\cos\theta)d\varphi \\
&= \frac{1}{4\pi^2}\int_0^\infty p^2dp\frac{1}{-ipr}\frac{1}{p^2-k^2\pm i\varepsilon}(e^{-ipr}-e^{ipr}) \\
&= \frac{i}{8\pi^2 r}\int_{-\infty}^\infty dp\frac{p}{p^2-k^2\pm i\varepsilon}(e^{-ipr}-e^{ipr})
\end{aligned}$$

とかける．第1項は複素 p 平面の下半面で，第2項は上半面で指数関数的に減少するので，それぞれ実軸上の積分路 R に下半面をまわる積分路 c_- および上半面をまわる積分路 c_+ を図9.1のようにつけ加え，それらの半径を無限大にとっても積分値は変らない．例えば G_-の被積分関数は μ を無限小の正数として図9.1に示すような点に極を持つので，この積分は Cauchy の定理により

$$G_{\mp}(\boldsymbol{r}) = \frac{i}{8\pi^2 r}\left[\int_{R+c_-} dp \frac{1}{p^2-k^2\pm i\varepsilon}e^{-ipr}\right.$$
$$\left. -\int_{R+c_+} dp \frac{1}{p^2-k^2\pm i\varepsilon}e^{ipr}\right]$$
$$= \frac{i}{8\pi^2 r}\left[-2\pi i\frac{\pm k}{\pm 2k}e^{\mp ikr}-2\pi i\frac{\mp k}{\mp 2k}e^{\mp ikr}\right] = \frac{1}{4\pi r}e^{\mp ikr}$$
(9.3.10)

となる．この解は確かに $r\to\infty$ で 0 となる．$G_{\mp}$ はそれぞれ内向き，外向きの球面波を表わしている．

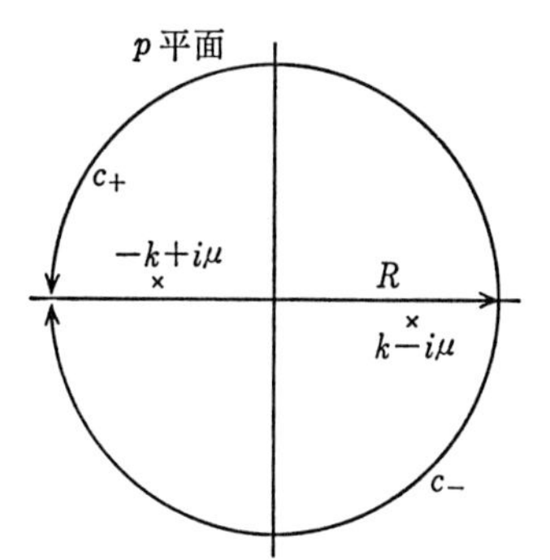

図 9.1

b)　拡散方程式の Green 関数

つぎに拡散方程式

$$\left(\Delta-\frac{1}{\kappa^2}\frac{\partial}{\partial t}\right)u(\boldsymbol{r},t) = -\rho(\boldsymbol{r},t)$$

に対する Green 関数を求めてみよう．解くべき方程式は

$$\left(\Delta-\frac{1}{\kappa^2}\frac{\partial}{\partial t}\right)G(\boldsymbol{r},t,\boldsymbol{r}',t') = -\delta(\boldsymbol{r}-\boldsymbol{r}')\delta(t-t') \qquad (9.3.11)$$

である．$\boldsymbol{r}-\boldsymbol{r}'$ の関数と仮定してそれについての Fourier 変換

$$\hat{G}(\boldsymbol{p},t,t') = \frac{1}{(2\pi)^3}\int G(\boldsymbol{r}-\boldsymbol{r}',t,t')e^{-i\boldsymbol{p}\cdot(\boldsymbol{r}-\boldsymbol{r}')}d(\boldsymbol{r}-\boldsymbol{r}')$$
(9.3.12)

に対する方程式は

$$\left(-p^2-\frac{1}{\kappa^2}\frac{\partial}{\partial t}\right)\hat{G}(\boldsymbol{p},t,t') = -\frac{1}{(2\pi)^3}\delta(t-t') \tag{9.3.13}$$

である．この方程式の解で $t<t'$ で 0 になるものは

$$\hat{G}(\boldsymbol{p},t,t') = \frac{1}{(2\pi)^3}\kappa^2 e^{-\kappa^2 p^2(t-t')}\theta(t-t') \tag{9.3.14}$$

であることが(B.12)を用いて確かめられる．これを逆変換すると

$$\begin{aligned} G(\boldsymbol{r},t) &= \frac{1}{(2\pi)^3}\int \kappa^2 e^{-\kappa^2 p^2 t}\theta(t)e^{i\boldsymbol{p}\cdot\boldsymbol{r}}d\boldsymbol{p} \\ &= \kappa^2\theta(t)\prod_{j=1}^{3}\frac{1}{2\pi}\int e^{-\kappa^2 p_j{}^2 t}e^{ip_j r_j}dp_j \\ &= \kappa^2\theta(t)\left(\frac{1}{4\pi\kappa^2 t}\right)^{3/2}e^{-r^2/4\kappa^2 t} \end{aligned} \tag{9.3.15}$$

のように $\boldsymbol{r}-\boldsymbol{r}', t-t'$ の関数，ここではそれぞれ $\boldsymbol{r}, t$ とかいたものの関数である．これは導出の過程から明らかなように，空間が n 次元であれば

$$G(\boldsymbol{r},t) = \kappa^2\theta(t)\left(\frac{1}{4\pi\kappa^2 t}\right)^{n/2}e^{-r^2/4\kappa^2 t} \tag{9.3.16}$$

となるだけである．

さて解の表現(9.2.16)において $\boldsymbol{r}$ を内側から S 上の点 r_0 に近づけたとき，Dirichlet 問題・Neumann 問題とも与えた境界値に近づくことが Helmholtz 方程式の場合と同様にして示すことができる．t を $+0$ としたときに実際に与えた初期値に近づくことは，(9.3.16)から $G(\boldsymbol{r},+0)$ が $\boldsymbol{r}\neq 0$ では 0 に近づくことと，$\boldsymbol{r}=0$ を含む n 次元積分が

$$\lim_{t\to+0}\int G(\boldsymbol{r},t)d\boldsymbol{r} = \kappa^2$$

となることから示される．このとき(9.2.18)や(9.2.19)の第2項

は $\boldsymbol{r}-\boldsymbol{r}''$ が 0 にならないので $t\to+0$ で寄与を与えない．

c)　波動方程式の Green 関数

波動方程式の Green 関数として，方程式

$$\left(\Delta-\frac{1}{c^2}\frac{\partial^2}{\partial t^2}\right)G(\boldsymbol{r},t,\boldsymbol{r}',t')=-\delta(\boldsymbol{r}-\boldsymbol{r}')\delta(t-t') \quad (9.3.17)$$

の 1 つの特解を求めてみよう．いま $\boldsymbol{r}-\boldsymbol{r}', t-t'$ のみの関数と仮定して，その $t-t'$ についての Fourier 変換

$$\hat{G}(\boldsymbol{r},\omega)=\frac{1}{2\pi}\int G(\boldsymbol{r},t)e^{i\omega t}dt \quad (9.3.18)^*$$

の充たす方程式は(9.3.17)に $e^{i\omega t}$ をかけ t で積分することにより

$$\left(\Delta+\frac{\omega^2}{c^2}\right)\hat{G}(\boldsymbol{r},\omega)=-\frac{1}{2\pi}\delta(\boldsymbol{r}) \quad (9.3.19)$$

となる．これは Helmholtz 方程式の Green 関数の充たす方程式(9.2.2)で $k=\omega/c$ とおいたものと因子 2π だけ異なるのであるから，その特解として

$$\hat{G}(\boldsymbol{r},\omega)=\frac{1}{2\pi}\frac{1}{4\pi r}e^{i\omega r/c} \quad (9.3.20)$$

が得られる．これを(9.3.18)の逆変換の式に代入し，δ 関数に対する表現(B.4)を用いると

$$G(\boldsymbol{r},t,\boldsymbol{r}',t')=G(\boldsymbol{r}-\boldsymbol{r}',t-t')=\frac{1}{4\pi|\boldsymbol{r}-\boldsymbol{r}'|}\delta\left(t-t'-\frac{|\boldsymbol{r}-\boldsymbol{r}'|}{c}\right) \quad (9.3.21)$$

となる．$t<t'$ に対しては δ 関数は 0 であるから(9.3.21)は遅延条件を充たし，また $|\boldsymbol{r}-\boldsymbol{r}'|\to\infty$ で 0 である境界条件を充たす波動方程式の Green 関数になっている．

空間が 2 次元のときの方程式

---

*　ここでは Fourier 変換の積分核の肩の符号を他とは逆にとった．これは相対論的な習慣にしたがったものである．

$$\left(\frac{\partial^2}{\partial x^2}+\frac{\partial^2}{\partial y^2}-\frac{1}{c^2}\frac{\partial^2}{\partial t^2}\right)G(x,y,t,x',y',t')$$
$$=-\delta(x-x')\delta(y-y')\delta(t-t') \tag{9.3.22}$$

は(9.3.17)を z について積分すれば得られるので，その特解として(9.3.21)から

$$G(x,y,t,x',y',t')=G(x-x',y-y',t-t')$$
$$=\int\frac{1}{4\pi|\boldsymbol{r}-\boldsymbol{r}'|}\delta\left(t-t'-\frac{|\boldsymbol{r}-\boldsymbol{r}'|}{c}\right)dz$$
$$=\frac{c\theta(c(t-t')-\sqrt{(x-x')^2+(y-y')^2})}{2\pi\sqrt{c^2(t-t')^2-(x-x')^2-(y-y')^2}} \tag{9.3.23}$$

が得られる．

空間が1次元のときは，これをさらに y で積分することにより

$$G(x,t,x',t')=G(x-x',t-t')=\frac{c}{2}\theta(c(t-t')-|x-x'|) \tag{9.3.24}$$

が得られる．

これらの特徴としては空間が3次元の場合には δ 関数のために作用の伝わる速さが c という一定値をとり，影響は尾を引かない．すなわち点 $\boldsymbol{r}'$ で時刻 t' という瞬間だけある現象がおきたとき，他の点 $\boldsymbol{r}$ ではその影響がある瞬間 $t=t'+|\boldsymbol{r}-\boldsymbol{r}'|/c$ だけにおこりだらだらと続かない．しかし空間が2次元および1次元の場合は事情が異なり，作用の伝わる最高速度は c であるが影響は尾を引く．ただ1次元の場合には dG/dt は δ 関数となるので，影響のうち dG/dt によって伝達がなされる部分は尾を引かない．

さて解の表現(9.2.22)において $\boldsymbol{r}$ を内側から S 上の点に近づけたとき，Dirichlet 問題・Neumann 問題とも与えた境界値に近づくことが Helmholtz 方程式の場合と同様にして示すことができる．

tを$+0$としたときに実際に与えた初期値に近づくことを3次元の場合に示しておこう．それは

$$\begin{aligned}
&\lim_{t\to+0}\int\frac{\partial G(\boldsymbol{r},t,\boldsymbol{r}',t')}{\partial t'}\bigg|_{t'=0}\psi(\boldsymbol{r}',0)d\boldsymbol{r}'\\
&\quad=\int\frac{1}{4\pi|\boldsymbol{r}-\boldsymbol{r}'|}\delta'\left(\frac{|\boldsymbol{r}-\boldsymbol{r}'|}{c}\right)\psi(\boldsymbol{r}',0)|\boldsymbol{r}-\boldsymbol{r}'|^2d|\boldsymbol{r}-\boldsymbol{r}'|d\Omega\\
&\quad=\int|\boldsymbol{r}-\boldsymbol{r}'|\delta'\left(\frac{|\boldsymbol{r}-\boldsymbol{r}'|}{c}\right)d|\boldsymbol{r}-\boldsymbol{r}'|\psi(\boldsymbol{r},0)=-c^2\psi(\boldsymbol{r},0)
\end{aligned}$$

$$\begin{aligned}
&\lim_{t\to+0}\int G(\boldsymbol{r},t,\boldsymbol{r}',0)f(\boldsymbol{r}')d\boldsymbol{r}'\\
&\quad=\int|\boldsymbol{r}-\boldsymbol{r}'|\delta\left(\frac{|\boldsymbol{r}-\boldsymbol{r}'|}{c}\right)d|\boldsymbol{r}-\boldsymbol{r}'|f(\boldsymbol{r})\simeq 0
\end{aligned}$$

を用いて示すことができる．

遅延条件を充たしたGreen関数(9.3.21)(以下G_{ret}とかく)を得るのに(9.3.19)の特解(9.3.20)を用いた．その代りに特解

$$\hat{G}(\boldsymbol{r},\omega)=\frac{1}{2\pi}\frac{1}{4\pi r}e^{-ikr} \tag{9.3.25}$$

を用いると，

$$\begin{aligned}
G_{\mathrm{adv}}(\boldsymbol{r},t,\boldsymbol{r}',t')&=\frac{1}{4\pi|\boldsymbol{r}-\boldsymbol{r}'|}\delta\left(t-t'+\frac{|\boldsymbol{r}-\boldsymbol{r}'|}{c}\right)\\
&=\frac{c}{4\pi|\boldsymbol{r}-\boldsymbol{r}'|}\delta(|\boldsymbol{r}-\boldsymbol{r}'|+c(t-t'))
\end{aligned} \tag{9.3.26}$$

が得られる．これは$t>t'$に対しては0となるので先進条件を充たしている．これを用いて(9.2.16)のような初期条件のもとでの解の表現の代りに終期条件のもとでの解の表現を作ることもできる．

G_{ret}もG_{adv}もともに同じ方程式(9.3.11)を充たすので

$$D(\boldsymbol{r},t)\equiv c^{-2}[G_{\mathrm{ret}}(\boldsymbol{r},t)-G_{\mathrm{adv}}(\boldsymbol{r},t)] \tag{9.3.27}$$

は同次方程式

$$\left(\Delta-\frac{1}{c^2}\frac{\partial^2}{\partial t^2}\right)D(\boldsymbol{r},t)=0 \tag{9.3.28}$$

の解である．また $D(\boldsymbol{r},t)$ を $\boldsymbol{r}$ について Fourier 変換をすると

$$\begin{aligned}\hat{D}(\boldsymbol{k},t)&=\frac{1}{(2\pi)^3c}\int_{-\infty}^{\infty}e^{-i\boldsymbol{k}\cdot\boldsymbol{r}}\frac{1}{4\pi r}(\delta(r-ct)-\delta(r+ct))d\boldsymbol{r}\\&=\frac{1}{2(2\pi)^3c}\int_0^{\infty}drr(\delta(r-ct)-\delta(r+ct))\int_{-1}^{1}e^{-ikr\cos\theta}d(-\cos\theta)\\&=\frac{1}{2(2\pi)^3ikc}\int_0^{\infty}dr(\delta(r-ct)-\delta(r+ct))(e^{ikr}-e^{-ikr})\\&=\frac{1}{2(2\pi)^3ikc}(e^{ikct}-e^{-ikct})\end{aligned} \tag{9.3.29}$$

となる．これは t の正負にかかわらず成立する．かくして

$$D(\boldsymbol{r},t)=\frac{i}{2(2\pi)^3c}\int_{-\infty}^{\infty}e^{i\boldsymbol{k}\cdot\boldsymbol{r}}(e^{-ikct}-e^{ikct})\frac{d\boldsymbol{k}}{k} \tag{9.3.30}$$

とかき表わせる．これから

$$D(\boldsymbol{r},0)=0 \tag{9.3.31}$$

$$\frac{\partial D}{\partial t}(\boldsymbol{r},0)=\delta(\boldsymbol{r}) \tag{9.3.32}$$

が示せる．換言すれば $D(\boldsymbol{r},t)$ は初期条件(9.3.31)，(9.3.32)に対する方程式(9.3.28)の解であるともいえる．この D 関数は相対論的量子論で重要な役割を果たす．

§9.4 応 用 例

a) 回折(diffraction)と干渉(interference)

平面開口部，平面スクリーンの場合の光の伝播を考えてみよう．波動光学において，電磁場のベクトル性からくる効果を考えなければ，単色光に対する基礎方程式は

$$(\Delta+k^2)u(\boldsymbol{r})=0 \tag{9.4.1}$$

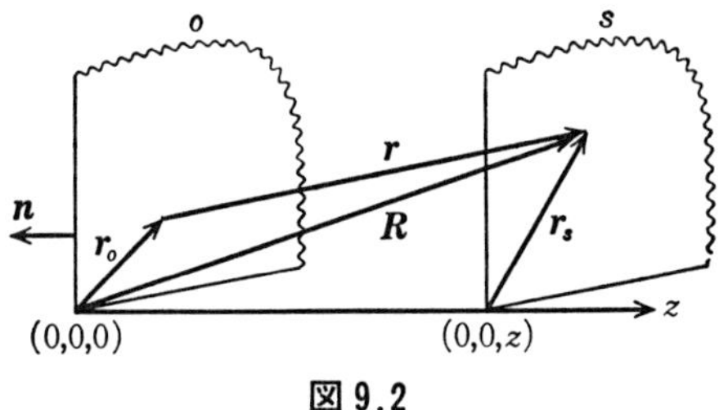

図 9.2

である．いまこれを図9.2のような開口部 o で $u(\boldsymbol{r})$ を与えたときスクリーン s 上でどのように定まるかという問題として扱おう．平面 o で $u(\boldsymbol{r})$ を与える Dirichlet 問題であるので，その場合に適当な Green 関数は境界条件

$$G(\boldsymbol{r}, \boldsymbol{r}') = 0 \qquad (\boldsymbol{r}' : o \text{ 上}) \tag{9.4.2}$$

である．o 面を $z=0$ の面にとると，このような Green 関数は，(9.2.13) から $\boldsymbol{r}''$ を $\boldsymbol{r}'$ の o 面に対する鏡像として

$$G(\boldsymbol{r}, \boldsymbol{r}') = \frac{1}{4\pi|\boldsymbol{r}-\boldsymbol{r}'|} e^{ik|\boldsymbol{r}-\boldsymbol{r}'|} - \frac{1}{4\pi|\boldsymbol{r}-\boldsymbol{r}''|} e^{ik|\boldsymbol{r}-\boldsymbol{r}''|} \tag{9.4.3}$$

で与えられる．これが求めるものであることは，まず $z>0$ で方程式 (9.2.3) の解であることが $\boldsymbol{r} \neq \boldsymbol{r}''$ の領域で第2項が同次方程式の解であることからわかる．つぎに境界条件を充たすことは o 面上で $\boldsymbol{r}'=\boldsymbol{r}''$ となることから明らかである．この Green 関数を用いると，s 上の点 $\boldsymbol{R}$ での場が (9.2.9) によって

$$u(\boldsymbol{R}) = \int_o \boldsymbol{n} \cdot \{-u(\boldsymbol{r}_0) \nabla_{r_0} G(\boldsymbol{R}, \boldsymbol{r}_0)\} d\sigma \tag{9.4.4}$$

で表わせる．このとき $z \gg |\boldsymbol{r}_0|, |\boldsymbol{r}_s|$ と仮定すると，o 面上で

$$\boldsymbol{n} \cdot \nabla_{r_0} G(\boldsymbol{R}, \boldsymbol{r}_0) \simeq \frac{ik}{2\pi R} \frac{z}{R} e^{ik|\boldsymbol{R}-\boldsymbol{r}_0|} \tag{9.4.5}$$

となる．

さてここで(9. 4. 4)と通常回折の議論でよく用いられる**Kirchhoff の積分表示**

$$u(\boldsymbol{R})=\int_{O}d\sigma\boldsymbol{n}\cdot\{G^{\infty}(\boldsymbol{r}_0,\boldsymbol{r})\nabla_{r_0}u(\boldsymbol{r}_0)-u(\boldsymbol{r}_0)\nabla_{r_0}G^{\infty}(\boldsymbol{r}_0,\boldsymbol{r})\} \tag{9.4.6}$$

との関係についてふれておこう．(9. 4. 6)は(9. 2. 9)で開口部以外の表面上で $u=\boldsymbol{n}\cdot\nabla u=0$ とおいたものと考えられ，開口部における $u, \nabla u$ を用いて書き表わしたものである．しかしこれには数学的に難点がある．偏微分方程式(9. 4. 1)は境界上で u または $\boldsymbol{n}\cdot\nabla u$ を与えることにより一意的に解が得られ，それぞれ Dirichlet 問題，Neumann 問題とよばれるが，$u, \boldsymbol{n}\cdot\nabla u$ を独立に与えることはできない．例えば境界の一部でも $u=\boldsymbol{n}\cdot\nabla u=0$ であれば全域で 0 であることが証明される．したがって開口部以外で 0 とおくのはあくまで近似にすぎない．一方(9. 4. 4)にも難点がなくはない．開口部を平面で近似できる場合にのみ用いられるからである．いま開口部における場が $z<0$ の領域にある点光源 $\boldsymbol{R}'$ から出た球面波としてみよう．$|\boldsymbol{R}'|\gg|\boldsymbol{r}_0|$ とすると

$$u(\boldsymbol{r}_0)=\frac{A}{|\boldsymbol{R}'-\boldsymbol{r}_0|}e^{ik|\boldsymbol{R}'-\boldsymbol{r}_0|}\simeq\frac{A}{R'}e^{ik|\boldsymbol{R}'-\boldsymbol{r}_0|}$$

$$\boldsymbol{n}\cdot\nabla_{r_0}u(\boldsymbol{r}_0)\simeq\frac{ik}{R'}\frac{-\boldsymbol{R}'\cdot\boldsymbol{n}}{R'}e^{ik|\boldsymbol{R}'-\boldsymbol{r}_0|}$$

となるので，(9. 4. 6)は

$$u(\boldsymbol{R})\simeq\frac{1}{4\pi R}\frac{ikA}{R'}\left(\frac{-\boldsymbol{R}'\cdot\boldsymbol{n}}{R'}-\frac{z}{R}\right)\int_{O}e^{ik|\boldsymbol{R}-\boldsymbol{r}_0|+ik|\boldsymbol{R}'-\boldsymbol{r}_0|}d\boldsymbol{r}_0$$

となる．一方このとき(9. 4. 4) は

$$u(\boldsymbol{R})\simeq\frac{1}{2\pi R}\frac{ikA}{R'}\frac{-z}{R}\int_{O}e^{ik|\boldsymbol{R}-\boldsymbol{r}_0|+ik|\boldsymbol{R}'-\boldsymbol{r}_0|}d\boldsymbol{r}_0$$

である．両者は $\boldsymbol{R}'$，開口部，$\boldsymbol{R}$ がほとんど一直線であれば

$\boldsymbol{R}'\cdot\boldsymbol{n}/R'\sim z/R$ であるから一致する．両者が異なる場合でもスクリーン上の濃淡を定めるのは積分部分であるからパターンとしては一致したものを与える．

さて(9.4.4)にもどって

$$|\boldsymbol{R}-\boldsymbol{r}_0|=\sqrt{z^2+(\boldsymbol{r}_s-\boldsymbol{r}_0)^2}\simeq z+\frac{|\boldsymbol{r}_s-\boldsymbol{r}_0|^2}{2z}-\frac{|\boldsymbol{r}_s-\boldsymbol{r}_0|^4}{8z^3}+\cdots$$

$$\simeq z+\frac{{r_s}^2}{2z}-\frac{\boldsymbol{r}_s\cdot\boldsymbol{r}_0}{z}+\frac{{r_0}^2}{2z}-\frac{{r_s}^4}{8z^3}+\cdots \qquad (9.4.7)$$

であるので，Fresnel 領域すなわち $k|\boldsymbol{r}_s-\boldsymbol{r}_0|^4/8z^3\ll 1$ の領域では

$$u(\boldsymbol{r}_s,z)=\frac{-ik}{2\pi z}e^{ikz+ikr_s^2/2z}\int_o u(\boldsymbol{r}_0,0)e^{ikr_0^2/2z-ik\boldsymbol{r}_s\cdot\boldsymbol{r}_0/z}d\boldsymbol{r}_0$$

$$(9.4.8)$$

となる．ここでは $\boldsymbol{r}_s,\boldsymbol{r}_0$ は2次元ベクトルと解釈しなおしている．また Fraunhofer 領域 $k|\boldsymbol{r}_s-\boldsymbol{r}_0|^4/8z^3\ll 1$，$k{r_0}^2/2z\ll 1$ では

$$u(\boldsymbol{r}_s,z)=\frac{-ik}{2\pi R}e^{ikR}\int u(\boldsymbol{r}_0,0)e^{-ik\boldsymbol{r}_s\cdot\boldsymbol{r}_0/z}d\boldsymbol{r}_0 \qquad (9.4.9)$$

とかける．

［例題 9.4.1］　矩形孔による Fraunhofer 回折を求めよ．

［解］　矩形孔 $(-A<x<A,\ -B<y<B)$ に平面波が同位相で入射したときは(9.4.9)から

$$u(\boldsymbol{r}_s,z)\propto k\int_{-A}^{A}e^{-ikr_{s1}r_{01}/z}dr_{01}\int_{-B}^{B}e^{-ikr_{s2}r_{02}/z}dr_{02}$$

$$\propto kAB\frac{\sin kAr_{s1}/z}{kAr_{s1}/z}\frac{\sin kBr_{s2}/z}{kBr_{s2}/z} \qquad (9.4.10)$$

である．$r_{s1}/z=\alpha$，$r_{s2}/z=\beta$ は開口部からの方向を示す．強度は $|u|^2$ に比例するので

$$I(\boldsymbol{r}_s)\propto k^2A^2B^2\left|\frac{\sin k\alpha A}{k\alpha A}\frac{\sin k\beta B}{k\beta B}\right|^2 \qquad (9.4.11)$$

であり，矩形の孔が細長いと，(9.4.10)で $B\to\infty$ として $\boldsymbol{r}_{02}$ の積分から $2\pi\delta(k\beta)$ が得られる．したがってこのときは y 軸方向には拡らず

$$\lim_{B\to\infty}\left|\int_{-B}^{B} e^{-ikr_{02}\beta}dr_{02}\right|^2 \simeq \lim_{B\to\infty}\int_{-B}^{B} e^{-ikr_{02}\beta}dr_{02}\int_{-B}^{B}dr_{02} \simeq 4\pi B\delta(k\beta)$$

を用いて

$$\int I(r_s)d\beta \propto kBA^2\left|\frac{\sin k\alpha A}{k\alpha A}\right|^2 \qquad (9.4.12)$$

となる．▌

［例題 9.4.2］ スクリーンのふちによる Fresnel 回折を求めよ．

［解］ 開口部が半平面 $(z=0, y>0)$ であるとして，そこに同位相の平面波が入射した場合を考えよう．r_{s2} を z にくらべて小さい範囲で考えると，光が近似的に直進することから開口部で影響の無視できない領域は $|\boldsymbol{r}_s-\boldsymbol{r}_0|\ll z$ が充たされている部分に限って考えてよい．したがって(9.4.8)でこのような範囲での積分として近似される．r_{s2} による依存性のみを考えるなら(9.4.8)で r_{02} の積分のみ考えればよい．すなわち

$$u(\boldsymbol{r}_s, z) \propto \int_0^\infty dr_{02}e^{ik(r_{s2}-r_{02})^2/2z} \propto \int_\omega^\infty d\eta e^{i\eta^2} \quad (9.4.13)$$

となる．ここで $\omega=-\sqrt{k/2z}\,r_{s2}$ であり，z を充分大きいと考えて形式的に r_{02} の積分を ∞ までとっている．$\boldsymbol{r}_s$ 点での強度は c を

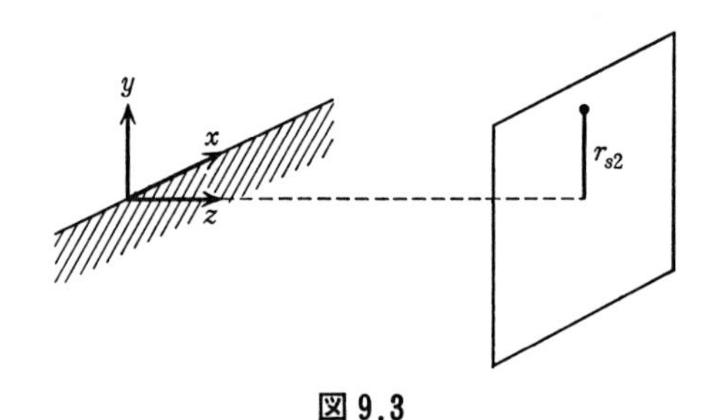

図 9.3

比例定数として

$$I(\boldsymbol{r}_s) = c\left|\int_{\omega}^{\infty} d\eta e^{i\eta^2}\right|^2$$

であり，$\omega \ll -1$ すなわち図 9.3 で充分上方の r_{s2} に対しては

$$\int_{-|\omega|}^{\infty} e^{i\eta^2} d\eta = \int_{-\infty}^{\infty} e^{i\eta^2} d\eta - \int_{-\infty}^{-|\omega|} e^{i\eta^2} d\eta$$

$$\simeq (1+i)\sqrt{\frac{\pi}{2}} - \left[\frac{e^{i\eta^2}}{2i\eta}\right]_{-\infty}^{-|\omega|} \tag{9.4.14}$$

であるので

$$I = c\pi\left(1 - \sqrt{\frac{1}{\pi}} \frac{\sin\left(\omega^2 - \frac{\pi}{4}\right)}{\omega}\right) \tag{9.4.15}$$

となる．$\omega \to -\infty$ では I は入射光の強度 I_0 になるはずであるから $c\pi = I_0$ である．$\omega \gg 1$ すなわち影の部分に深く入りこんだ所では

$$\int_{\omega}^{\infty} e^{i\eta^2} d\eta \simeq \left[\frac{e^{i\eta^2}}{2i\eta}\right]_{\omega}^{\infty}$$

となるので

$$I \simeq \frac{I_0}{4\pi\omega^2}$$

である．▌

以上は理想的な単色光について話をして来た．実際には位相とか振幅はゆっくりではあるが変化する．すなわち $u(\boldsymbol{r}, t)e^{-i\omega t}$ の u も時間的にゆっくり変化する．この場合の強度の測定はある程度の時間間隔について $|u(\boldsymbol{r}, t)|^2$ を平均したものとなる．さて方程式

$$\left(\Delta - \frac{1}{c^2}\frac{\partial^2}{\partial t^2}\right)u(\boldsymbol{r}, t)e^{-i\omega t} = 0$$

において u の時間変化が小さければ

$$(\Delta + k^2)u(\boldsymbol{r}, t) \simeq 0$$

が成り立つ．したがって $u(\boldsymbol{r}, t)$ に対しても今まで $u(\boldsymbol{r})$ に対して

適用してきた形式，例えば(9.4.8)，(9.4.9)を近似的に適用することができる．このとき $\boldsymbol{r}$ 点での実効強度 I は $\langle|u(\boldsymbol{r},t)|^2\rangle$ に比例する*

例えば Fraunhofer 回折で開口面が $\boldsymbol{r}_0^{(1)},\boldsymbol{r}_0^{(2)}$ の付近の面積 A の2つの小孔であれば

$$u(\boldsymbol{r}_s,z,t)=\frac{-ik}{2\pi R}e^{ikR}\int u(\boldsymbol{r}_0,0,t)e^{-ik\boldsymbol{r}_0\cdot\boldsymbol{r}_s/z}d\boldsymbol{r}_0$$
$$\simeq\frac{-ikA}{2\pi R}e^{ikR}\{u(\boldsymbol{r}_0^{(1)},0,t)e^{-ik\boldsymbol{r}_0^{(1)}\cdot\boldsymbol{r}_s/z}+u(\boldsymbol{r}_0^{(2)},0,t)e^{-ik\boldsymbol{r}_0^{(2)}\cdot\boldsymbol{r}_s/z}\}$$
$$(9.4.16)$$

となるので，$(\boldsymbol{r}_s,z)$ 点での実効強度は

$$I\propto\langle|u(\boldsymbol{r}_s,z,t)|^2\rangle\propto\langle|u(\boldsymbol{r}_0^{(1)},0,t)|^2\rangle+\langle|u(\boldsymbol{r}_0^{(2)},0,t)|^2\rangle$$
$$+\langle u^*(\boldsymbol{r}_0^{(1)},0,t)u(\boldsymbol{r}_0^{(2)},0,t)e^{ik\boldsymbol{r}_s\cdot(\boldsymbol{r}_0^{(1)}-\boldsymbol{r}_0^{(2)})/z}+\mathrm{c.c.}\rangle$$
$$=u^{(1)2}+u^{(2)2}+2u^{(1)}u^{(2)}\gamma_{12}\cos\left[\frac{k\boldsymbol{r}_s\cdot(\boldsymbol{r}_0^{(1)}-\boldsymbol{r}_0^{(2)})}{z}+\theta\right]$$
$$(9.4.17)$$

となる．ここで $u^{(i)}=\langle|u(\boldsymbol{r}_0^{(i)},0,t)|^2\rangle^{1/2}$ であり，

$$\gamma_{12}e^{i\theta}\equiv\Gamma(\boldsymbol{r}_0^{(1)},0,\boldsymbol{r}_0^{(2)},0)\equiv\frac{\langle u^*(\boldsymbol{r}_0^{(1)},0,t)u(\boldsymbol{r}_0^{(2)},0,t)\rangle}{u^{(1)}u^{(2)}}$$
$$(9.4.18)$$

の実関数 γ_{12} を干渉度という．この場合スクリーン上で干渉縞が認められる度合を表わすものとして

$$\frac{I_{\max}-I_{\min}}{I_{\max}+I_{\min}}=\frac{2u^{(1)}u^{(2)}}{u^{(1)2}+u^{(2)2}}\gamma_{12}\qquad(9.4.19)$$

を考え visibility という．このようにして干渉の様子は§7.5で扱った相関関数を規格化した Γ を調べればよい．

---

* ここでは $\langle\cdots\rangle$ で時間平均を表わす．エルゴード仮説のもとではこれは統計的平均に等しい．101頁参照．

(9.4.18)は開口面上でのΓであるが，スクリーン上でのΓは(9.4.8)，(9.4.18)を用いて得られる

$$\langle u^*(\mathbf{0}, z, t)u(\boldsymbol{r}_s, z, t)\rangle = \left(\frac{k}{2\pi z}\right)^2 e^{ikr_s{}^2/2z}$$

$$\times\left\langle \int u^*(\boldsymbol{r}_0, 0, t)e^{-ikr_0{}^2/2z}d\boldsymbol{r}_0 \int u(\boldsymbol{r}_0, 0, t)e^{ikr_0{}^2/2z-ik\boldsymbol{r}_s\cdot\boldsymbol{r}_0/z}d\boldsymbol{r}_0\right\rangle$$

$$= \left(\frac{k}{2\pi z}\right)^2 e^{ikr_s{}^2/2z}\int \exp\left[\frac{ik(r_0{}^{(2)2}-r_0{}^{(1)2})}{2z} - \frac{ik\boldsymbol{r}_s\cdot\boldsymbol{r}_0{}^{(2)}}{z}\right]$$

$$\times u^{(1)}u^{(2)}\Gamma(\boldsymbol{r}_0{}^{(1)}, 0, \boldsymbol{r}_0{}^{(2)}, 0)d\boldsymbol{r}_0{}^{(1)}d\boldsymbol{r}_0{}^{(2)}$$

$$\langle|u(\mathbf{0}, z, t)|^2\rangle = \left(\frac{k}{2\pi z}\right)^2 \int \exp\left[\frac{ik(r_0{}^{(2)2}-r_0{}^{(1)2})}{2z}\right]$$

$$\times u^{(1)}u^{(2)}\Gamma(\boldsymbol{r}_0{}^{(1)}, 0, \boldsymbol{r}_0{}^{(2)}, 0)d\boldsymbol{r}_0{}^{(1)}d\boldsymbol{r}_0{}^{(2)}$$

$$\langle|u(\boldsymbol{r}_s, z, t)|^2\rangle = \left(\frac{k}{2\pi z}\right)^2 \int \exp\left[\frac{ik(r_0{}^{(2)2}-r_0{}^{(1)2})}{2z}\right.$$

$$\left. - \frac{ik\boldsymbol{r}_s\cdot(\boldsymbol{r}_0{}^{(2)}-\boldsymbol{r}_0{}^{(1)})}{z}\right]u^{(1)}u^{(2)}\Gamma(\boldsymbol{r}_0{}^{(1)}, 0, \boldsymbol{r}_0{}^{(2)}, 0)d\boldsymbol{r}_0{}^{(1)}d\boldsymbol{r}_0{}^{(2)}$$

を用いて，(9.4.18)にならって

$$\Gamma(\mathbf{0}, z, \boldsymbol{r}_s, z) \equiv \frac{\langle u^*(\mathbf{0}, z, t)u(\boldsymbol{r}_s, z, t)\rangle}{\{\langle|u(\mathbf{0}, z, t)|^2\rangle\langle|u(\boldsymbol{r}_s, z, t)|^2\rangle\}^{1/2}} \qquad (9.4.20)$$

とかける．これは開口面上でのΓの関数であり，干渉性の発展を記述している．

$\Gamma(\boldsymbol{r}, z, \boldsymbol{r}', z)$が$|\boldsymbol{r}-\boldsymbol{r}'|>L$では近似的に0とおける最小の$L$を相関の長さ(correlation length)という．開口部でLが充分小さく，$|\boldsymbol{r}-\boldsymbol{r}'|<L$では$\Gamma(\boldsymbol{r}, 0, \boldsymbol{r}', 0)\sim 1$とおけるとすると，開口部の実効強度$I(\boldsymbol{r}_0)=\langle|u(\boldsymbol{r}_0, 0, t)|^2\rangle A^{-1}$ (A定数)を用いて

$$\langle u^*(\mathbf{0}, z, t)u(\boldsymbol{r}_s, z, t)\rangle = \left(\frac{k}{2\pi z}\right)^2 \pi L^2 e^{ikr_s{}^2/2z}\int e^{-ik\boldsymbol{r}_s\cdot\boldsymbol{r}_0/z}AI(\boldsymbol{r}_0)d\boldsymbol{r}_0 \qquad (9.4.21)$$

$$\langle|u(\mathbf{0},z,t)|^2\rangle=\langle|u(\boldsymbol{r}_s,z,t)|^2\rangle=\left(\frac{k}{2\pi z}\right)^2\pi L^2\int AI(\boldsymbol{r}_0)d\boldsymbol{r}_0 \tag{9.4.22}$$

とかけるから，$kr_s^2/2z\ll1$ として

$$\Gamma(\mathbf{0},z,\boldsymbol{r}_s,z)=\frac{\displaystyle\int e^{-ik\boldsymbol{r}_s\cdot\boldsymbol{r}_0/z}I(\boldsymbol{r}_0)d\boldsymbol{r}_0}{\displaystyle\int I(\boldsymbol{r}_0)d\boldsymbol{r}_0} \tag{9.4.23}$$

が得られる．

［例題 9.4.3］ 星を非干渉性の半径 D の一様な光源として，z 離れた距離での相関の長さ L を求めよ．すなわちその光源からの光を l だけ離れた2本のスリットを通して，干渉縞が見られる最大の l を求めよ．

［解］ $\Gamma(\mathbf{0},z,\boldsymbol{r}_s,z)$ が，したがって(9.4.23)の積分が0でないような値を持つためには，$kr_sD/z\lesssim1$ でなければならない．したがって $L\sim\lambda z/D$ である．▌

b) 散　　乱

§7.5でも述べたように，X線・中性子線・電子線などの散乱は物質の構造，場や粒子間の相互作用の性質などを調べる有力な手段である．そこで用いられた入射平面波，散乱球面波，散乱微分断面積などの概念を理解するのがこの小節の目的である．

スカラー波の散乱を例にとって考えてみよう．波動の散乱を記述するには2つの方法がある．1つは散乱体に向かって入射してくる波束が散乱体に衝突し，やがてどこかに飛び去る様子を時間的に追跡する方法である．もう1つは入射波束がつぎからつぎへとやってきて散乱の様相が定常的になっているとして調べる方法である．ここでは後者の方法で取り扱うことにする．

入射する波束は平面波の重ね合わせとして表わされるので平面

波の入射に対する散乱の様子を調べればよい．また通常の実験で用いられる入射波は平面波で近似されるような，波数ベクトルがほぼ一定の平面波を重ね合わせた波束であることが多い．さて図9.4で示されるように原点付近にある散乱体に z 方向に進む平面波が入射した場合を考えよう．定常的なスカラー波 $u(\boldsymbol{r})$ の充たす方程式は散乱体のない領域では

$$(\Delta+k^2)u(\boldsymbol{r})=\left(\frac{1}{r}\frac{\partial^2}{\partial r^2}r+\frac{1}{r^2\sin\theta}\frac{\partial}{\partial\theta}\sin\frac{\partial}{\partial\theta}\right.$$

$$\left.+\frac{1}{r^2\sin^2\theta}\frac{\partial^2}{\partial\varphi^2}+k^2\right)u(\boldsymbol{r})=0 \tag{9.4.24}$$

である．この方程式は入射平面波を示す e^{ikz} という解と，原点を中心とした外向きの球面波を表わし r が充分大きいところで近似的に解となっている $f(\theta)e^{ikr}/r$ という近似解を持つ*．したがって漸近形が

$$u(\boldsymbol{r})\underset{r\to\infty}{\longrightarrow}e^{ikz}+\frac{f(\theta)}{r}e^{ikr}=u_{\mathrm{in}}+u_{\mathrm{sc}} \tag{9.4.25}$$

となる解を見つけることができれば，この定常的な散乱に対応する解であると考えられる．ここで θ は散乱角で，$f(\theta)$ は**散乱振幅**という．

さて図9.4のような実験においては，通常 θ 方向に立体角 $d\Omega$ のなかに単位時間に散乱される波のエネルギーと単位面積あたり単位時間に入射してくる波のエネルギーとの比 $\sigma(\theta)d\Omega$ で散乱の性質が表わされる．この $\sigma(\theta)$ を**散乱微分断面積**という．入射波のエネルギーを測るには，定常解において $z\ll-1$ の領域で z の正の方向へ流れるエネルギーを測定すれば，第2項の散乱波振幅は $1/r$ の程度で小さくなるから実質的に入射平面波のみのエネルギ

* φ 依存性はないものとする．

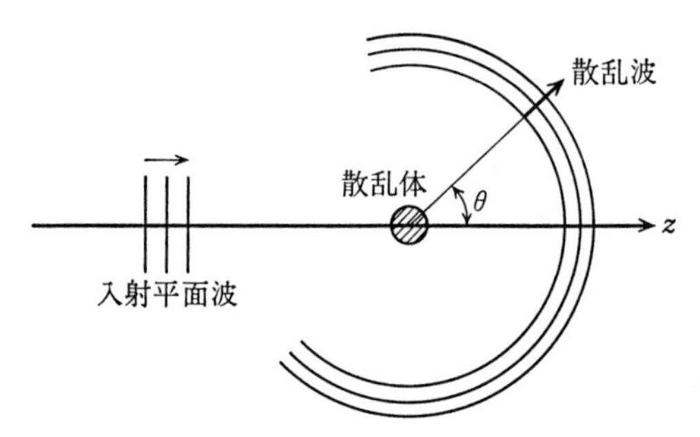

図 9.4 入射平面波と散乱波

ー流を測ることになる．散乱波のエネルギー流を測るには，通常入射平面波が存在するのは z 軸の周辺のみに限られるような実験になっているので，θ が $0, \pi$ 以外の所では，散乱波のエネルギー流を測る装置を z 軸から充分離して，そこでは実質的に散乱波だけが存在するとして，よい近似になる．すなわち入射波のエネルギー流は(9.4.25)の第1項のみを，散乱波のエネルギー流は(9.4.25)の第2項のみを用いて計算することが実際の実験に対応する．粒子の散乱のときにはエネルギー流の代りに確率流を用いて単位時間に単位面積あたり1個粒子が入射したとき，単位時間に立体角 $d\Omega$ に散乱される粒子の個数 $\sigma(\theta)d\Omega$ として散乱微分断面積を考えるのが普通である．

電磁波の場合には単位時間に流れるエネルギー流は，Poynting ベクトル

$$\boldsymbol{S} = \boldsymbol{E} \times \boldsymbol{H} \tag{9.4.26}$$

で表わされるし，量子力学の場合は確率流密度は

$$\boldsymbol{J} = \frac{\hbar}{2mi}(\psi^* \nabla \psi - \nabla \psi^* \psi) \tag{9.4.27}$$

で表わされる．いずれの場合も波数ベクトル $\boldsymbol{k}$ が(9.4.25)のよ

うに定まれば，流れ密度は振幅の絶対値の2乗と波数ベクトルの積に比例していると考えてよい．スカラー波の場合散乱微分断面積は

$$\sigma(\theta) = \frac{k|u_{\mathrm{sc}}|^2 r^2}{k|u_{\mathrm{in}}|^2} = |f(\theta)|^2 \tag{9.4.28}$$

としてよい．したがって $f(\theta)$ が実験と直接結びつく量なのである．

$f(\theta)$ を理論的に計算する方法として Green 関数を用いてみよう．散乱体を考えるのに2つの考え方がある．1つは散乱体を波との相互作用源と考えて，(9.4.24)を

$$(\Delta + k^2)u(\boldsymbol{r}) = -\rho(\boldsymbol{r}) \tag{9.4.29}$$

のように散乱体のあるところまで拡張して解く方法であり，もう1つは散乱体の表面 s 上で境界条件を与えて(9.4.24)を解く方法である．(9.2.9)から前者の場合は

$$u(\boldsymbol{r}) = u_0(\boldsymbol{r}) + \int G(\boldsymbol{r}, \boldsymbol{r}')\rho(\boldsymbol{r}')d\boldsymbol{r}' \tag{9.4.30}$$

のように，後者の場合には

$$\begin{aligned} u(\boldsymbol{r}) - u_0(\boldsymbol{r}) = \int_s d\sigma' \boldsymbol{n} \cdot \{&G(\boldsymbol{r}', \boldsymbol{r})\nabla'(u(\boldsymbol{r}') - u_0(\boldsymbol{r}')) \\ &-(u(\boldsymbol{r}') - u_0(\boldsymbol{r}'))\nabla' G(\boldsymbol{r}', \boldsymbol{r})\} \end{aligned} \tag{9.4.31}$$

のように表わすことができる．$u_0(\boldsymbol{r})$ は同次方程式の解である．後者の場合には一般にある表面 s に対して Dirichlet なり Neumann 問題に適合する Green 関数を求めることは難しい．しかし近似的にもし s 上で u も ∇u も与えることができたら G として G^∞ を用いてもよい．$u_0(\boldsymbol{r}) = e^{ikz}$ ととり，G として(9.2.10)の外向きのものをとると(9.4.30)も(9.4.31)もともに

$$u(\boldsymbol{r}) \xrightarrow[r \to \infty]{} e^{ikz} + \frac{f(\theta)}{r} e^{ikr}$$

の形になる．このとき(9.4.30)の場合は

$$f(\theta)=\frac{1}{4\pi}\int e^{-ik\boldsymbol{r}\cdot\boldsymbol{r}'/r}\rho(\boldsymbol{r}')d\boldsymbol{r}' \tag{9.4.32}$$

であり，(9.4.31)の場合は

$$f(\theta)=\frac{1}{4\pi}\int_s d\sigma' e^{-ik\boldsymbol{r}\cdot\boldsymbol{r}'/r} \times\left\{\boldsymbol{n}\cdot\nabla'(u(\boldsymbol{r}')-u_0(\boldsymbol{r}'))+ik(u(\boldsymbol{r}')-u_0(\boldsymbol{r}'))\frac{\boldsymbol{n}\cdot\boldsymbol{r}}{r}\right\} \tag{9.4.33}$$

として計算することができる．

量子力学の場合にポテンシャル $V(\boldsymbol{r})$ による散乱を扱うには，(9.4.29)の代りに

$$(\Delta+k^2)\phi(\boldsymbol{r})=\frac{2\mu}{\hbar^2}V(\boldsymbol{r})\phi(\boldsymbol{r}) \tag{9.4.34}$$

を解けばよい．このときは(9.4.32)の代りに

$$f(\theta)=-\frac{\mu}{2\pi\hbar^2}\int e^{-ik\boldsymbol{r}\cdot\boldsymbol{r}'/r}V(\boldsymbol{r}')\phi(\boldsymbol{r}')d\boldsymbol{r}' \tag{9.4.35}$$

となるが，これでは右辺に未知関数 $\phi(\boldsymbol{r}')$ が入っているので解いたことにはならない．例えば Born 近似においてはこの $\phi(\boldsymbol{r}')$ を入射平面波 e^{ikz} でおきかえるので，このとき

$$f_{\mathrm{Born}}(\theta)=-\frac{\mu}{2\pi\hbar^2}\int e^{-ik\boldsymbol{r}\cdot\boldsymbol{r}'/r}V(\boldsymbol{r}')e^{ikz'}d\boldsymbol{r}' \tag{9.4.36}$$

が得られる．これは定数を除いて $V(\boldsymbol{r}')$ の波数ベクトルの差 $\boldsymbol{K}=k(\boldsymbol{r}/r-\boldsymbol{e}^{(z)})$ に対する Fourier 成分にほかならない．$\hbar\boldsymbol{K}$ は運動量変化を表わしている．

(9.4.35)で $V(\boldsymbol{r}')=a\delta(\boldsymbol{r}')$ であれば

$$f(\theta)=-\frac{\mu a}{2\pi\hbar^2}\phi(\boldsymbol{0})=\text{定数} \tag{9.4.37}$$

であり，(9.4.36)で $V(\boldsymbol{r}')=e^2/r'$ であれば

$$f_{\mathrm{Born}}(\theta)=-\frac{2\mu e^2}{\hbar^2K^2} \tag{9.4.38}$$

となる．

c) 熱 伝 導

いろいろの方法を比較するために§8.5 c)に続いて三度[例題7.4.6]の(iii)を考えよう．すなわち地表の温度変化が $T_0+T_1\cdot\cos\omega t$ であるときの地中の温度分布を求める．これは1次元の熱伝導で，$x=0$ で温度を与えるDirichlet問題であるから，(9.2.18)のGreen関数

$$G(x,t,x',t')=\frac{\kappa}{2\sqrt{\pi(t-t')}}\left[e^{-|x-x'|^2/4\kappa^2(t-t')}-e^{-|x+x'|^2/4\kappa^2(t-t')}\right]$$

を用いればよい．$u(x,t)=T(x,t)-T_0$ に対して(9.2.16)から

$$\begin{aligned}u(x,t)&=\int_0^t T_1\cos\omega t'\left.\frac{\partial G(x,t,x',t')}{\partial x'}\right|_{x'=0}dt'\\&\quad+\frac{1}{\kappa^2}\int_0^\infty G(x,t,x',0)u(x',0)dx'\\&=\frac{T_1x}{2\sqrt{\pi\kappa^2}}\int_0^t\frac{1}{(t-t')^{3/2}}e^{-x^2/4\kappa^2(t-t')}\cos\omega t'dt'\\&\quad+\frac{1}{2\sqrt{\pi\kappa^2t}}\int_0^\infty(e^{-(x-x')^2/4\kappa^2t}-e^{-(x+x')^2/4\kappa^2t})u(x',0)dx'\end{aligned}$$

となり，(8.5.36)と一致する．

これを第7章や第8章の解法と比較すると，もし表9.2にあげられたような形の境界条件に対する解を求めるのであれば，Green関数の方法はただちに解を積分形で書き表わせるという点で非常に強力な方法であることがわかる．

d) 自由粒子の波束の拡り

自由粒子のSchrödinger方程式を

$$\left(\frac{\partial}{\partial t}-\frac{i\hbar}{2m}\Delta\right)\phi(\boldsymbol{r},t)=0$$

とかくと，これは形式的に熱伝導方程式で $\kappa^2=i\hbar/2m$ とおいたものである．したがって Green 関数として(9.2.17)から

$$G(\boldsymbol{r},t,\boldsymbol{r}',t')=\frac{i\hbar}{2m}\left(\frac{m}{2i\hbar\pi(t-t')}\right)^{3/2}e^{im|\boldsymbol{r}-\boldsymbol{r}'|^2/2\hbar(t-t')}\theta(t-t')$$

が得られる．

初期波束が

$$\phi(\boldsymbol{r},0)=\frac{1}{(\pi\delta^2)^{3/4}}e^{-r^2/2\delta^2+ipx/\hbar}$$

であるとすると，(9.2.16)から

$$\begin{aligned}\phi(\boldsymbol{r},t)&=\left(\frac{m}{2i\hbar\pi t}\right)^{3/2}\frac{1}{(\pi\delta^2)^{3/4}}\int e^{im|\boldsymbol{r}-\boldsymbol{r}'|^2/2\hbar t}e^{-r'^2/2\delta^2+ipx'/\hbar}d\boldsymbol{r}'\\&=\frac{1}{\pi^{3/4}\delta^{3/2}(1+i\hbar t/m\delta^2)^{3/2}}\exp\left[\frac{-(x-pt/m)^2-y^2-z^2}{2\delta^2\{1+(\hbar t/m\delta^2)^2\}}\right.\\&\qquad\left.+(\text{純虚数})\right]\end{aligned}$$

となる．これから波束の中心は $x=pt/m$，$y=z=0$ であり，波束の拡りは $\delta\{1+(\hbar t/m\delta^2)^2\}^{1/2}$ の程度であることがわかる．

e) 荷電粒子の作るポテンシャル

運動する点電荷の作るスカラーポテンシャル $\phi(\boldsymbol{r},t)$ を求めてみよう．点電荷の位置を $\boldsymbol{q}(t)$，電荷を e とすると，$\phi(\boldsymbol{r},t)$ の充たす方程式は

$$\Box\phi(\boldsymbol{r},t)=-\frac{1}{\varepsilon_0}\rho(\boldsymbol{r},t)=-\frac{e}{\varepsilon_0}\delta(\boldsymbol{r}-\boldsymbol{q}(t))$$

である．波動方程式の Green 関数

$$G(\boldsymbol{r},t,\boldsymbol{r}',t')=\frac{1}{4\pi|\boldsymbol{r}-\boldsymbol{r}'|}\delta\left(t-t'-\frac{|\boldsymbol{r}-\boldsymbol{r}'|}{c}\right)$$

を用いると，(9.2.21)から

$$\phi(\boldsymbol{r},t) = \int_{-\infty}^{t} dt' \int d\boldsymbol{r}' \frac{e\delta(\boldsymbol{r}'-\boldsymbol{q}(t'))}{4\pi\varepsilon_0|\boldsymbol{r}-\boldsymbol{r}'|}\delta\left(t-t'-\frac{|\boldsymbol{r}-\boldsymbol{r}'|}{c}\right)$$

$$= \frac{e}{4\pi\varepsilon_0}\int_{-\infty}^{t} dt' \frac{1}{|\boldsymbol{r}-\boldsymbol{q}(t')|}\delta\left(t-t'-\frac{|\boldsymbol{r}-\boldsymbol{q}(t')|}{c}\right)$$

とかける.

ここで $p=t-t'-|\boldsymbol{r}-\boldsymbol{q}(t')|/c$ とおいて t' から p に変数変換を行なって計算すると

$$\phi(\boldsymbol{r},t) = \frac{e}{4\pi\varepsilon_0}\frac{1}{|\boldsymbol{r}-\boldsymbol{q}(\bar{t})|-\dfrac{1}{c}\dfrac{d\boldsymbol{q}}{dt}(\bar{t})\cdot(\boldsymbol{r}-\boldsymbol{q}(\bar{t}))}$$

が得られる．これを Lienard–Wiechert ポテンシャルという．ここで $\bar{t}$ は

$$\bar{t} = t-\frac{1}{c}|\boldsymbol{r}-\boldsymbol{q}(\bar{t})|$$

を充たす時刻を表わし，**遅延時刻**(retarded time)という.

Green 関数についてのくわしい議論は参考書(11)を参照されたい.

第10章　球関数展開

§10.1　有効な場合

ある物理量 $u(\boldsymbol{r})$ が Δu を含む線形偏微分方程式，例えば Helmholtz 方程式

$$(\Delta+c)u(\boldsymbol{r}) = 0 \tag{10.1.1}$$

を充たしているとしよう．Fourier 級数展開が有効であったのは回転対称性を持つ問題での球座標以外は，すべてカルテシアン座標が定数であるような境界面を持つ境界条件に対してであった．ここでは球座標 (r, θ, φ) において境界面 $r=$定数，$\theta=$定数，$\varphi=$定数 で境界条件が与えられたとしよう．このとき $u(\boldsymbol{r})=R(r)\cdot\Theta(\theta)\Phi(\varphi)$ とおいて変数分離を行なうと，λ_1, λ_2 を分離定数として次の3つの方程式が得られる．

$$\frac{d^2\Phi(\varphi)}{d\varphi^2}+\lambda_1\Phi(\varphi) = 0 \tag{10.1.2}$$

$$\frac{1}{\sin\theta}\frac{d}{d\theta}\left(\sin\theta\frac{d\Theta(\theta)}{d\theta}\right)-\left(\frac{\lambda_1}{\sin^2\theta}-\lambda_2\right)\Theta(\theta) = 0 \tag{10.1.3}$$

$$r\frac{d^2}{dr^2}rR(r)+(cr^2-\lambda_2)R(r) = 0 \tag{10.1.4}$$

λ_1, λ_2 の各組に対して(10.1.2)～(10.1.4)の特解の積 $R(r)\Theta(\theta)\cdot\Phi(\varphi)$ を作り，さらに λ_1, λ_2 のいくつかの組に対するその特解の積の1次結合をとったものは(10.1.1)の解である．変数分離法とは，その1次結合を適当にとることによって境界条件を充たすようにする方法である．この方法が有効となるのは，例えば $\varphi=$定数，

$\theta=$定数 のような境界面がないか，あってもその面上で $u(\boldsymbol{r})=0$ とか $\partial u/\partial\varphi=0$ または $\partial u/\partial\theta=0$ のような境界条件が与えられているときである．このときそこで $\Phi=0$, $\Theta=0$ とか $d\Phi/d\varphi=0$ または $d\Theta/d\theta=0$ にとれば積 $R(r)\Theta(\theta)\Phi(\varphi)$ さらにはその 1 次結合は自動的にこれらの境界条件を充たし，残りの $r=$定数 の面上での境界条件を積の 1 次結合を適当に選ぶことによって充たさせるという手続きとなる．

本書では境界面が球か半球の表面である場合に話を限ることにしよう(補遺 A. 2 参照)．(10. 1. 2) は物理量の 1 価性を仮定すれば，固有値 $\lambda_1=m^2$ (m 整数) に対して固有関数

$$\Phi_m(\varphi) = e^{im\varphi} \tag{10. 1. 5}$$

を与える．この λ_1 を用い，$\cos\theta=z$ と変数変換を行なえば，$\Theta(\theta)=\chi(z)$ の充たす方程式は (10. 1. 3) から

$$\left[\frac{d}{dz}(1-z^2)\frac{d}{dz}-\left(\frac{m^2}{1-z^2}-\lambda_2\right)\right]\chi(z) = 0 \tag{10. 1. 6}$$

となり，(A. 2. 3) の方程式となる．例として球面 ($r=a$) 上で $u(\boldsymbol{r})$ を与えて解く問題を考えよう．$z=\pm 1$ で物理量が有界であるという条件をつければ，これは補遺 A. 2 で述べた非正則境界条件に対する Sturm–Liouville 問題であり，固有値 $\lambda_2=n(n+1)$ (n は $n\geq|m|$ を充たす整数) に対して固有関数として (C. 8) で定義される $P_n{}^m(z)$ を与える．この λ_2 を (10. 1. 4) に代入すると

$$\left\{r\frac{d^2}{dr^2}r+cr^2-n(n+1)\right\}R_{nm}(r) = 0 \tag{10. 1. 7}$$

となる．変数分離法の立場に立つと特解の積の 1 次結合

$$u(\boldsymbol{r}) = \sum_{n=0}^{\infty}\sum_{m=-n}^{n} R_{nm}(r)P_n{}^m(\cos\theta)e^{im\varphi} \tag{10. 1. 8}$$

は (10. 1. 1) の解であり，$R_{nm}(r)$ を適当に定めて球面上での境界条件を充たさせるという手続きとなる．

一方，解(10.1.8)をFourier級数展開で述べてきた固有関数系による展開という立場に立って見てみよう．$(0\leq\varphi\leq 2\pi)$で定義されたφの関数に対して$\{e^{im\varphi}\}$は完全系を作る．$(0\leq\theta\leq\pi)$で定義されたθの関数に対して(A.2.4)すなわち$\{P_n{}^m(\cos\theta)\}$ $(n=|m|, |m|+1, |m|+2, \cdots)$が完全系をつくる．したがって$(0\leq\varphi\leq 2\pi, 0\leq\theta\leq\pi)$で定義される$\theta, \varphi$の関数$u(\boldsymbol{r})$は性質があまり悪くなければ(10.1.8)のように展開できるのである．ただしこの段階では$R_{nm}(r)$は(10.1.7)の解としてではなく，展開係数

$$R_{nm}(r) = \frac{(2n+1)(n-m)!}{4\pi(n+m)!}\int_0^{2\pi}d\varphi\int_0^{\pi}\sin\theta d\theta u(\boldsymbol{r})P_n{}^m(\cos\theta)e^{-im\varphi}$$

$$= \frac{(2n+1)(n-m)!}{4\pi(n+m)!}R'_{nm}(r) \qquad (10.1.9)$$

として定義される．これが充たす方程式を求めるには，方程式(10.1.1)に$e^{-im\varphi}P_n{}^m(z)$をかけ，φについて0から2π，zについて-1から1まで積分すればよい，すると(10.1.7)が充たされていることがわかる．これはφ, zについての部分積分において，φについての周期性と$z=\pm 1$で$u, \partial u/\partial z$の性質が悪くないことを用いたとき表面積分の寄与が消えるからである．

つぎに例として半球$(0\leq z\leq 1)$面上で境界値が与えられ，底面で$u=0$または$\partial u/\partial z=0$の場合を考えよう．変数分離法の立場では，(10.1.6)を$z=1$で有界で$z=0$で$\chi=0$または$d\chi/dz=0$を充たす解を求める．これは固有値$\lambda_2=n(n+1)$に対してそれぞれ(A.2.9) $\{P_n{}^m(z)\}$ $(n=|m|+1, |m|+3, \cdots)$または(A.2.8) $\{P_n{}^m(z)\}$ $(n=|m|, |m|+2, \cdots)$という固有関数系を与える．こうして，(10.1.7)の特解を用い

$$u(\boldsymbol{r}) = \sum_{n=|m|+1+2s} R_{nm}(r)P_n{}^m(\cos\theta)e^{im\varphi} \quad (10.1.10)$$

または

$$u(\boldsymbol{r}) = \sum_{n=|m|+2s} R_{nm}(r) P_n{}^m(\cos\theta) e^{im\varphi} \qquad (10.1.11)$$

で解を表わし，$R_{nm}(r)$ を適当に定めることで半球面上での境界条件を充たさせるのである．(10.1.10)，(10.1.11)の和は s を 0 または正の整数としてその条件の範囲での和という意味である．

一方(10.1.10)，(10.1.11)を固有関数系による展開という立場から見てみよう．(A.2.9)，(A.2.8)からわかるように，$(0\leq\varphi\leq 2\pi, 0\leq\theta\leq\pi/2)$ で定義された θ,φ の関数に対して，$\{P_n{}^m(\cos\theta)e^{im\varphi}\}$ $(n=|m|+1, |m|+3, \cdots)$ または $\{P_n{}^m(\cos\theta)e^{im\varphi}\}$ $(n=|m|, |m|+2, \cdots)$ は完全系を作る．(10.1.10)，(10.1.11)はそれらの関数系による展開であり，展開係数は

$$\begin{aligned} R_{nm}(r) &= \frac{(2n+1)(n-m)!}{2\pi(n+m)!}\int_0^{2\pi} d\varphi \int_0^1 dz e^{-im\varphi} P_n{}^m(z) u(r,z,\varphi) \\ &= \frac{(2n+1)(n-m)!}{2\pi(n+m)!} R'_{nm}(r) \qquad (10.1.12) \end{aligned}$$

で定義される．$R_{nm}(r)$ の充たす方程式を求めるために

$$\begin{aligned} &\int_0^{2\pi} d\varphi \int_0^1 dz \left[\frac{\partial}{\partial z}(1-z^2)\frac{\partial}{\partial z} + \frac{1}{1-z^2}\frac{\partial^2}{\partial\varphi^2}\right] u(r,z,\varphi) \\ &\quad \times e^{-im\varphi} P_n{}^m(z) \\ &= \left[P_n{}^m(z)(1-z^2)\int_0^{2\pi} d\varphi e^{-im\varphi}\frac{\partial u(r,z,\varphi)}{\partial z}\right]_{z=0}^{z=1} \\ &\quad - \int_0^1 dz \frac{dP_n{}^m(z)}{dz}(1-z^2)\frac{\partial}{\partial z}\int_0^{2\pi} d\varphi e^{-im\varphi} u(r,z,\varphi) \\ &\quad + \left[e^{-im\varphi}\frac{\partial}{\partial\varphi}\int_0^1 dz \frac{1}{1-z^2} P_n{}^m(z) u(r,z,\varphi)\right]_{\varphi=0}^{\varphi=2\pi} \\ &\quad - \int_0^{2\pi} d\varphi (-im) e^{-im\varphi}\frac{\partial}{\partial\varphi}\int_0^1 dz \frac{1}{1-z^2} P_n{}^m(z) u(r,z,\varphi) \\ &= -P_n{}^m(0)\int_0^{2\pi} d\varphi e^{-im\varphi}\frac{\partial u}{\partial z}(r,0,\varphi) \end{aligned}$$

$$-\left[\frac{dP_n{}^m(z)}{dz}(1-z^2)\int_0^{2\pi} d\varphi e^{-im\varphi}u(r,z,\varphi)\right]_{z=0}^{z=1}$$
$$+\int_0^1 dz\left\{\frac{\partial}{\partial z}(1-z^2)\frac{\partial P_n{}^m(z)}{\partial z}\right\}\int_0^{2\pi} d\varphi e^{-im\varphi}u(r,z,\varphi)$$
$$+im\left[e^{-im\varphi}\int_0^1 dz\frac{1}{1-z^2}P_n{}^m(z)u(r,z,\varphi)\right]_{\varphi=0}^{\varphi=2\pi}$$
$$-m^2\int_0^{2\pi} d\varphi\int_0^1 dze^{-im\varphi}P_n{}^m(z)\frac{1}{1-z^2}u(r,z,\varphi)$$
$$=-P_n{}^m(0)\int_0^{2\pi} d\varphi e^{-im\varphi}\frac{\partial u}{\partial z}(r,0,\varphi)$$
$$+\frac{dP_n{}^m}{dz}(0)\int_0^{2\pi} d\varphi e^{-im\varphi}u(r,0,\varphi)$$
$$-n(n+1)\int_0^{2\pi} d\varphi\int_0^1 dze^{-im\varphi}P_n{}^m(z)u(r,z,\varphi)$$
$$(10.1.13)$$

と計算しておく．ここでuの1価性(φについての周期性)と$P_n{}^m(z)$についての方程式を用いた．(10.1.13)を用いると，展開(10.1.10)では$P_n{}^m(0)=0$であるから

$$\left[\frac{1}{r}\frac{d^2}{dr^2}r+c-\frac{n(n+1)}{r^2}\right]R'_{nm}(r)$$
$$=-\frac{1}{r^2}\frac{dP_n{}^m}{dz}(0)\int_0^{2\pi} d\varphi e^{-im\varphi}u(r,0,\varphi)$$
$$(10.1.14)$$

が，また展開(10.1.11)では$\frac{dP_n{}^m}{dz}(0)=0$であるから

$$\left[\frac{1}{r}\frac{d^2}{dr^2}r+c-\frac{n(n+1)}{r^2}\right]R'_{nm}(r)$$
$$=\frac{1}{r^2}P_n{}^m(0)\int_0^{2\pi} d\varphi e^{-im\varphi}\frac{\partial u}{\partial z}(r,0,\varphi) \quad (10.1.15)$$

が成り立つことがわかる．変数分離法のときのように$u(r,0,\varphi)$

$=0$ または $\dfrac{\partial u}{\partial z}(r,0,\varphi)=0$ の場合には，展開(10.1.10)または(10.1.11)をとることにより，それらの展開係数 $R_{nm}(r)$ の方程式は(10.1.7)と等しくなる．しかし一般の境界条件，$u(r,0,\varphi)$ または $\dfrac{\partial u}{\partial z}(r,0,\varphi)$ が与えられているときは変数分離法は一般に有効な方法となり得ないが，球関数展開の方法では展開係数 $R_{nm}(r)$ を方程式(10.1.14)または(10.1.15)の解として求めることができるのである．

このことは半球にともなう境界条件の場合には，球関数展開による方法の方が変数分離の方法よりも広い適用範囲を持っていることを示している．そしてその理由はちょうど Fourier 級数のときがそうであったように，方程式を変換して得られる係数(他の変数についての関数)の充たす方程式が，非同次項として自動的に境界値の影響をとり入れることができる点にある．

以上の考えをまとめてみると，Δ を含む線形偏微分方程式を球面または半球面にともなう境界面上で境界条件を与えて解くという問題に対しては，変数 θ についての展開として表 10.1 のよう

表 10.1

境界条件	領域	有効な関数系
球面上で u または $\partial u/\partial r$ を与える	$-1\leq z\leq 1$	$\{P_n{}^m(z)\}$ $(n=\lvert m\rvert, \lvert m\rvert+1, \lvert m\rvert+2, \cdots)$
半球面上で u または $\partial u/\partial r$ を, 半球の底面で u を 与える	$0\leq z\leq 1$	$\{P_n{}^m(z)\}$ $(n=\lvert m\rvert+1, \lvert m\rvert+3, \cdots)$
半球面上で u または $\partial u/\partial r$ を, 半球の底面で $\partial u/\partial z$ を 与える	$0\leq z\leq 1$	$\{P_n{}^m(z)\}$ $(n=\lvert m\rvert, \lvert m\rvert+2, \cdots)$

な関数系による展開が有効である場合が多い．これらを一般に球関数展開という．

ここで注意すべきことは，θ の関数に対してそれぞれ特定の m に対する関数列 $\{P_n{}^m(\cos\theta)\}$ が完全系を作っていることである．与えられた境界条件によって φ への依存の仕方が明らかな場合には，特定の m に対する展開だけを用いればよい．例えば始めから φ によらないこと，すなわち軸対称であることがわかっていれば $\{P_n{}^0(\cos\theta)=P_n(\cos\theta)\}$ を用いた展開

$$u(\boldsymbol{r}) = \sum_{n=0}^{\infty} R_n(r) P_n(\cos\theta) \tag{10.1.16}$$

によって $R_n(r)$ の充たす方程式を求めればよいのである．

またこれらの展開は単に数学的に完全系で展開できるというだけではなく，ちょうど Fourier 積分変換のときに各成分 $\hat{f}(\boldsymbol{k})$ に対して波数ベクトル $\boldsymbol{k}$ または運動量 $\hbar\boldsymbol{k}$ の部分というような物理的意味を付すことができたと同様に $P_n{}^m(\cos\theta)e^{im\varphi}$ に対しても物理的意味を持たせることができる．まずある n, m の組に対して特徴ある角度分布が対応し，また後に示すように多重極というような物理的な概念とも直接結びつく．また量子力学における角運動量演算子を $\boldsymbol{L}$ とすると

$$\begin{aligned}
&\boldsymbol{L}^2 P_n{}^m(\cos\theta)e^{im\varphi} \\
&\quad = -\hbar^2\left[\frac{1}{\sin\theta}\frac{\partial}{\partial\theta}\left(\sin\theta\frac{\partial}{\partial\theta}\right)+\frac{1}{\sin^2\theta}\frac{\partial^2}{\partial\varphi^2}\right]P_n{}^m(\cos\theta)e^{im\varphi} \\
&\quad = \hbar^2 n(n+1)P_n{}^m(\cos\theta)e^{im\varphi}
\end{aligned} \tag{10.1.17}$$

$$L_z P_n{}^m(\cos\theta)e^{im\varphi} = \frac{\hbar}{i}\frac{\partial}{\partial\varphi}P_n{}^m(\cos\theta)e^{im\varphi} = \hbar m P_n{}^m(\cos\theta)e^{im\varphi} \tag{10.1.18}$$

から，$P_n{}^m(\cos\theta)e^{im\varphi}$ は角運動量の大きさの2乗の固有値が，$\hbar^2 n(n+1)$，角運動量の z 方向の成分の固有値が $\hbar m$ である状態を

示している．すなわちこの展開の $P_n{}^m(\cos\theta)e^{im\varphi}$ の項は角運動量の定まった項に対応しているのである．このように，それぞれの場合に角分布・多重極・角運動量などと解釈しながら取り扱えることも球関数展開の1つの利点である．

§10.2 応 用 例

a) ポテンシャルを求める問題

荷電分布がない空間での静電ポテンシャル，質量分布がない空間での重力のポテンシャル，完全流体の速度ポテンシャルの充たす Laplace 方程式は

$$\Delta u(\boldsymbol{r}) = 0 \tag{10.2.1}$$

である．このとき展開(10.1.8)における $R_{nm}(r)$ の充たす方程式は(10.1.7)で $c=0$ にとったもの，すなわち

$$r\frac{d^2}{dr^2}rR(r)-n(n+1)R(r) = 0 \tag{10.2.2}$$

であった．(10.2.2)の2つの独立解は r^n と r^{-n-1} である．したがってこのとき展開(10.1.8)は

$$\begin{aligned} u(\boldsymbol{r}) &= \sum_{n=0}^{\infty}\sum_{m=-n}^{n}(A_{nm}r^n+B_{nm}r^{-n-1})P_n{}^m(\cos\theta)e^{im\varphi} \\ &= \sum_{n=0}^{\infty}(A_nr^nY_n+B_nr^{-n-1}Y_n') \end{aligned} \tag{10.2.3}$$

と書ける．ここで Y_n, Y_n' は

$$\begin{aligned} &\sum_{m=-n}^{n}C_{nm}Y_n{}^m(\theta,\varphi) \\ &\quad = \sum_{m=-n}^{n}C_{nm}\left[\frac{(2n+1)(n-m)!}{4\pi(n+m)!}\right]^{1/2}P_n{}^m(\cos\theta)e^{im\varphi} \end{aligned} \tag{10.2.4}$$

のように $Y_n{}^m(\theta,\varphi)$ の n を固定した1次結合で表わされる関数の

総称であり n 次**球面調和関数**とよばれる．$P_n{}^m, e^{im\varphi}$ の完全性から $Y_n{}^m(\theta,\varphi)$ は球面上で正規完全直交系を作る．すなわち

$$\int_0^{2\pi} d\varphi \int_0^{\pi} \sin\theta d\theta\, Y_n{}^m(\theta,\varphi)^* Y_s{}^t(\theta,\varphi) = \delta_{ns}\delta_{mt} \tag{10.2.5}$$

が成立し，性質のよい関数 $f(\theta,\varphi)$ は

$$f(\theta,\varphi) = \sum_{n=0}^{\infty}\sum_{m=-n}^{n} C_{nm} Y_n{}^m(\theta,\varphi) \tag{10.2.6}$$

$$C_{nm} = \int_0^{2\pi} d\varphi \int_0^{\pi} \sin\theta d\theta\, Y_n{}^m(\theta,\varphi)^* f(\theta,\varphi) \tag{10.2.7}$$

のように展開できる．

(10.2.3)から出発すると球面上でポテンシャルを与えたり，電荷分布を与えたりしてポテンシャルを求める問題は，これらの境界条件を充たすようにいかに(10.2.3)の係数 A_{nm}, B_{nm} をきめるかという問題となる．

［例題 10.2.1］ 完全流体の一様な流れのなかに半径 a の球があるときの速度分布を求めよ．

［解］ 速度ポテンシャル $\phi(\boldsymbol{r})$ の充たす方程式は(10.2.1)である．遠方で速度 $U\boldsymbol{e}^{(z)}$ の一様流という条件

$$\lim_{r\to\infty} v(\boldsymbol{r}) = \lim_{r\to\infty}\{-\mathrm{grad}\,\phi(\boldsymbol{r})\} = U\boldsymbol{e}^{(z)}$$

を充たすためには

$$\lim_{r\to\infty}\phi(\boldsymbol{r}) = -Uz$$

であればよい．球の表面では表面に垂直な速度成分は 0 であるから

$$v_n(r=a) = -\left.\frac{\partial\phi(\boldsymbol{r})}{\partial r}\right|_{r=a} = 0$$

でなければならない．

問題はz軸を対称軸として持つのでφによらない．すなわちφによらない(10.2.1)の解は(10.2.3)から

$$\phi(\boldsymbol{r}) = \sum_{n=0}^{\infty}(A_n r^n + B_n r^{-n-1})P_n(\cos\theta)$$

と展開できる．$r\to\infty$での境界条件を充たすためには

$$A_n = 0 \ (n\geq 2), \qquad A_1 = -U$$

であればよい．P_nの直交性から$r=a$での境界条件は展開の各項で充たされていなければならない．かくして

$$A_1 - 2B_1 a^{-3} = 0, \qquad B_n = 0 \ (n\geq 2), \qquad B_0 = 0$$

が得られる．A_0はϕに定数を加えるだけであるので0にとれるから

$$\phi(\boldsymbol{r}) = -U\left(r + \frac{a^3}{2}\frac{1}{r^2}\right)\cos\theta$$

が得られる．速度分布は

$$v_r = -\frac{\partial\phi}{\partial r} = U\left(1-\frac{a^3}{r^3}\right)\cos\theta$$

$$v_\theta = -\frac{1}{r}\frac{\partial\phi}{\partial\theta} = -U\left(1+\frac{a^3}{2r^3}\right)\sin\theta$$

となる．▌

b) 球または半球内の熱伝導

この小節では球または半球内の定常的な熱伝導を例にとって§10.1の補足をしよう．球座標r, θ, φを用い，$z=\cos\theta$とおくと，定常的な温度分布$T(r, z, \varphi)$は

$$\Delta T(r,z,\varphi) = \left[\frac{1}{r}\frac{\partial^2}{\partial r^2}r + \frac{1}{r^2}\frac{\partial}{\partial z}(1-z^2)\frac{\partial}{\partial z} + \frac{1}{r^2(1-z^2)}\frac{\partial^2}{\partial\varphi^2}\right] \times T(r,z,\varphi) = 0 \tag{10.2.8}$$

を充たす．まず球面上で境界値$T(a, z, \varphi)$を与えて解く問題を考

えると，(10.2.3)のように解を

$$T(r,z,\varphi)=\sum_{n=0}^{\infty}\sum_{m=-n}^{n}(A_{nm}r^{n}+B_{nm}r^{-n-1})P_{n}{}^{m}(z)e^{im\varphi} \tag{10.2.9}$$

とかき，係数 A_{nm}, B_{nm} を境界条件に合うように定めればよい．実際全球面上で境界値が与えられているときにはこの手続きで簡単に解がきまる．しかし半球面上と底面上で境界値が与えられたような場合には表10.1にしたがって展開(10.1.10)をとり係数 $R_{nm}(r)$ を方程式(10.1.14)を解いて定めるのが有効な方法である．ここで注意しておきたいのは，たとえこの半球の問題でも，(10.2.9)はともかく方程式(10.2.8)の解になっているのであるから，なぜこの場合も(10.2.9)を用いないかということである．その理由は$(0\leq z\leq 1)$の領域では$\{P_n{}^m(z)\}(n=|m|, |m|+1, |m|+2, \cdots)$は完全系より余分であり，したがって直交系でもなく互いに1次独立にもならないからである．この点については後に[例題10.2.3]でもふれることにする．ただこの半球の問題でも底面の温度が0であれば方程式(10.1.14)は同次方程式となり，形式的に(10.2.9)で和を $n=|m|+1, |m|+3, \cdots$ に限ったもので簡単に解を定められる．これは対称性から z について奇関数で下半球にまで拡張して考えたとしてもよい．一般に底面の温度が0でない条件のときには表10.1から見いだした展開(10.1.10)は $T(r,0,\varphi)=0$ を与える．したがって境界条件とは一見矛盾する．しかしこのときは Fourier sine 変換の場合と同様に $z=0$ での収束性が悪いので，$z\neq 0$ では近似として有限項をとっても役に立つのである．

[例題10.2.2]　同心球 $r=a, b\ (a>b)$ の球面上で，温度が

$$T(a,z,\varphi)=0, \qquad T(b,z,\varphi)=(1-z^2)^{1/2}\cos\varphi=\sin\theta\cos\varphi$$

で与えられているとき，2球面の間の温度分布を求めよ．

［解］　これは全球面上で温度が与えられている素直な問題である．したがって(10.2.9)の展開係数を境界条件

$$0=\sum_{n=0}^{\infty}\sum_{m=-n}^{n}(A_{nm}a^n+B_{nm}a^{-n-1})P_n{}^m(z)e^{im\varphi} \qquad (10.2.10)$$

$$(1-z^2)^{1/2}\cos\varphi=\sum_{n=0}^{\infty}\sum_{m=-n}^{n}(A_{nm}b^n+B_{nm}b^{-n-1})P_n{}^m(z)e^{im\varphi} \qquad (10.2.11)$$

から定めればよい．これらは$(-1\leq z\leq 1)$, $(0\leq\varphi\leq 2\pi)$で成立するので，これに$P_n{}^m(z)e^{-im\varphi}$をかけてその領域で積分すれば，係数についての関係式が得られる．あるいは，$(1-z^2)^{1/2}=P_1{}^1(z)=-2P_1{}^{-1}(z)$を考慮すると，$P_n{}^m(z)e^{im\varphi}$の直交性からただちに

$$0=A_{nm}a^n+B_{nm}a^{-n-1}$$

$$\left.\begin{matrix}1/2\\-1\end{matrix}\right\}=(A_{1m}b+B_{1m}b^{-2}) \qquad (m=\pm 1)$$

$$0=(A_{nm}b^n+B_{nm}b^{-n-1}) \qquad (n\neq 1\ \text{または}\ n=1\ m=0)$$

が得られるので，係数は

$$\left.\begin{matrix}2\\-1\end{matrix}\right\}A_{1m}=\left(b-\frac{a^3}{b^2}\right)^{-1}, \qquad B_{1m}=-a^3A_{1m} \qquad (m=\pm 1)$$

$$A_{nm}=B_{nm}=0 \qquad (n\neq 1\ \text{または}\ n=1\ m=0)$$

となり，定常温度分布は

$$T(r,z,\varphi)=\frac{1}{2}\left(b-\frac{a^3}{b^2}\right)^{-1}\left(r-\frac{a^3}{r^2}\right)P_1{}^1(z)(e^{i\varphi}+e^{-i\varphi})$$

$$=\left(b-\frac{a^3}{b^2}\right)^{-1}\left(r-\frac{a^3}{r^2}\right)\sin\theta\cos\varphi$$

となる．▌

［例題 10.2.3］　半径aの半球$(0\leq z\leq 1)$の底面で$T(r,0,\varphi)=r\cos\varphi$，球面で$T(a,z,\varphi)=a(1-z^2)^{3/2}\cos\varphi$として温度が与えられたとして，半球内の定常温度分布を求めよ．

［解］　前例題の結果からみても明らかなように，境界条件より解の φ による寄与は $T(r,z,\varphi)=\mathrm{Re}\,T(r,z)e^{i\varphi}$ の形で求まると考えられる．$T(r,z)$ の充たす方程式は

$$\left[\frac{1}{r}\frac{\partial^2}{\partial r^2}r+\frac{1}{r^2}\frac{\partial}{\partial z}(1-z^2)\frac{\partial}{\partial z}-\frac{1}{r^2(1-z^2)}\right]T(r,z)=0 \tag{10.2.12}$$

であり，境界条件は

$$T(a,z)=a(1-z^2)^{3/2},\qquad T(r,0)=r \tag{10.2.13}$$

である．表10.1から，有効な展開は $\{P_n{}^1(z)\}$ $(n=2,4,\cdots)$ によるものである．

$$R_n(r)=\int_0^1 P_n{}^1(z)T(r,z)dz \tag{10.2.14}$$

に対する方程式は，(10.2.12) に $P_n{}^1(z)$ をかけ z について0から1まで積分することにより

$$\left(\frac{1}{r}\frac{d^2}{dr^2}r-\frac{n(n+1)}{r^2}\right)R_n(r)=-\frac{1}{r^2}\frac{dP_n{}^1}{dz}(0)r \tag{10.2.15}$$

として得られる．この方程式の境界条件

$$\begin{aligned}&R_n(0)=\text{有界},\\&R_n(a)=\int_0^1 dzP_n{}^1(z)T(a,z)=-aP_n(0)+4a\int_0^1 z(1-z^2)P_n(z)dz\end{aligned} \tag{10.2.16}$$

を充たすような解を求めればよい．(10.2.15)の一般解は

$$R_n(r)=A_nr^n+B_nr^{-n-1}+\frac{\dfrac{dP_n{}^1}{dz}(0)}{n(n+1)-2}r \tag{10.2.17}$$

であり，境界条件(10.2.16)から

$$B_n = 0,$$

$$A_n = \frac{1}{a^{n-1}}\left[4\int_0^1 z(1-z^2)P_n(z)dz - P_n(0) - \frac{1}{n(n+1)-2}\frac{dP_n{}^1}{dz}(0)\right] \tag{10.2.18}$$

にとればよい．この $R_n(r)$ を用いて解が

$$T(r,z,\varphi) = \sum_{s=1}^{\infty}\frac{(4s+1)(2s-1)!}{(2s+1)!}R_{2s}(r)P_{2s}{}^1(z)\cos\varphi \tag{10.2.19}$$

と表わされる．$R_n(r)$ に現われる積分や $P_n(0)$, $\dfrac{dP_n{}^1}{dz}(0)$ は補遺 C に与えてある．▌

この解をみると $rY_n\,(n\neq 1)$ が含まれている．これは一般に $\Delta u=0$ の解が r^nY_n, $r^{-n-1}Y_n$ で書けるとした前小節の考えとはどういう関係になっているのであろうか．これは，領域 $(0\leq z\leq 1)$ では $P_n{}^m$ が 1 次独立ではないことに起因している．すなわち，$rP_1{}^1(z)e^{im\varphi}$ の $P_1{}^1(z)$ を完全系 $\{P_n{}^1(z)\}$ $(n=2,4,\cdots)$ によって展開したものがこの解(10.2.19)で rY_n となって現われてきているのである．実際

$$T'(r,z,\varphi) = T(r,z,\varphi) - rP_1{}^1(z)\cos\varphi$$

は熱伝導方程式の解であり，底面で 0 であるので簡単に奇関数として下半球に拡張することにより展開(10.2.9)から求まることがわかる．しかしさらに一般の境界条件に対してはこのように簡単には T' が求められず，むしろ始めからこのように $\{P_n{}^m(z)\}$ $(n=|m|+1, |m|+2, \cdots)$ による展開を用いた方が容易である．

c) 電気多重極

さきに $\Delta u=0$ の解が r^nY_n または $r^{-n-1}Y_n$ の形に書けることを知った．$\boldsymbol{r}'$ を原点にとった球座標で $\boldsymbol{r}$ が (R,θ,φ) で表わされるとすると，$-n-1$ 次同次ポテンシャルは

$$\frac{1}{R^{n+1}}Y_n(\theta,\varphi)=\frac{1}{|\boldsymbol{r}-\boldsymbol{r}'|^{n+1}}Y_n(\theta,\varphi) \qquad (10.2.20)$$

の形となる．一方 R^{-1} を r_α または r_α' $(\alpha=1,2,3)$ で n 回微分したものは $-n-1$ 次同次式で，かつ $\Delta u=0$ を充たす．したがって

$$\frac{1}{n!}\left(\prod_{i=1}^{n}\frac{\partial}{\partial r_{\alpha_i}'}\right)\frac{1}{|\boldsymbol{r}-\boldsymbol{r}'|}=\frac{1}{|\boldsymbol{r}-\boldsymbol{r}'|^{n+1}}Y_n(\theta,\varphi) \qquad (10.2.21)$$

が成立する．以下ではすべて r_α' で微分した後 $\boldsymbol{r}'=0$ とおく．これは始めから $\boldsymbol{r}'=0$ とおいた $R^{-1}=r^{-1}$ を $-r_\alpha$ で微分したものと同じである．このとき(10.2.21)は

$$\frac{1}{n!}\left(\prod_{i=1}^{n}\frac{-\partial}{\partial r_{\alpha_i}}\right)\frac{1}{r}=\frac{1}{r^{n+1}}Y_n(\theta,\varphi) \qquad (10.2.22)$$

となる．例をあげれば

$$\frac{-\partial}{\partial z}\frac{1}{r}=\frac{1}{r^2}\frac{z}{r}=\frac{1}{r^2}P_1(\cos\theta) \qquad (10.2.23)$$

$$\frac{1}{2!}\left(\frac{-\partial}{\partial z}\right)^2\frac{1}{r}=\frac{1}{r^3}\left\{\frac{3}{2}\left(\frac{z}{r}\right)^2-\frac{1}{2}\right\}=\frac{1}{r^3}P_2(\cos\theta) \qquad (10.2.24)$$

$$\frac{1}{2!}\left(\frac{-\partial}{\partial x}\frac{-\partial}{\partial y}\right)\frac{1}{r}=\frac{1}{r^3}\frac{1}{8i}P_2^2(\cos\theta)(e^{2i\varphi}-e^{-2i\varphi}) \qquad (10.2.25)$$

$$\frac{1}{2!}\left(\frac{-\partial}{\partial x}\frac{-\partial}{\partial z}\right)\frac{1}{r}=\frac{1}{r^3}\frac{1}{2}P_2^1(\cos\theta)(e^{i\varphi}+e^{-i\varphi}) \qquad (10.2.26)$$

などとなる．物理的にこれを考えると r^{-1} は原点に単位電荷があるときのポテンシャルであり，$\left.\dfrac{\partial}{\partial z'}\dfrac{se}{|\boldsymbol{r}-\boldsymbol{r}'|}\right|_{r'=0}$ すなわち(10.2.23)を se 倍したものは原点に z 軸方向に無限小距離 s だけ離れて $+e$, $-e$ の電荷があるときのポテンシャルである．このように考

えると $P_1 P_2 P_2{}^2 P_2{}^1$ はそれぞれ図 10.1 で表わされるような双極子，4 重極子によって作られるポテンシャル θ の分布を表わすという明確な物理的意味を与えることができる．

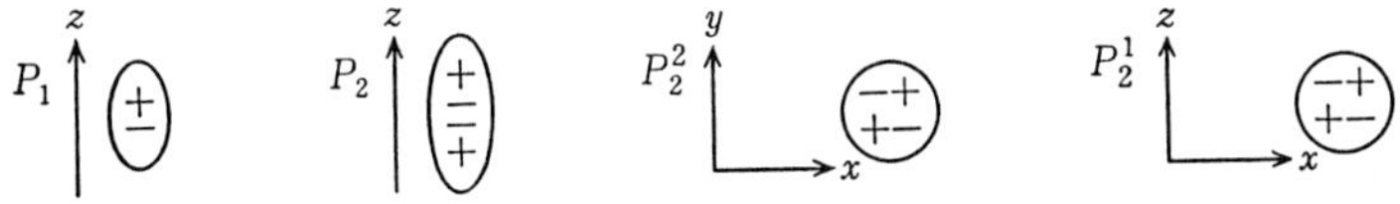

図10.1

［例題 10.2.4］　電荷分布 $\rho(\boldsymbol{r})$ の作る静電場を多重極の重ね合せとして表わせ．

［解］　電荷分布 $\rho(\boldsymbol{r})$ に対する静電ポテンシャル $V(\boldsymbol{r})$ は方程式

$$\Delta V(\boldsymbol{r}) = -\rho(\boldsymbol{r})/\varepsilon_0$$

を充たす．この解で充分遠方で 0 になるものは Green 関数 (9.2.18) の $k=0$ にしたものを用いて

$$V(\boldsymbol{r}) = \frac{1}{4\pi\varepsilon_0}\int\frac{1}{|\boldsymbol{r}-\boldsymbol{r}'|}\rho(\boldsymbol{r}')d\boldsymbol{r}' \qquad (10.2.27)$$

と書ける．ここで (C.5) の母関数展開，(C.15) の和公式をつぎつぎと用いると，

$$\begin{aligned} V(\boldsymbol{r}) &= \frac{1}{4\pi\varepsilon_0}\sum_{n=0}^{\infty}\frac{1}{r^{n+1}}\int r'^n P_n(\cos\gamma)\rho(\boldsymbol{r}')d\boldsymbol{r}' \\ &= \frac{1}{4\pi\varepsilon_0}\sum_{n=0}^{\infty}\frac{1}{r^{n+1}}\sum_{m=-n}^{n}\frac{(n-m)!}{(n+m)!}\int r'^n P_n{}^m(\cos\theta')e^{-im\varphi'} \\ &\quad \times\rho(\boldsymbol{r}')d\boldsymbol{r}'\, P_n{}^m(\cos\theta)e^{im\varphi} \end{aligned} \qquad (10.2.28)$$

となる．ここで γ は $\boldsymbol{r}$ と $\boldsymbol{r}'$ のなす角であり，r は電荷分布の拡りにくらべて充分大きいことを仮定している．$n=0, 1, 2, \cdots$ に対する項がそれぞれ単極，2 重極，4 重極，… に対する電場であり r^{-n-1} で小さくなるので充分遠方では始めの 0 ではない多重極の電場が主となる．

とくに回転対称軸があればそれを z 軸にとると，$m=0$ のとき

のみ0でなくなるので

$$V(\boldsymbol{r}) = \frac{1}{4\pi\varepsilon_0}\sum_{n=0}^{\infty}\frac{1}{r^{n+1}}\int r'^n P_n(\cos\theta')\rho(\boldsymbol{r}')d\boldsymbol{r}'\,P_n(\cos\theta)$$

となる．

(10.2.28)はまた(10.2.27)の$|\boldsymbol{r}-\boldsymbol{r}'|^{-1}$を$\boldsymbol{r}'$についてTaylor展開をとることにより

$$\begin{aligned}V(\boldsymbol{r}) &= \frac{1}{4\pi\varepsilon_0}\int\left[\frac{1}{r}-\sum_{\alpha=1}^{3}r_\alpha'\frac{\partial}{\partial r_\alpha}\frac{1}{r}+\frac{1}{2}\sum_{\alpha,\beta=1}^{3}r_\alpha' r_\beta'\frac{\partial^2}{\partial r_\alpha\partial r_\beta}\frac{1}{r}\right.\\&\qquad\left.+\cdots\right]\rho(\boldsymbol{r}')d\boldsymbol{r}'\\&= \frac{1}{4\pi\varepsilon_0}\int\left[\frac{1}{r}-\boldsymbol{r}'\cdot\nabla\frac{1}{r}+\frac{1}{2}\sum_{\alpha,\beta}\left(r_\alpha' r_\beta'-\frac{1}{3}\delta_{\alpha\beta}r'^2\right)\frac{\partial^2}{\partial r_\alpha\partial r_\beta}\frac{1}{r}\right.\\&\qquad\left.+\cdots\right]\rho(\boldsymbol{r}')d\boldsymbol{r}'\\&= \frac{1}{4\pi\varepsilon_0}\left[\frac{Q}{r}-\boldsymbol{d}\cdot\nabla\frac{1}{r}+\frac{1}{2}\sum_{\alpha,\beta}Q_{\alpha\beta}\frac{\partial^2}{\partial r_\alpha\partial r_\beta}\frac{1}{r}+\cdots\right]\end{aligned}\tag{10.2.29}$$

とかき表わすことができる．ここでQは全電荷であり，

$$\boldsymbol{d} = \int \boldsymbol{r}\rho(\boldsymbol{r})d\boldsymbol{r}$$

は**双極子能率**(dipole moment)，

$$Q_{\alpha\beta} = \int\left[r_\alpha r_\beta-\frac{1}{3}r^2\delta_{\alpha\beta}\right]\rho(\boldsymbol{r})d\boldsymbol{r}$$

は**4重極子能率**(quadrupole moment)とよばれる．この$\delta_{\alpha\beta}$の項は上の計算からもわかるように$\Delta\frac{1}{r}=0$を用いて付け加えたもので，$\sum_{\alpha}Q_{\alpha\alpha}=0$を充たすようにしている．(10.2.29)の展開のn項目は(10.2.22)から$r^{-n-1}Y_n$であり，それぞれ(10.2.28)のr^{-n-1}の項に対応している． ▎

第11章　円筒関数展開

§11.1　有効な場合

ふたたびある物理量$u(\boldsymbol{r})$がラプラシアンΔを含む線形偏微分方程式，例えば$(\Delta+c)u(\boldsymbol{r})=0$を充たすとしよう．回転対称性を持つ場合の球座標を例外として，Fourier級数展開が有効であったのはカルテシアン座標が分離座標となる場合であった．また球座標を分離座標とする場合には球関数展開が有効であった．それらに対して円筒座標が分離座標となる場合に有効な展開として，円筒関数系による展開を考えることにしよう．境界条件が円筒座標(r,φ,z)で$r=$定数，$z=$定数，$\varphi=$定数 の曲面で与えられているとき，$u(\boldsymbol{r})=R(r)\Phi(\varphi)Z(z)$とおいて変数分離をすると得られる方程式は，$\lambda_1,\lambda_2$を分離定数として

$$\frac{d^2Z(z)}{dz^2}+\lambda_1 Z(z)=0 \tag{11.1.1}$$

$$\frac{d^2\Phi(\varphi)}{d\varphi^2}+\lambda_2\Phi(\varphi)=0 \tag{11.1.2}$$

$$\frac{d}{dr}r\frac{dR(r)}{dr}-\frac{\lambda_2}{r}R(r)+(c-\lambda_1)rR(r)=0 \tag{11.1.3}$$

となる．本書では$\varphi=$定数 の境界面がない場合に話を限ることにしよう(補遺A.2参照)．解の1価性から

$$\Phi(\varphi)=e^{in\varphi} \qquad (n\ \text{整数},\ \lambda_2=n^2) \tag{11.1.4}$$

となるので，$(c-\lambda_1)^{1/2}r=\rho$，$R(r)=P(\rho)$とおくと，(11.1.3)は

$$\frac{d^2P(\rho)}{d\rho^2}+\frac{1}{\rho}\frac{dP(\rho)}{d\rho}+\left(1-\frac{n^2}{\rho^2}\right)P(\rho)=0 \tag{11.1.5}$$

となる．これをn次Bessel方程式という．補遺Dで述べるようにこの方程式の解を一般に円筒関数といい$Z_n(\rho)$とかく．

(11.1.5)を

$$\frac{d}{d\rho}\left(\rho\frac{dZ_n(\lambda\rho)}{d\rho}\right)+\left(\lambda^2\rho-\frac{n^2}{\rho}\right)Z_n(\lambda\rho)=0 \quad (11.1.6)$$

と書きなおすと，(A.2.11)から，これは固有値$\lambda^2=s_i{}^2$のSturm-Liouville方程式である．したがって適当な境界条件に対応する(A.2.13), (A.2.18), (A.2.22)などのような固有関数系による展開が有効になることが予想される．そこで，どのような境界条件に対してどのような関数系を用いればよいかを調べよう．そのために関数系列を一般に$\{Z_n(s_i r)\}$と書き，$e^{-in\varphi}rZ_n(s_i r)$を方程式

$$\left(\frac{1}{r}\frac{\partial}{\partial r}r\frac{\partial}{\partial r}+\frac{1}{r^2}\frac{\partial^2}{\partial\varphi^2}+\frac{\partial^2}{\partial z^2}+c\right)u(r,\varphi,z)=0$$

にかけてφについて0から2πまで，rについてbからaまで積分してみよう．始めの2項は部分積分をくりかえすことにより

$$\int_0^{2\pi}d\varphi\int_b^a dre^{-in\varphi}rZ_n(s_i r)\left[\frac{1}{r}\frac{\partial}{\partial r}r\frac{\partial}{\partial r}+\frac{1}{r^2}\frac{\partial^2}{\partial\varphi^2}\right]u(r,\varphi,z)$$

$$=\left[Z_n(s_i r)r\int_0^{2\pi}d\varphi e^{-in\varphi}\frac{\partial u(r,\varphi,z)}{\partial r}-\frac{\partial Z_n(s_i r)}{\partial r}r\int_0^{2\pi}d\varphi e^{-in\varphi}\right.$$

$$\left.\times u(r,\varphi,z)\right]_{r=b}^{r=a}-s_i{}^2\int_0^{2\pi}d\varphi\int_b^a dre^{-in\varphi}rZ_n(s_i r)u(r,\varphi,z) \quad (11.1.7)$$

となる．ここでuの1価性(φについての周期性)と方程式(11.1.6)を用いた．したがって

$$u_{ni}(z)\equiv\int_0^{2\pi}d\varphi\int_b^a dre^{-in\varphi}rZ_n(s_i r)u(r,\varphi,z) \quad (11.1.8)$$

は常微分方程式

$$\left(\frac{d^2}{dz^2}+c-s_i{}^2\right)u_{ni}(z)=-\int_0^{2\pi}d\varphi e^{-in\varphi}$$

$$\times\left[Z_n(s_ir)r\frac{\partial u(r,\varphi,z)}{\partial r}-\frac{\partial Z_n(s_ir)}{\partial r}ru(r,\varphi,z)\right]_{r=b}^{r=a} \tag{11.1.9}$$

を充たす．したがって(11.1.9)の非同次項が与えられた条件に応じて定まるように固有関数系 $\{Z_n(s_ir)\}$ を選べばよい．

まず $b=0$ にとり，$u, \partial u/\partial r$ が $r=0$ で有界であり，$r=a$ で u が与えられたとする．このとき $\{Z_n(s_ir)\}$ として(A.2.13)すなわち $J_n(\xi_ia)=0$ の正根 ξ_i を用いた $\{J_n(\xi_ir)\}$ をとれば，(11.1.9)の右辺第1項と $r=0$ からの寄与は0となり，$u(a,\varphi,z)$ を与えれば(11.1.9)の非同次項は与えられる．

つぎに $b=0$ にとり，$u, \partial u/\partial r$ が $r=0$ で有界であり，$r=a$ で $\dfrac{\partial u}{\partial r}+hu$ が与えられたとする．このとき $\{Z(s_ir)\}$ として(A.2.18)すなわち $\eta_i\dfrac{dJ_n(\eta_ia)}{d(\eta_ia)}+hJ_n(\eta_ia)=0$ の正根 η_i を用いた $\{J_n(\eta_ir)\}$ をとれば，(11.1.9)の右辺は $r=0$ の寄与はなくなり，

$$-\int_0^{2\pi}e^{-in\varphi}J_n(\eta_ir)r\left(\frac{\partial u(r,\varphi,z)}{\partial r}+hu(r,\varphi,z)\right)_{r=a}d\varphi$$

となり非同次項が与えられる．

また b および a で u が与えられた場合には，$\{Z_n(s_ir)\}$ として(A.2.22)すなわち $B_n(\zeta_ib)\equiv J_n(\zeta_ia)N_n(\zeta_ib)-J_n(\zeta_ib)N_n(\zeta_ia)=0$ の正根 ζ_i を用いた $\{B_n(\zeta_ir)\}$ をとれば，(11.1.9)の右辺は $u(b,\varphi,z)$ と $u(a,\varphi,z)$ を与えればきまる．

このようにして(11.1.9)の非同次項が与えられ，そのときの $u_{ni}(z)$ が得られればそれぞれ展開(A.2.15)，(A.2.20)，(A.2.25)を用いて解を求めることができるのである．この結果をまとめてみると，Δu を含む線形偏微分方程式で円筒面上で境界条件が与えられたとき，円筒座標 (r,φ,z) の変数 r についての有効な展開は表11.1のようになる．

表 11.1

境界条件	有効な関数系
$r=0$ で有界 $r=a$ で u を与える	$\{J_n(\xi_i r)\}$　$\xi_i : J_n(\xi a)=0$ の正根
$r=0$ で有界 $r=a$ で $\dfrac{\partial u}{\partial r}+hu$ を与える	$\{J_n(\eta_i r)\}$ $\eta_i : \left(\dfrac{dJ_n(\eta r)}{dr}+hJ_n(\eta r)\right)_{r=a}=0$ の正根
$r=b, a$ で u を与える	$\{B_n(\zeta_i r)=J_n(\zeta_i a)N_n(\zeta_i r)-J_n(\zeta_i r)N_n(\zeta_i a)\}$ $\zeta_i : B_n(\zeta b)=0$ の正根

(11.1.8), (11.1.9) をみればわかるように，始めから変数 φ への依存性が例えば $e^{in\varphi}$ のようにわかっている場合には，$u(\boldsymbol{r})=v(r,z)e^{in\varphi}$ とおいて $v(r,z)$ に対して表 11.1 の展開を行なえばよい．一般の φ への依存性があるときは $\{e^{in\varphi}\}$ で展開した各項に対してこの表を適用すればよい．

以上の円筒関数系による展開は 3 次元円筒の表面で境界条件が与えられたとして議論した．当然 2 次元の問題で極座標 (r,φ) の $r=$定数 の円周上で境界条件が与えられたときも同様である．

つぎに円筒半径 a が充分大きくなった極限を考えよう．Bessel 級数展開 (A.2.15), (A.2.16) すなわち

$$f(x)=\frac{2}{a^2}\sum\frac{a_i J_n(\xi_i x)}{\left(\dfrac{dJ_n(\xi_i a)}{d(\xi_i a)}\right)^2}\qquad (\xi_i \text{ は } J_n(\xi_i a)=0 \text{ の正根})\tag{11.1.10}$$

$$a_i=\int_0^a xJ_n(\xi_i x)f(x)dx\tag{11.1.11}$$

において $a\to\infty$ にした極限を考えてみる．まず漸近形 (D.19) から

$$J_n(a\xi_i) \xrightarrow[a\to\infty]{} \sqrt{\frac{2}{\xi_i a\pi}}\cos\left[a\xi_i-\left(n+\frac{1}{2}\right)\frac{\pi}{2}\right] \quad (11.1.12)$$

$$\frac{dJ_n(\xi_i a)}{d(\xi_i a)} \xrightarrow[a\to\infty]{} -\sqrt{\frac{2}{\xi_i a\pi}}\sin\left[a\xi_i-\left(n+\frac{1}{2}\right)\frac{\pi}{2}\right] \quad (11.1.13)$$

となるから $J_n(\xi_i a)=0$ に対して

$$\xi_i a-\left(n+\frac{1}{2}\right)\frac{\pi}{2} \simeq \left(N+\frac{1}{2}\right)\pi$$

となり，ξ_i と ξ_{i+1} の間隔は大体 π/a である．またこの条件に対して

$$\frac{dJ_n(\xi_i a)}{d(\xi_i a)} \sim \mp\sqrt{\frac{2}{a\xi_i\pi}}$$

が成り立つ．第6章においてFourier級数展開からFourier積分変換に移った議論を思いだして

$$\frac{\pi}{a}\sum_i f_i \to \int d\xi f(\xi)$$

の移行を行なうと(11.1.11)を(11.1.10)に代入したものは

$$f(x) = \lim_{a\to\infty}\frac{2}{a^2}\frac{a}{\pi}\int_0^\infty d\xi\left(\int_0^a x'f(x')J_n(x'\xi)dx'\right)J_n(\xi x)\bigg/\frac{2}{\xi a\pi}$$

$$= \int_0^\infty d\xi\xi J_n(\xi x)\int_0^\infty dx' x'f(x')J_n(\xi x') \quad (11.1.14)$$

となる．あるいは $x^{1/2}f(x)$ をあらためて $f(x)$ と書くと

$$f(x) = \int_0^\infty d\xi(x\xi)^{1/2}J_n(x\xi)\int_0^\infty dx'(x'\xi)^{1/2}J_n(x'\xi)f(x') \quad (11.1.15)$$

と書ける．(11.1.14)または(11.1.15)を**Fourier–Besselの積分定理**という．

Fourier積分定理をFourier変換と逆変換と解釈したように，(11.1.14)を $f(x)$ の**Hankel変換**

$$g(\xi)=\int_0^\infty xJ_n(x\xi)f(x)dx \tag{11.1.16}$$

とその逆変換

$$f(x)=\int_0^\infty \xi J_n(x\xi)g(\xi)d\xi \tag{11.1.17}$$

と解釈できる．あるいはまた(11.1.15)を $f(x)$ の Hankel 変換

$$g'(\xi)=\int_0^\infty (x\xi)^{1/2}J_n(x\xi)f(x)dx \tag{11.1.18}$$

とその逆変換

$$f(x)=\int_0^\infty (\xi x)^{1/2}J_n(\xi x)g'(\xi)d\xi \tag{11.1.19}$$

とよぶこともある．

§11.2 応用例

a) 鎖の振動

図11.1のように長さ l の鎖が $x=l$ で固定されているとき，y 方向の微小振動について考えよう．x 点における鎖の張力 T は単位長さあたりの鎖の質量を ρ とすると $T=g\rho x$ である．このとき単位長さあたりの y 方向の外力を $p(x,t)$ と書いて，y 方向の変位 $y(x,t)$ の方程式は

$$\rho\frac{\partial^2 y(x,t)}{\partial t^2}=p(x,t)+\frac{\partial}{\partial x}\left(T(x)\frac{\partial y(x,t)}{\partial x}\right) \tag{11.2.1}$$

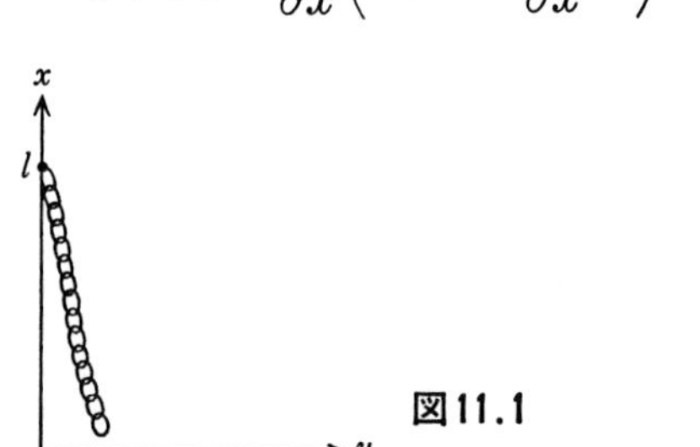

図11.1

である．$4x=gX^2$ とおくと，$y(x,t)=Y(X,t)$ は

$$\left(\frac{1}{X}\frac{\partial}{\partial X}X\frac{\partial}{\partial X}-\frac{\partial^2}{\partial t^2}\right)Y(X,t)=-\frac{1}{\rho}p\left(\frac{g}{4}X^2,t\right) \tag{11.2.2}$$

を充たす．これを $X=0$ で有界，$X=\sqrt{4l/g}\equiv a$ で $Y(a,t)=0$ の境界条件で解くためには，表 11.1 からもわかるように，0 次 Bessel 関数系(A.2.12)による展開が有効である．(11.2.2)に $XJ_0(\xi_i X)$ をかけ 0 から a まで積分すると，部分積分，境界条件，J_0 の方程式を用いて

$$Y_i(t)\equiv\int_0^a XJ_0(\xi_i X)Y(X,t)dX \tag{11.2.3}$$

の充たす方程式が

$$\frac{d^2\tilde{Y}_i(t)}{dt^2}+\xi_i{}^2\tilde{Y}_i(t)=\frac{1}{\rho}\tilde{p}_i(t) \tag{11.2.4}$$

として得られる．ここで

$$\tilde{p}_i(t)=\int_0^a XJ_0(\xi_i X)p\left(\frac{g}{4}X^2,t\right)dX \tag{11.2.5}$$

である．(11.2.4)を初期値 $\tilde{Y}_i(0)$, $\dfrac{d\tilde{Y}_i}{dt}(0)$ を与えて解けば，$\tilde{Y}_i(t)$ が定まり，それを用いて(A.2.15)から

$$Y(X,t)=\frac{2}{a^2}\sum\frac{\tilde{Y}_i(t)J_0(\xi_i X)}{(J_1(\xi_i a))^2} \tag{11.2.6}$$

として解ける．

b) 円形膜の微小横振動

垂直方向の微小変位を極座標(r,φ)を用いて $D(r,\varphi,t)$ と書くと，膜の振動の方程式は(7.1.9)を極座標で書いて

$$\left(\frac{1}{c^2}\frac{\partial^2}{\partial t^2}-\frac{1}{r}\frac{\partial}{\partial r}r\frac{\partial}{\partial r}-\frac{1}{r^2}\frac{\partial^2}{\partial\varphi^2}\right)D(r,\varphi,t)=0 \tag{11.2.7}$$

である．この方程式を境界条件を円周上 $r=a$ で与えて解く問題を考えよう．

［例題 11.2.1］ 半径 a の円周枠に膜が張ってある．この枠を $t>0$ で1つの直径方向を軸として回転角 $\chi(t)=\delta\sin\omega t$ で微小振動させたときの膜の振動を論ぜよ．

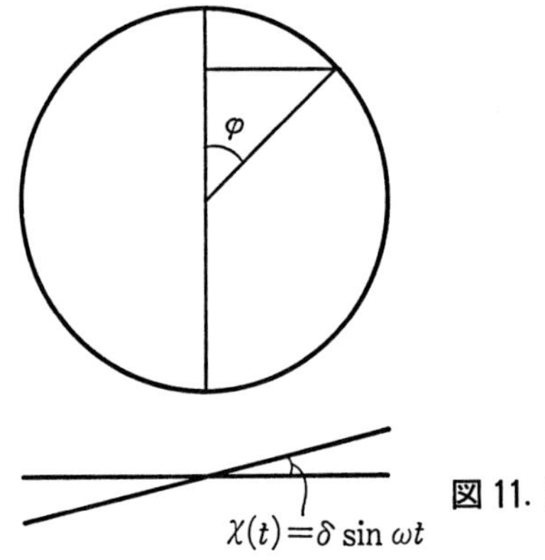

図 11. 2

［解］ 回転軸を極軸として極座標 $r\varphi$ を導入し枠を $r=a$ にとる．微小振動にともなう膜の垂直方向の変位を $D(r,\varphi,t)$ とすると，枠の位置から

$$D(a,\varphi,t)\simeq a\sin\varphi\sin\chi(t)\simeq a\sin\varphi\cdot\delta\sin\omega t \quad (11.2.8)$$

がいえる．従って方程式(11.2.7)を境界条件(11.2.8)と初期条件 $D(r,\varphi,0)=\dfrac{\partial D}{\partial t}(r,\varphi,0)=0$ を与えて解く問題となる．(11.2.8)から解は $D(r,\varphi,t)=u(r,t)\sin\varphi$ の形になることが予想される．$u(r,t)$ に対する方程式，境界条件，初期条件はそれぞれ

$$\left(\frac{1}{c^2}\frac{\partial^2}{\partial t^2}-\frac{1}{r}\frac{\partial}{\partial r}r\frac{\partial}{\partial r}+\frac{1}{r^2}\right)u(r,t)=0 \quad (11.2.9)$$

$$u(a,t)=a\delta\sin\omega t,\qquad u(0,t)=\text{有限} \quad (11.2.10)$$

$$u(r,0)=\frac{\partial u}{\partial t}(r,0)=0 \quad (11.2.11)$$

である．表 11.1 から適当な展開は $\{J_1(\xi_i r)\}$ によるものである．

$$\tilde{u}_i(t) = \int_0^a rJ_1(\xi_i r)u(r,t)dr \tag{11.2.12}$$

の充たす方程式は

$$\left(\frac{1}{c^2}\frac{d^2}{dt^2}+\xi_i{}^2\right)\tilde{u}_i(t) = -\left[r\frac{dJ_1(\xi_i r)}{dr}u(r,t)\right]_0^a$$

$$= -a\xi_i\frac{dJ_1(\xi_i a)}{d(\xi_i a)}a\delta\sin\omega t$$

となり，初期条件(11.2.11)から得られる条件 $\tilde{u}_i(0)=\frac{d\tilde{u}_i}{dt}(0)=0$ のもとでの解は

$$\tilde{u}_i(t) = -ca^2\delta\frac{dJ_1(\xi_i a)}{d(\xi_i a)}\int_0^t \sin\xi_i c(t-\tau)\sin\omega\tau d\tau$$

として得られ，これを用いて(A.2.15)から

$$D(r,\varphi,t) = \frac{2}{a^2}\sum\frac{\tilde{u}_i(t)J_1(\xi_i r)\sin\varphi}{\left(\dfrac{dJ_1(\xi_i a)}{d(\xi_i a)}\right)^2} \tag{11.2.13}$$

が得られる．▌

本書では一貫して固有関数系による展開が通常の変数分離による解法より適用範囲が広く，かつ有効な手段であることを強調してきた．しかしいかに有効な方法であってもそれに固執することはよくない．すなわち有効な方法であるということと，より以上に有効な方法がないということはあきらかに別である．それを端的に示す例として上の[例題 11.2.1]において初期値問題でなく定常的な振動となっている場合を考えよう．このとき

$$D(r,\varphi,t) = u(r)\sin\omega t\sin\varphi$$

とおくと，$u(r)$ の充たす方程式および境界条件は

$$\left(-\frac{\omega^2}{c^2}-\frac{1}{r}\frac{d}{dr}r\frac{d}{dr}+\frac{1}{r^2}\right)u(r) = 0 \tag{11.2.14}$$

$$u(a) = a\delta, \qquad u(0) = \text{有限}$$

である．さてこれを固有関数系による展開という立場に立って取り扱うと，有効な展開は表 11. 1 から $\{J_1(\xi_i r)\}$ によるものである．

$$u_i = \int_0^a rJ_1(\xi_i r)u(r)dr$$

に対する方程式は

$$\left(-\frac{\omega^2}{c^2}+\xi_i{}^2\right)u_i = -\left[r\frac{dJ_1(\xi_i r)}{dr}u(r)\right]_0^a = -a^2\delta\xi_i\frac{dJ_1(\xi_i a)}{d(\xi_i a)}$$

であり，この解から (A. 2. 15) を用いて

$$u(r) = -2\delta\sum\xi_i J_1(\xi_i r)\Big/\frac{dJ_1(\xi_i a)}{d(\xi_i a)}\left(\xi_i{}^2-\frac{\omega^2}{c^2}\right) \tag{11. 2. 15}$$

と解ける．一方，方程式 (11. 2. 14) は Bessel 方程式であるのでその一般解は

$$u(r) = C_1J_1\left(\frac{\omega}{c}r\right)+C_2N_1\left(\frac{\omega}{c}r\right)$$

となり，$r=0$ で有界であるので $C_2=0$ である．$r=a$ での境界条件から

$$u(r) = a\delta J_1\left(\frac{\omega}{c}r\right)\Big/J_1\left(\frac{\omega}{c}a\right) \tag{11. 2. 16}$$

と定まる．これをさきに得られた解 (11. 2. 15) と比較すると，(D. 20) と $J_1(\xi_i a)=0$ を用いて

$$\int_0^a a\delta\frac{J_1\left(\frac{\omega}{c}r\right)}{J_1\left(\frac{\omega}{c}a\right)}J_1(\xi_i r)rdr = \frac{a^2\delta}{\left(\frac{\omega}{c}\right)^2-\xi_i{}^2}\xi_i\frac{dJ_1(\xi_i a)}{d(\xi_i a)}$$

が示されるので，まったく一致していることがわかる．この 2 つの解法，また 2 つの解 (11. 2. 15) と (11. 2. 16) をくらべると，この場合は展開を用いない方がはるかに有利であることがわかる．し

かし[例題 11.2.1]のように定常振動ではなく初期値問題であれば展開の方法をとらざるを得ない.

c) 円筒内の熱伝導

熱伝導の方程式

$$\left(\frac{1}{r}\frac{\partial}{\partial r}r\frac{\partial}{\partial r}+\frac{1}{r^2}\frac{\partial^2}{\partial \varphi^2}+\frac{\partial^2}{\partial z^2}\right)T(r,\varphi,z,t)=\frac{1}{\kappa^2}\frac{\partial}{\partial t}T(r,\varphi,z,t) \tag{11.2.17}$$

を円筒面上でいろいろな境界条件を与えて解くためには, それらの条件に対応して有効な展開を表 11.1 から見つければよい.

[例題 11.2.2]　半径 $a=10$ cm の無限に長い円柱(温度伝導率 $\kappa^2=0.0074$ cm²/s) が $t=0$ で 0°C であった. $0<t<t_1=600$ s の間, 表面温度を $K=100$°C に保ち, 後表面を 0°C に保った. 時刻 $t(\gg t_1)$ における円柱内の温度分布を求めよ.

[解]　題意から温度分布は円柱軸方向 z, 軸のまわりの回転角 φ によらないことは明らかである. 温度分布を $T(r,t)$ と書けば充たすべき方程式は

$$\frac{1}{r}\frac{\partial}{\partial r}r\frac{\partial}{\partial r}T(r,t)=\frac{1}{\kappa^2}\frac{\partial}{\partial t}T(r,t) \tag{11.2.18}$$

である. これを境界条件

$$T(0,t)=\text{有界},\qquad T(a,t)=K\theta(600-t)\theta(t) \tag{11.2.19}$$

を与えて解く問題であるから, 表 11.1 から有効な変換は 0 次 Bessel 関数系 $\{J_0(\xi_i r)\}$ (A.2.12) によるものである. (11.2.18) に $rJ_0(\xi_i r)$ をかけ r について 0 から a まで積分すると

$$\tilde{T}_i(t)\equiv\int_0^a rJ_0(\xi_i r)T(r,t)dr \tag{11.2.20}$$

に対する方程式が, いつものように部分積分, 境界条件(11.2.19),

J_0 に対する方程式，漸化式(D. 13)を用いて

$$\frac{d}{dt}\tilde{T}_i(t)+\kappa^2\xi_i{}^2\tilde{T}_i(t) = -\kappa^2 a\frac{dJ_0(\xi_i a)}{da}T(a,t)$$
$$= \kappa^2 a\xi_i J_1(\xi_i a)K\theta(600-t)\theta(t) \qquad (11.2.21)$$

として得られる．これを初期条件 $\tilde{T}_i(0)=0$ を与えて解くと

$$\tilde{T}_i(t) = \kappa^2 a\xi_i J_1(\xi_i a)\int_0^t e^{-\kappa^2\xi_i{}^2(t-\tau)}T(a,\tau)d\tau$$
$$= \frac{aJ_1(\xi_i a)K}{\xi_i}(-1+e^{\kappa^2\xi_i{}^2 t_1})e^{-\kappa^2\xi_i{}^2 t} \qquad (t>t_1)$$
$$(11.2.22)$$

となる．したがって温度分布は(A. 2. 15)から

$$T(r,t) = \frac{2}{a^2}\sum\frac{\tilde{T}_i(t)J_0(\xi_i r)}{(J_1(\xi_i a))^2}$$
$$= \sum\frac{2KJ_0(\xi_i r)}{a\xi_i J_1(\xi_i a)}(e^{-\kappa^2\xi_i{}^2(t-t_1)}-e^{-\kappa^2\xi_i{}^2 t})$$
$$(11.2.23)$$

となる．

いま t が充分大きいとすると $\xi_i{}^2$ の小さい項のみ残るので初項が主となる．(D. 22)から $a\xi_1\simeq 2.40$ であるから $\xi_1\simeq 0.240$ である．また(D. 22)から $J_1(a\xi_1)\simeq 0.519$ である．a, K, t_1, κ^2 に与えられた数値を入れ，(11. 2. 23)の初項のみとれば

$$T(r,t)\simeq\frac{2}{2.40}\frac{100}{0.519}J_0(0.240r)(1.292-1)e^{-0.000426t}$$
$$\simeq 46.9J_0(0.240r)e^{-0.000426t}$$

となる．第2項の大体の大きさは(D. 22)から得られる ξ_2 の値を用いて計算される因子 $e^{-0.00224t}$ で見当をつけることができる．この因子と初項のそれ $e^{-0.000426t}$ との比は，たとえば t が60分で0.00031:0.22，30分で0.018:0.46となり，初項のみとった近似が

よいことを示している. ▌

［例題 11.2.3］ 半径 a cm, 温度伝導率 κ^2 cm²/s の充分長い円柱が $t=0$ で T_0° C であった. 以後表面から 0° C の物質と放射による熱のやりとりがあるとき, $\exp[-\kappa^2 x_1^{(1)2} t/a^2] \ll 1$ を充たす時刻 t における温度分布を求めよ. ここで $x_1^{(1)}$ は $J_1(x)$ の最初の 0 点である.

［解］ 軸対称の問題で, 放射の境界条件の問題であるから, 表 11.1 から $\{J_0(\eta_i r)\}$ による展開が有効である.

$$\tilde{T}_i(t) \equiv \int_0^a r J_0(\eta_i r) T(r,t) dr$$

の充たす方程式は, 境界条件を用いて

$$\frac{d\tilde{T}_i(t)}{dt} + \kappa^2 \eta_i{}^2 \tilde{T}_i(t) = 0$$

である. これを初期条件

$$\tilde{T}_i(0) = \int_0^a r J_0(\eta_i r) T_0 dr$$

$$= T_0 \int_0^{a\eta_i} \frac{1}{\eta_i} \frac{dJ_1(\eta_i r)\eta_i r}{d(\eta_i r)} \frac{d(\eta_i r)}{\eta_i} = \frac{T_0 a}{\eta_i} J_1(\eta_i a)$$

のもとに解けば

$$\tilde{T}_i(t) = \frac{T_0 a}{\eta_i} J_1(\eta_i a) e^{-\kappa^2 \eta_i{}^2 t}$$

となるから, (A.2.20) により

$$T(r,t) = \frac{2}{a^2} \sum \frac{T_0 a \eta_i}{h^2 + \eta_i{}^2} e^{-\kappa^2 \eta_i{}^2 t} \frac{J_1(\eta_i a) J_0(\eta_i r)}{(J_0(\eta_i a))^2}$$

である.

η_i を求めるには, 図 11.3 のように $y = -J_0(\eta_i a) \Big/ \dfrac{dJ_0(\eta_i a)}{d(\eta_i a)} = J_0(\eta_i a)/J_1(\eta_i a)$ と $y = a\eta_i/ah$ との交点の座標を定めればよい. $J_0(x)$ の最初の 0 点を $x_1^{(0)}$, $J_1(x)$ の最初の 0 点を $x_1^{(1)}$ とすると,

図11.3のように$J_0(\eta_i a)/J_1(\eta_i a)$は$\eta_i a < x_1^{(0)}$では単調減少，$x_1^{(0)} < \eta_i a < x_1^{(1)}$では負である．かくして$\eta_1 < x_1^{(0)}/a$，$\eta_2 > x_1^{(1)}/a$がいえる．したがって$\exp[-\kappa^2 x_1^{(1)2} t/a^2] \ll 1$を充たす時刻$t$では展開の第1項のみがきく．▌

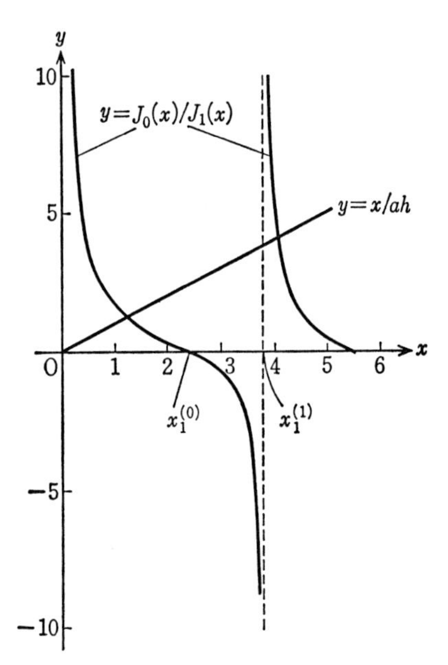

図11.3

［例題11.2.4］　内径$2b$ cm，外径$2a$ cmの充分長い中空の円筒がある．中に0°Cの液体を流し，パイプを一方から熱したとして，$t=0$で温度が0°Cで，$t>0$で内面を0°Cに外面を$T_0(1-e^{-\lambda t})\times\cos\varphi$にしたと考えて温度分布を求めよ．

［解］　解を$T(r,\varphi,t)=u(r,t)\cos\varphi$と仮定すると，$u(r,t)$の充たす方程式と境界条件はそれぞれ

$$\frac{\partial u(r,t)}{\partial t} = \kappa^2\left(\frac{1}{r}\frac{\partial}{\partial r}r\frac{\partial}{\partial r}u(r,t)-\frac{1}{r^2}u(r,t)\right)$$

$$u(b,t) = 0, \qquad u(a,t) = T_0(1-e^{-\lambda t})$$

である．表 11.1 から有効な変換は $\{B_1(\zeta_i r)\}$ によるものであり，(11.1.9) から

$$\tilde{T}_i(t) \equiv \int_b^a r B_1(\zeta_i r) u(r,t) dr$$

の充たす方程式は

$$\left(\frac{d}{dt} + \kappa^2 \zeta_i^2\right) \tilde{T}_i(t) = -\kappa^2 \frac{dB_1(x)}{dx}\bigg|_{x=\zeta_i a} \zeta_i a T_0 (1 - e^{-\lambda t})$$

となる．したがって

$$\begin{aligned}\tilde{T}_i(t) &= -\int_0^t e^{-\kappa^2 \zeta_i^2 (t-\tau)} \kappa^2 \zeta_i a T_0 (1 - e^{-\lambda \tau}) \frac{dB_1(x)}{dx}\bigg|_{x=\zeta_i a} d\tau \\ &= -\kappa^2 \zeta_i a T_0 \frac{dB_1(x)}{dx}\bigg|_{x=\zeta_i a} \left[\frac{1}{\kappa^2 \zeta_i^2}(1 - e^{-\kappa^2 \zeta_i^2 t}) \right. \\ &\qquad \left. - \frac{1}{\kappa^2 \zeta_i^2 - \lambda}(e^{-\lambda t} - e^{-\kappa^2 \zeta_i^2 t})\right]\end{aligned}$$

が得られる．これを用いて (A.2.25) から温度分布が

$$T(r,\varphi,t) = \sum \frac{2\tilde{T}_i(t) B_1(\zeta_i r) \cos\varphi}{a^2 \left(\dfrac{dB_1(x)}{dx}\bigg|_{x=\zeta_i a}\right)^2 - b^2 \left(\dfrac{dB_1(x)}{dx}\bigg|_{x=\zeta_i b}\right)^2}$$

と表わされる．▌

［例題 11.2.5］ 充分大きい均一な物体に強い beam を通して瞬間的に熱したとして，$t=0$ で円筒座標 (r,φ,z) を用いて $T(r,0)=T_0 e^{-\lambda^2 r^2}$ の温度分布をしていたと考える．後の時刻の温度分布を求めよ．

［解］ 温度分布が φ, z によらないことはあきらかである．$T(r,t)$ の充たす方程式は

$$\left(\frac{\partial}{\partial t} - \kappa^2 \frac{1}{r} \frac{\partial}{\partial r} r \frac{\partial}{\partial r}\right) T(r,t) = 0$$

である．原点で有界で充分遠方では 0 とすると，有効な変換は 0 次 Hankel 変換である．

$$\tilde{T}(\xi, t) \equiv \int_0^\infty rJ_0(\xi r)T(r,t)dr$$

の充たす方程式は

$$\frac{\partial \tilde{T}(\xi,t)}{\partial t} + \kappa^2\xi^2\tilde{T}(\xi,t) = 0$$

であるので，解は

$$\tilde{T}(\xi,t) = \tilde{T}(\xi,0)e^{-\xi^2\kappa^2 t}$$

である．初期条件から積分(D. 24)を用いて

$$\tilde{T}(\xi,0) = \int_0^\infty rJ_0(\xi r)T_0 e^{-\lambda^2 r^2}dr = \frac{T_0}{2\lambda^2}e^{-\xi^2/4\lambda^2}$$

となる．Hankelの逆変換はふたたび積分(D. 24)を用いて

$$T(r,t) = \int_0^\infty \xi J_0(\xi r)\frac{T_0}{2\lambda^2}e^{-\xi^2/4\lambda^2-\xi^2\kappa^2 t}d\xi$$

$$= \frac{T_0}{1+4\lambda^2\kappa^2 t}\exp\left[\frac{-\lambda^2 r^2}{1+4\lambda^2\kappa^2 t}\right]$$

が得られる．▌

補　　遺

[A]　Sturm–Liouville の固有関数系

A.1　正則境界条件の場合

§2.1 で述べた Sturm–Liouville 問題の固有関数系 $\{\phi_n(x)\}$ の持つ諸性質について説明しよう．簡単のために以下に述べる (i), (iii) の性質の議論を除いてすべて実関数を扱うことにする．また厳密な証明は数学書に譲ることとして，ここでは諸性質が理解されるような考察を行なうことにする．

(i)　λ が特別な実数 λ_n であるときのみ解がある．方程式の独立解を $v_1(x), v_2(x)$ とすると，一般解は

$$\phi(x) = Av_1(x) + Bv_2(x) \tag{A.1.1}$$

と書ける．境界条件 (2.1.2) でも (2.1.3) でも同次1次の条件であるから，A, B に対する2元1次連立方程式を与える．これが解けるためには係数の行列式が0となり，これから λ についての条件式が得られる．これを $p(x)=\rho(x)=1$, $q(x)=0$, 領域 $(0, b)$, 境界条件 (2.1.2) で $a_2=b_2=0$ の場合について例示すると，一般解は

$$\phi(x) = A\cos\sqrt{\lambda}\,x + B\sin\sqrt{\lambda}\,x$$

である．境界条件から A, B についての2元1次連立方程式は

$$\left.\begin{aligned} &A = 0 \\ &A\cos\sqrt{\lambda}\,b + B\sin\sqrt{\lambda}\,b = 0 \end{aligned}\right\} \tag{A.1.2}$$

となる．したがって λ は条件

$$\sin\sqrt{\lambda}\,b = 0, \qquad \lambda = \left(\frac{n\pi}{b}\right)^2 \qquad (n：整数) \tag{A.1.3}$$

を充たす場合にのみ解がある．

このようにして固有値 λ_n に対する固有関数 $\phi_n(x)$ が得られ，方程式

$$\left[\frac{d}{dx}p(x)\frac{d}{dx}+q(x)+\lambda_n\rho(x)\right]\phi_n(x)\equiv\rho(x)[\boldsymbol{L}+\lambda_n]\phi_n(x)=0 \tag{A.1.4}$$

が成立する．この λ_n が実数であることは

$$\begin{aligned}-\lambda_n(\phi_n,\phi_n)&=(\phi_n,\boldsymbol{L}\phi_n)\\&=\int_a^b\phi_n{}^*(x)\left[\frac{d}{dx}p(x)\frac{d}{dx}+q(x)\right]\phi_n(x)dx\\&=\left[\phi_n{}^*p\frac{d\phi_n}{dx}-\frac{d\phi_n{}^*}{dx}p\phi_n\right]_a^b+\int_a^b\left[\frac{d}{dx}p(x)\frac{d}{dx}+q(x)\right]\\&\quad\times\phi_n{}^*(x)\cdot\phi_n(x)dx=(\boldsymbol{L}\phi_n,\phi_n)=-\lambda_n{}^*(\phi_n,\phi_n)\end{aligned} \tag{A.1.5}$$

から $(\phi_n,\phi_n)>0$ を用いて示せる．ここで表面積分は境界条件(2.1.2)または(2.1.3)により0となることと，(A.1.4)の複素共役をとった式を用いた．(A.1.5)はまた演算子 $\boldsymbol{L}$ がこの内積の意味で，この境界条件を充たす関数に対して Hermite 演算子であることを示している．

(ii)　$\{\lambda_n\}$ は下界があり，上界なく，可附番無限個ある．方程式(2.1.1)を

$$p(x)\frac{d^2\phi(x)}{dx^2}\bigg/\phi(x)=-\lambda\rho(x)-q(x)-\frac{dp(x)}{dx}\frac{d\phi(x)}{dx}\bigg/\phi(x) \tag{A.1.6}$$

と書くと，左辺は正なら曲率が x 軸から離れていく傾向を示し，負なら近づく傾向を示すことからわかるように，x 軸から離れていく度合を示している．いま a,b で例えば境界条件(2.1.2)を充たす解が図のように与えられたとする．λ が充分小さければ(負で絶対値が大きければ) x 軸に近づく度合が不充分なので図 A.1 のように a,b からのばして来た両曲線はうまくつながらない．λ を

だんだん大きくすると，x 軸に近づく度合が大きくなり，やがてある λ で図A.2のようにつながる．さらに λ を大きくしていくと図A.3のようになりうまくつながらない．さらに λ を大きくするとやがてある λ のときにふたたび図A.4のようにつながる．このようなことを繰り返していくと，何度も振動させることによって，図A.5のように，充分大きい λ の領域においてもうまくつながる λ の値を見つけることができる．したがって固有値 λ_n には下界があり，上界がなく，可附番無限個ある．

図 A.1

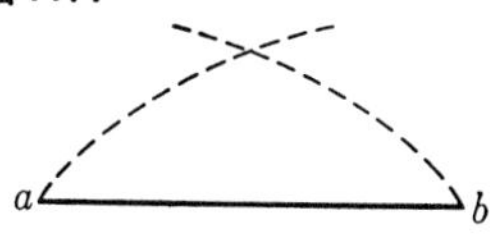

図 A.2

図 A.3

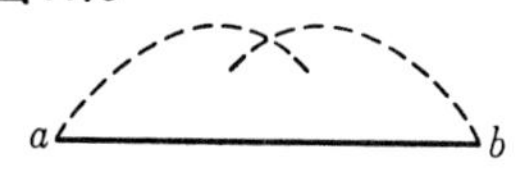

図 A.4

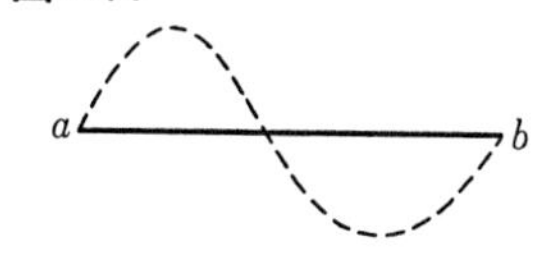

図 A.5

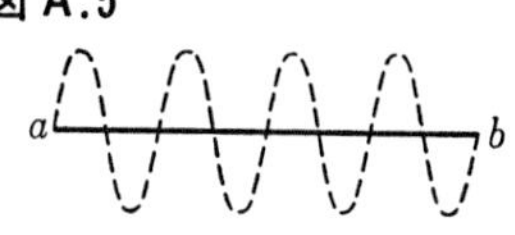

(iii)　固有関数系の直交性

$$\begin{aligned}\lambda_m(\phi_n, \phi_m) &= (\phi_n, \boldsymbol{L}\phi_m) \\ &= (\boldsymbol{L}\phi_n, \phi_m) = \lambda_n{}^*(\phi_n, \phi_m) \\ &= \lambda_n(\phi_n, \phi_m) \end{aligned} \tag{A.1.7}$$

から $\lambda_m \neq \lambda_n$ に対して

$$(\phi_n, \phi_m) = 0 \tag{A.1.8}$$

が証明できる．

(iv)　固有関数系の完全性

$$I[\phi(\cdot)] \equiv \int_a^b \rho(x)\phi^2(x)dx = 1 \tag{A.1.9}$$

の条件のもとに

$$\Omega[\phi(\cdot)] \equiv \int_a^b \left\{-\phi(x)\frac{d}{dx}\left(p(x)\frac{d}{dx}\phi(x)\right) - q(x)\phi^2(x)\right\}dx$$

$$=\left[-\phi(x)p(x)\frac{d\phi(x)}{dx}\right]_a^b+\int_a^b\left\{p(x)\left(\frac{d\phi(x)}{dx}\right)^2-q(x)\phi^2(x)\right\}dx \tag{A. 1. 10}$$

を極値にするような関数 $\phi(x)$ を求めてみよう．Lagrange の未定係数法により，

$$\delta(\Omega[\phi]-\lambda I[\phi])=-\left[\delta\phi(x)p(x)\frac{d\phi(x)}{dx}+\phi(x)p(x)\delta\frac{d\phi(x)}{dx}\right]_a^b$$
$$+2\left[p(x)\frac{d\phi(x)}{dx}\delta\phi(x)\right]_a^b$$
$$-2\int_a^b\left\{\frac{d}{dx}\left(p(x)\frac{d\phi(x)}{dx}\right)+(q(x)+\lambda\rho(x))\phi(x)\right\}\delta\phi(x)dx \tag{A. 1. 11}$$

を考える．これが任意の変分に対して 0 となるために

$$\frac{d}{dx}\left(p(x)\frac{d\phi(x)}{dx}\right)+q(x)\phi(x)+\lambda\rho(x)\phi(x)=0 \tag{A. 1. 12}$$

$$\left[\delta\phi(x)p(x)\frac{d\phi(x)}{dx}-\phi(x)p(x)\delta\frac{d\phi(x)}{dx}\right]_a^b=0 \tag{A. 1. 13}$$

が成立すればよい．(A. 1. 13) は境界条件 (2. 1. 2) または (2. 1. 3) が成立すれば充たされる．(A. 1. 12) は Sturm–Liouville の方程式 (2. 1. 1) であり λ は固有値である．したがって $\Omega[\phi(\cdot)]$ の極小値は最小の固有値であることが (A. 1. 10)，(A. 1. 9)，(A. 1. 12) からわかる．すなわち

$$\min\Omega[\phi(\cdot)]=\min\lambda_n=\lambda_1 \tag{A. 1. 14}$$

である．つぎに付加条件を (A. 1. 9) の他に

$$J_i\equiv\int_a^b\rho(x)\phi_i(x)\phi(x)dx=0 \qquad (i=1,2,\cdots,n) \tag{A. 1. 15}$$

までふやして考えよう．ここで $\phi_i(x)$ は下から i 番目の固有値 λ_i に属する固有関数である．すなわちこれは $\phi_i(x)\,(i=1,2,\cdots,n)$ と直交するという条件をつけることである．ふたたび Lagrange の未定係数法を用いれば

$$\delta\left(\Omega[\phi]-\lambda I[\phi]-\sum_{i=1}^{n}\mu_i J_i[\phi]\right)$$
$$=\left[p(x)\frac{d\phi(x)}{dx}\delta\phi(x)-\phi(x)p(x)\delta\frac{d\phi(x)}{dx}\right]_a^b$$
$$+2\int_a^b\left\{-\frac{d}{dx}\left(p(x)\frac{d\phi(x)}{dx}\right)-q(x)\phi(x)-\lambda\rho(x)\phi(x)\right\}$$
$$\times\delta\phi(x)dx-\sum_{i=1}^{n}\mu_i\int_a^b\rho(x)\phi_i(x)\delta\phi(x)dx=0 \quad \text{(A. 1. 16)}$$

が得られる．したがって

$$\frac{d}{dx}\left(p(x)\frac{d\phi(x)}{dx}\right)+q(x)\phi(x)+\lambda\rho(x)\phi(x)+\frac{1}{2}\sum_{i=1}^{n}\mu_i\rho(x)\phi_i(x)=0 \quad \text{(A. 1. 17)}$$

$$\left[p(x)\frac{d\phi(x)}{dx}\delta\phi(x)-\phi(x)p(x)\delta\frac{d\phi(x)}{dx}\right]_a^b=0 \quad \text{(A. 1. 18)}$$

が成立しなければならない．(A. 1. 18) は (A. 1. 13) と同じである．(A. 1. 17) に $\phi_j(x)$ をかけて積分をすると，部分積分の結果

$$\mu_j=2(\lambda_j-\lambda)\int_a^b\phi_j(x)\rho(x)\phi(x)dx$$

を得る．ここで $(\phi_j,\phi_i)=\delta_{ij}$ を用いた．これは付加条件 (A. 1. 15) により 0 であり，(A. 1. 17) はふたたび Sturm–Liouville 方程式となる．したがってこの条件のもとでの最小値は

$$\min\Omega[\phi(\cdot)]=\lambda_{n+1} \quad \text{(A. 1. 19)}$$

となる．いま

$$f_n(x)\equiv f(x)-\sum_{i=1}^{n}(\phi_i(x),f(x))\phi_i(x) \quad \text{(A. 1. 20)}$$

$$\varepsilon_n = (f_n, f_n) \tag{A. 1. 21}$$

とすると，$f_n(x)$ は $\phi_i(x)\,(i=1,2,\cdots,n)$ と直交し，長さが $\sqrt{\varepsilon_n}$ であるから(A. 1. 19)から

$$\min \Omega[f_n(\cdot)]\varepsilon_n^{-1} = \lambda_{n+1}$$

である．これを用いて

$$\Omega[f_n(\cdot)] = \Omega[f(\cdot)] - \sum_{i=1}^{n} \lambda_i |(\phi_i, f)|^2 \geq \lambda_{n+1}\varepsilon_n \tag{A. 1. 22}$$

が示される．$\Omega[f(\cdot)]$ が存在すればこれは n に依存せず，$\lim_{n\to\infty} \lambda_n \to\infty$ と(A. 1. 22)を用いて $\varepsilon_n \to 0$ がいえる．すなわち $\Omega[f(\cdot)]$ が存在するような関数，例えばなめらかな関数 $f(x)$ に対し

$$\int_a^b \left| f(x) - \sum_{n=1}^{\infty} c_n \phi_n \right|^2 \rho(x) dx = 0 \tag{A. 1. 23}$$

が成立する．これを Parseval の等式という．かくして，例えばなめらかな関数に対して完全性が証明されたことになる．さらに一般になめらかな関数 $f(x)$ によって

$$(f-g, f-g) < \frac{\varepsilon}{4} \tag{A. 1. 24}$$

のように近似できるような関数 $g(x)$，例えば連続関数や 2 乗可積分な関数に対しては，$(f-f_n, f-f_n) < \varepsilon/4$ の n に対して

$$\begin{aligned}(g-g_n, g-g_n) &\leq (g-f_n, g-f_n) \leq (g-f, g-f) \\ &+ (f-f_n, f-f_n) + 2(g-f, f-f_n) \leq \varepsilon\end{aligned} \tag{A. 1. 25}$$

となり，完全性が証明されるのである．

(v) 連続関数の Fourier 級数が一様収束するとき，関数自身に収束する．一様収束をする級数に対して項別積分ができるから，

$$r(x) \equiv f(x) - \sum_{n=1}^{\infty} c_n \phi_n(x) \tag{A. 1. 26}$$

と ϕ_m との内積をとれば

$$(\phi_m, r) = (\phi_m, f) - \sum_{n=1}^{\infty} c_n(\phi_m, \phi_n) = 0 \qquad \text{(A. 1. 27)}$$

となる．$\sum c_n\phi_n(x)$ は連続関数の一様収束級数であるから連続である．$f(x)$ も連続であるから $r(x)$ は連続である．(iv) によって連続関数に対して Parseval の等式が成り立つから，すべての Fourier 係数が 0 ならば $r(x)$ は恒等的に 0 である．

関数 $f(x)$ が周期的でなめらかであれば(3. 1. 5)からその Fourier 級数は一様収束する．したがってこれは $f(x)$ 自身に収束する．

(vi) Fourier 級数の平均値への収束性

一般の Sturm-Liouville 固有関数系に対しての議論は数学書(例えば Courant, Hilbert §6. 3)に譲るとして，ここでは Fourier 級数

$$f(x) \sim \sum a_n \cos nx + \sum b_n \sin nx \qquad \text{(A. 1. 28)}$$

について，$f(x)$ が区分的になめらかな場合について証明しておこう．$f(x)$ の不連続点を $\{x_i\}$，そこでのとびを

$$d_i = f(x_i+0) - f(x_i-0)$$

とすると，$\bar{f}(x)$ を周期的でなめらかな関数として

$$f(x) = \sum d_i h(x-x_i) + \bar{f}(x) \qquad \text{(A. 1. 29)}$$

のように書き表わせる．ここで

$$\left.\begin{aligned} &h(x) = \frac{\pi}{2} - \frac{x}{2} \qquad (0<x<2\pi) \\ &h(0) = 0, \qquad h(x+2\pi) = h(x) \end{aligned}\right\} \qquad \text{(A. 1. 30)}$$

である．したがって問題は関数 $h(x-x_i)$ の点 x_i についての収束性を調べればよいことになる．

$h(x)$ の Fourier 級数は

$$h(x) \sim \sum \frac{1}{n} \sin nx \qquad \text{(A. 1. 31)}$$

である．いま周期的でなめらかな関数

$$g(x) \equiv h(x)(1-\cos x) = 2h(x)\sin^2\frac{x}{2} \quad \text{(A. 1. 32)}$$

を考えると，その Fourier 級数

$$g(x) \sim \sum \beta_n \sin nx \quad \text{(A. 1. 33)}$$

は(3. 1. 5)により一様収束である．ところで β_n は

$$h(x) \sim \sum b_n \sin nx \quad \text{(A. 1. 34)}$$

の b_n とのあいだに

$$\beta_n = b_n - \frac{1}{2}(b_{n-1}+b_{n+1}) \quad (n\geq 2), \qquad \beta_1 = b_1 - \frac{1}{2}b_2 \quad \text{(A. 1. 35)}$$

の関係があることが証明されるので

$$S_n(x) = \sum_1^n b_\nu \sin \nu x, \qquad \sigma_n(x) = \sum_1^n \beta_\nu \sin \nu x \quad \text{(A. 1. 36)}$$

とおくと，

$$(1-\cos x)S_n(x) = \sigma_n(x) - \frac{b_n}{2}\sin(n+1)x + \frac{b_{n+1}}{2}\sin nx \quad \text{(A. 1. 37)}$$

となる．右辺は一様に $g(x)$ に収束するので，$x \neq m\pi$ では $S_n(x)$ は一様に $h(x)$ に収束し，$x=m\pi$ では $S_n(x)=0$ である．一方

$$\frac{1}{2}(h(x+0)+h(x-0)) = 0 \quad \text{(A. 1. 38)}$$

であるから，結局

$$\frac{1}{2}(f(x+0)+f(x-0)) = \sum_{n=0}^{\infty} a_n \cos nx + \sum_{n=1}^{\infty} b_n \sin nx \quad \text{(A. 1. 39)}$$

$$a_0 = \frac{1}{2\pi}\int_0^{2\pi} f(x)dx, \qquad a_n = \frac{1}{\pi}\int_0^{2\pi} f(x)\cos nx \quad (n\geq 1),$$

$$b_n = \frac{1}{\pi}\int_0^{2\pi} f(x)\sin nx \quad (n \geq 1) \tag{A.1.40}$$

が証明されたことになる．

(iv)，(v)，(vi) の性質は数学的にはそれぞれ異なる性質であるが，おおざっぱにいえば，いずれも $f(x)$ をいかにして展開で表わすかというものである．形式的に

$$\begin{aligned} f(x) &= \sum_n c_n\phi_n(x) = \sum_n \int_a^b \phi_n{}^*(x')f(x')\rho(x')dx'\phi_n(x) \\ &= \int_a^b f(x')\sum_n \phi_n(x)\phi_n{}^*(x')\rho(x')dx' \end{aligned} \tag{A.1.41}$$

と書いてみると，

$$\sum_n \phi_n(x)\phi_n{}^*(x')\rho(x') = \delta(x-x') \tag{A.1.42}$$

の関係が成立していればよい．ここで $\delta(x-x')$ は補遺 B で述べる δ 関数である．(A.1.42) の複素共役をとれば

$$\sum_n \rho(x)\phi_n(x)\phi_n{}^*(x') = \delta(x-x') \tag{A.1.43}$$

とも書ける．もちろんある関数 $f(x)$ が関数系 $\{\phi_n(x)\}$ で展開できるかどうかは $f(x)$ の性質にもよるものであり，$\{\phi_n(x)\}$ だけの性質である (A.1.42) だけで判定できるものではない．形式的に (A.1.42) を用いれば (A.1.41) を逆にたどって $f(x)$ が展開できるように見えるけれども，その推論では和と積分の順序の交換に問題が残り，それを $f(x)$ のよい性質が保証するのである．ともあれ，(A.1.42) を**完全性の条件** (closure property) という．

(A.1.42) を §2.2 の展開 (i)，(ii)，(iii)，(iv) について書いてみると，$-a<x,\ x'<a$ に対して

$$\sum_{n=-\infty}^{\infty} \frac{1}{2a} e^{in\pi x/a} e^{-in\pi x'/a} = \delta(x-x') \tag{A.1.44}$$

$0<x, x'<a$ に対して

$$\sum_{n=1}^{\infty}\frac{2}{a}\sin\frac{n\pi x}{a}\sin\frac{n\pi x'}{a}=\delta(x-x') \tag{A.1.45}$$

$$\frac{1}{a}+\sum_{n=1}^{\infty}\frac{2}{a}\cos\frac{n\pi x}{a}\cos\frac{n\pi x'}{a}=\delta(x-x') \tag{A.1.46}$$

$$\sum_{n=1}^{\infty}\frac{2({\xi_n}^2+h^2)}{a({\xi_n}^2+h^2)+h}\sin\xi_n x\sin\xi_n x'=\delta(x-x') \tag{A.1.47}$$

となる．また δ 関数の Fourier 積分表示(B. 4)は(A. 1. 42)を連続固有値の場合に拡張したもの

$$\int_{-\infty}^{\infty}dk\,\frac{1}{\sqrt{2\pi}}e^{ikx}\frac{1}{\sqrt{2\pi}}e^{-ikx'}=\delta(x-x') \tag{A.1.48}$$

と解釈することができる．Fourier sine 変換(6. 11)，Fourier cosine 変換(6. 13)に対応する完全性の条件は $0<x, x'$ として

$$\int_0^{\infty}dk\sqrt{\frac{2}{\pi}}\sin kx\sqrt{\frac{2}{\pi}}\sin kx'=\delta(x-x') \tag{A.1.49}$$

$$\int_0^{\infty}dk\sqrt{\frac{2}{\pi}}\cos kx\sqrt{\frac{2}{\pi}}\cos kx'=\delta(x-x') \tag{A.1.50}$$

である．ここで x と x' の領域に関連して注意しておこう．例えば(A. 1. 45)を(A. 1. 44)を用いて計算すると右辺は $\delta(x-x')-\delta(x+x')$ となるが，$\delta(x+x')$ は $0<x, x'$ では実質的に 0 と考えてよい．

A. 2　非正則境界条件の場合の固有関数系の例

A. 1 においては正則境界条件(2. 1. 2)または(2. 1. 3)に対する Sturm–Liouville 問題について話をしてきた．しかしつぎに述べる非正則境界条件に対しても同様な固有値問題が設定される．非正則境界条件とは考える領域 (a, b) で $p(x), q(x), \rho(x)$ が正則であ

り，境界が微分方程式の正則特異点であり，かつ固有解としてとれる $\{y_n(x)\}$ に対して

$$\int_a^b |y_n(x)|^2 \rho(x)dx < \infty \tag{A. 2. 1}$$

$$p(a)\frac{dy_n}{dx}(a)y_m(a) = p(b)\frac{dy_n}{dx}(b)y_m(b) = 0 \tag{A. 2. 2}$$

が充たされる，という条件である．

さきに正則境界条件に対して特別な固有値 λ_n に対してのみ解があることを示した際，2 つの同次境界条件の果した役割は 2 つの独立解の 1 次結合で表わされる一般解の 2 つの係数に対して 2 つの同次 1 次条件式をつけたことにあった．微分方程式の正則特異点にあっては一般に正則性の異なる 2 つの独立解がある．それに対して(A. 2. 1), (A. 2. 2)の条件を付することはいわば正則性のよい解を選び出すこと，すなわち一般解の 2 つの係数に同次 1 次条件式をつけることに対応する．この事情が一見異なった性質を持つ正則境界条件と非正則境界条件に対して同様な固有値問題が成立する理由である．

ここでは非正則境界条件の場合に対する固有値，固有関数の諸性質をくりかえし説明することはやめ，ただ正則境界条件で区間が無限大となり Fourier 積分変換に移行したときに固有値が連続無限個になったような事情が非正則境界条件の場合には有限区間でも起ることがある点を除き，同様な諸性質が存在することのみ注意しておく．

物理でよく用いられる非正則境界条件に対する固有関数系としては，方程式

$$\left[\frac{d}{dx}(1-x^2)\frac{d}{dx}-\frac{m^2}{1-x^2}+\lambda\right]\phi(x) = 0 \tag{A. 2. 3}$$

を領域$(-1,1)$で考え，(A. 2. 2)の境界条件で解くと，固有値$\lambda=n(n+1)$ (n 整数)に属する固有関数系

$$\{P_n{}^m(x)\} \qquad (n=|m|, |m|+1, \cdots) \tag{A. 2. 4}$$

が得られる．$P_n{}^m(x)$を陪球関数，とくに$P_n{}^0(x)$を$P_n(x)$と書きn次球関数という．これらの性質は補遺Cで与えられている．固有関数系(A. 2. 4)の直交性は

$$(P_n{}^m(x), P_l{}^m(x)) \equiv \int_{-1}^{1} P_n{}^m(x)P_l{}^m(x)dx = \frac{2}{2n+1}\frac{(n+m)!}{(n-m)!}\delta_{nl} \tag{A. 2. 5}$$

で表わされ，完全性は性質のよい関数$f(x)$が

$$f(x) = \sum_{n=|m|}^{\infty} a_n P_n{}^m(x) \tag{A. 2. 6}$$

$$a_n = \frac{2n+1}{2}\frac{(n-m)!}{(n+m)!}\int_{-1}^{1} P_n{}^m(x)f(x)dx \tag{A. 2. 7}$$

と展開できることである．

方程式(A. 2. 3)を領域$(0,1)$で考え，$x=1$で(A. 2. 2)の非正則境界条件，$x=0$で$\dfrac{d\phi}{dx}(0)=0$または$\phi(0)=0$のような同次境界条件で解くと，(A. 2. 4)の代りに，それぞれ

$$\{P_n{}^m(x)\} \qquad (n=|m|, |m|+2, |m|+4, \cdots) \tag{A. 2. 8}$$

$$\{P_n{}^m(x)\} \qquad (n=|m|+1, |m|+3, \cdots) \tag{A. 2. 9}$$

が直交完全系を作る．この事情は(A. 2. 4)，(A. 2. 8)，(A. 2. 9)をそれぞれFourier級数，Fourier cosine級数，Fourier sine級数の基礎ベクトル系に対応させて理解することができる．

またこれも物理でよくでてくるBessel方程式

$$\frac{d^2\phi(x)}{dx^2}+\frac{1}{x}\frac{d\phi(x)}{dx}+\left(1-\frac{n^2}{x^2}\right)\phi(x) = 0 \tag{A. 2. 10}$$

で$x=\lambda\rho$とかくと

$$\frac{d}{d\rho}\rho\frac{d\phi(\lambda\rho)}{d\rho}+\left(\lambda^2\rho-\frac{n^2}{\rho}\right)\phi(\lambda\rho)=0 \qquad \text{(A. 2. 11)}$$

と表わされ，固有値 λ^2 に対する Sturm–Liouville 方程式である．これを領域 $(0, a)$ で考え，$\rho=0$ で (A. 2. 2)，$\rho=a$ で $\phi(\lambda a)=0$ の境界条件で解くと，固有値 $\lambda^2=\xi_i^2$ が

$$J_n(\xi_i a)=0 \qquad (i=1, 2, \cdots) \qquad \text{(A. 2. 12)}$$

のすべての正根 ξ_i で与えられ，それに属する固有関数が

$$\{J_n(\xi_i\rho)\} \qquad (i=1, 2, \cdots) \qquad \text{(A. 2. 13)}$$

と得られる．ここで $J_n(x)$ は n 次 Bessel 関数である．固有関数系は完全直交系を作る．すなわち直交性は (D. 20), (D. 21) から

$$(J_n(\xi_i\rho), J_n(\xi_j\rho)) \equiv \int_0^a \rho J_n(\xi_i\rho)J_n(\xi_j\rho)d\rho=\frac{a^2}{2}\left(\frac{dJ_n(\xi_i a)}{d(\xi_i a)}\right)^2\delta_{ij}$$

(A. 2. 14)

で，完全性は性質のよい関数 $f(x)$ が

$$f(\rho)=\frac{2}{a^2}\sum\frac{a_i J_n(\xi_i\rho)}{\left(\dfrac{dJ_n(\xi_i a)}{d(\xi_i a)}\right)^2} \qquad \text{(A. 2. 15)}$$

$$a_i=\int_0^a \rho J_n(\xi_i\rho)f(\rho)d\rho \qquad \text{(A. 2. 16)}$$

と展開されることで表わされる．

方程式 (A. 2. 11) を領域 $(0, a)$ で考え，$\rho=0$ で (A. 2. 2)，$\rho=a$ で $d\phi/d\rho+h\phi=0$ の境界条件で解くと，固有値 $\lambda^2=\eta_i^2$ が

$$\left(\frac{dJ_n(\eta_i\rho)}{d\rho}+hJ_n(\eta_i\rho)\right)_{\rho=a}=0 \qquad (i=1, 2, \cdots)$$

(A. 2. 17)

を充たす正根 η_i で与えられ，それに属する固有関数が

$$\{J_n(\eta_i\rho)\} \qquad (i=1, 2, \cdots) \qquad \text{(A. 2. 18)}$$

として得られる．固有関数系の直交性は (D. 20), (D. 21) から

$$(J_n(\eta_i\rho), J_n(\eta_j\rho)) = \int_0^a \rho J_n(\eta_i\rho)J_n(\eta_j\rho)d\rho$$

$$= \frac{a^2}{2\eta_i{}^2}(J_n(\eta_i a))^2\left(h^2+\left(\eta_i{}^2-\frac{n^2}{a^2}\right)\right)\delta_{ij} \qquad \text{(A. 2. 19)}$$

で，完全性は性質のよい関数 $f(x)$ の展開

$$f(\rho) = \frac{2}{a^2}\sum\frac{a_i\eta_i{}^2J_n(\eta_i\rho)}{(J_n(\eta_i a))^2(h^2+(\eta_i{}^2-n^2/a^2))} \qquad \text{(A. 2. 20)}$$

$$a_i = \int_0^a \rho J_n(\eta_i\rho)f(\rho)d\rho \qquad \text{(A. 2. 21)}$$

で表わされる．

正則境界条件の例であるが，方程式(A. 2. 11)を正の領域 (b, a) で考え，境界条件 $\phi(\lambda a)=\phi(\lambda b)=0$ で解くと，固有値 $\lambda^2=\zeta_i^2$ が

$$B_n(\zeta_i b) = 0 \qquad (i=1, 2, \cdots) \qquad \text{(A. 2. 22)}$$

のすべての正根 ζ_i から得られ，それに属する固有関数系

$$B_n(\zeta_i\rho) \equiv J_n(\zeta_i a)N_n(\zeta_i\rho)-J_n(\zeta_i\rho)N_n(\zeta_i a) \qquad \text{(A. 2. 23)}$$

が得られる．$N_n(x)$ は n 次 Neumann 関数である．固有関数系(A. 2. 23)の直交性は(D. 20), (D. 21)から

$$(B_n(\zeta_i\rho), B_n(\zeta_j\rho)) \equiv \int_b^a \rho B_n(\zeta_i\rho)B_n(\zeta_j\rho)d\rho$$

$$= \left[\frac{a^2}{2}\left(\frac{dB_n(\zeta_i a)}{d(\zeta_i a)}\right)^2-\frac{b^2}{2}\left(\frac{dB_n(\zeta_i b)}{d(\zeta_i b)}\right)^2\right]\delta_{ij} \qquad \text{(A. 2. 24)}$$

で表わされ，完全性は性質のよい関数 $f(\rho)$ が

$$f(\rho) = \sum\left[\frac{a^2}{2}\left(\frac{dB_n(\zeta_i a)}{d(\zeta_i a)}\right)^2-\frac{b^2}{2}\left(\frac{dB_n(\zeta_i b)}{d(\zeta_i b)}\right)^2\right]^{-1}a_iB_n(\zeta_i\rho) \qquad \text{(A. 2. 25)}$$

$$a_i = \int_b^a \rho B_n(\zeta_i\rho)f(\rho)d\rho \qquad \text{(A. 2. 26)}$$

と展開されることで表わされる．

(A. 1. 42) の完全性の条件を (A. 2. 4)，(A. 2. 8)，(A. 2. 9)，(A. 2. 13)，(A. 2. 18)，(A. 2. 22) についてかけば，それぞれ

$$\sum_{n=|m|}^{\infty}\frac{2n+1}{2}\frac{(n-m)!}{(n+m)!}P_n{}^m(x)P_n{}^m(x')=\delta(x-x')\qquad(-1<x,x'<1)$$

$$\sum_{(n=|m|+2s)}(2n+1)\frac{(n-m)!}{(n+m)!}P_n{}^m(x)P_n{}^m(x')=\delta(x-x')\qquad(0<x,x'<1)$$

$$\sum_{(n=|m|+1+2s)}(2n+1)\frac{(n-m)!}{(n+m)!}P_n{}^m(x)P_n{}^m(x')=\delta(x-x')\qquad(0<x,x'<1)$$

$$\sum_i\frac{2}{a^2}\left(\frac{dJ_n(\xi_i a)}{d(\xi_i a)}\right)^{-2}J_n(\xi_i\rho)J_n(\xi_i\rho')\rho'=\delta(\rho-\rho')\qquad(0<\rho,\rho'<a)$$

$$\sum_i\frac{2J_n(\eta_i\rho)J_n(\eta_i\rho')\rho'}{a^2(J_n(\eta_i a))^2(h^2+(\eta_i{}^2-n^2/a^2))}=\delta(\rho-\rho')\qquad(0<\rho,\rho'<a)$$

$$\sum_i\left[\frac{a^2}{2}\left(\frac{dB_n(\zeta_i a)}{d(\zeta_i a)}\right)^2-\frac{b^2}{2}\left(\frac{dB_n(\zeta_i a)}{d(\zeta_i a)}\right)^2\right]^{-1}B_n(\zeta_i\rho)B_n(\zeta_i\rho')\rho'$$
$$=\delta(\rho-\rho')\qquad(b<\rho,\rho'<a)$$

となる．ここで m は固定し，s は 0 とすべての正の整数をとる．

本文では球座標で $\theta=$定数$(\neq\pi/2)$ や $\varphi=$定数 の境界面がある場合，円筒座標で $\varphi=$定数 の境界面がある場合についてはふれなかった．このような場合でも同様の取扱いをすることができる．例えば球座標で，$\theta=\theta_0$，$\varphi=0$，$\varphi=\varphi_0$ の境界面で Dirichlet 境界条件が与えられたときは，完全系

$$\left\{\sin\frac{n\pi\varphi}{\varphi_0}P_{\mu_j}{}^{n\pi/\varphi_0}(\cos\theta)\right\}\quad\left(\begin{array}{l}n\text{ は正の整数，}\mu_j\text{ は }P_{\mu_j}{}^{n\pi/\varphi_0}(\cos\theta_0)\\=0\text{ を充たす}-1/2\text{ より大きいす}\\\text{べての根}\end{array}\right)$$

による展開が有効であり，円筒座標で $\varphi=0$，$\varphi=\varphi_0$，$\rho=a$ の境界面で Dirichlet 境界条件が与えられたときは，完全系

$$\left\{\sin\frac{n\pi\varphi}{\varphi_0}J_{n\pi/\varphi_0}(\xi_j\rho)\right\}\quad\left(\begin{array}{l}n\text{ は正の整数，}\xi_j\text{ は }J_{n\pi/\varphi_0}(\xi_j a)=0\\\text{を充たすすべての正根}\end{array}\right)$$

による展開が有効である．しかしながら，一般の θ_0, φ_0 に対するこれら完全系の性質はあまり詳しく調べられていない．したがって $\theta_0=\pi/2$，π/φ_0＝整数(円筒座標の場合は半奇数も)の場合以外は，このような完全系を用いて統一的な取扱いをすることはあまり得策ではないといえよう．

[B]　δ 関数とその Fourier 変換

任意の連続関数 $f(x)$ に対し，Ω を 0 を含む積分領域として，

$$\int_{\Omega} f(x)\delta(x)dx = f(0) \tag{B. 1}$$

となるような関数(普通の意味では関数ではないが)を δ 関数という．また δ 関数の n 階微分は，任意の n 階微分が連続である関数 $f(x)$ に対し

$$\int_{\Omega} f(x)\frac{d^n\delta(x)}{dx^n}dx = (-1)^n \left.\frac{d^n f(x)}{dx^n}\right|_{x=0} \tag{B. 2}$$

が成立する関数として定義する．

さて Fourier の積分定理

$$f(x) = \lim_{b\to\infty}\lim_{a\to\infty}\frac{1}{2\pi}\int_{-b}^{b} e^{i\omega x}d\omega\int_{-a}^{a} f(x')e^{-i\omega x'}dx' \tag{B. 3}$$

において，右辺の積分順序を形式的に変えてもよいとすれば

$$f(x) = \lim_{a\to\infty}\int_{-a}^{a} f(x')dx'\left(\lim_{b\to\infty}\frac{1}{2\pi}\int_{-b}^{b} e^{i\omega(x-x')}d\omega\right)$$

となり，(B. 1) と比較すると，

$$\frac{1}{2\pi}\int_{-\infty}^{\infty} e^{i\omega(x-x')}d\omega = \delta(x-x') \tag{B. 4}$$

と考えればよいことがわかる．これが δ 関数の Fourier 積分表示である．実際に $\delta(x)$ の Fourier 変換は

$$\frac{1}{2\pi}\int_{-\infty}^{\infty}\delta(x)e^{-i\omega x}dx=\frac{1}{2\pi} \tag{B. 5}$$

であり，その逆変換が(B. 4)となる(補遺 E 234 ページ参照).

3 次元空間での δ 関数は，Ω を原点を含む領域として，

$$\int_{\Omega}f(\boldsymbol{r})\delta(\boldsymbol{r})d\boldsymbol{r}=f(\boldsymbol{0}) \tag{B. 6}$$

が任意の連続関数について成立する関数と定義することができるし，また

$$\delta(\boldsymbol{r})=\delta(x)\delta(y)\delta(z) \tag{B. 7}$$

というように考えてもよい.

δ 関数と関連してよく用いられる関数に，ε を無限小の正の数として

$$\frac{1}{x\pm i\varepsilon}=-i\int_{0}^{\pm\infty}e^{k(ix\mp\varepsilon)}dk \tag{B. 8}$$

がある．性質のよい関数 $f(x)$ (参考書(10) 110 ページ参照)との積の積分は

$$\int\frac{1}{x\pm i\varepsilon}f(x)dx=\int_{c\pm}\frac{1}{x}f(x)dx$$

$$=P\int\frac{1}{x}f(x)dx\mp\frac{1}{2}\oint\frac{1}{x}f(x)dx$$

のようにかける．第 1 項は Cauchy の主値であり，図 B. 1 の積分路 c_+ と c_- の積分の平均である．第 2 項は原点をまわる小さな円周上の積分であり，c_- の積分から c_+ の積分を引いたものである.

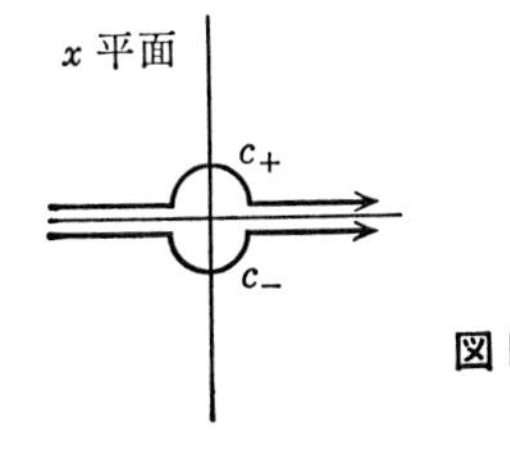

図 B.1

第 2 項は $f(x)$ が原点で正則なら $\mp\pi i f(0)$ となる．したがって

$$\frac{1}{x\pm i\varepsilon} = \frac{P}{x}\mp i\pi\delta(x) \tag{B. 9}$$

とかくことができる．

階段関数

$$\theta(x) = \begin{cases} 1 & (x>0) \\ 0 & (x<0) \end{cases} \tag{B. 10}$$

の Fourier 変換は

$$\frac{1}{2\pi}\int_{-\infty}^{\infty}\theta(x)e^{-ikx}dx = \lim_{\varepsilon\to 0}\frac{1}{2\pi}\int_0^{\infty}e^{-ikx-\varepsilon x}dx$$

$$= \frac{-i}{2\pi}\frac{1}{k-i\varepsilon} = \frac{-i}{2\pi}\left(\frac{P}{k}+i\pi\delta(k)\right) \tag{B. 11}$$

のように考えることができる(補遺 E 234 ページ参照)．また

$$\frac{d\theta(x)}{dx} = \delta(x) \tag{B. 12}$$

が，a, b を 2 つの正数，$\theta(x)$ を連続関数の極限と考えて

$$\int_{-a}^{b} f(x)\frac{d\theta(x)}{dx}dx = \Big[f(x)\theta(x)\Big]_{-a}^{b} - \int_{-a}^{b}\frac{df(x)}{dx}\theta(x)dx$$

$$= f(b)-\int_0^b \frac{df(x)}{dx}dx = f(0)$$

のように証明される．

[C]　球　関　数

Legendre の微分方程式

$$\frac{d}{dx}\left((1-x^2)\frac{dy(x)}{dx}\right)+n(n+1)y(x) = 0 \tag{C. 1}$$

の $x=\pm 1$ で正則であり，

$$P_n(1) = 1 \tag{C. 2}$$

に規格化した解を n 次球関数といい，$P_n(x)$ とかく*．これは Rodrigues の公式

$$P_n(x) = \frac{1}{2^n n!}\frac{d^n(x^2-1)^n}{dx^n} \tag{C. 3}$$

で表わされる．

$P_n(x)$ はまた母関数

$$\frac{1}{\sqrt{1-2\rho x+\rho^2}} = \sum_{n=1}^{\infty}\rho^n P_n(x) \tag{C. 4}$$

を用いて定義することもできる．(C. 4) の幾何学的な意味は，2 つのベクトル $\boldsymbol{r}, \boldsymbol{r}'$ の距離の逆数を $|\boldsymbol{r}|<|\boldsymbol{r}'|$ として

$$\frac{1}{|\boldsymbol{r}-\boldsymbol{r}'|} = \frac{1}{r'}\frac{1}{\sqrt{1-\frac{2r}{r'}\cos\theta+\left(\frac{r}{r'}\right)^2}} = \frac{1}{r'}\sum_{n=0}^{\infty}\left(\frac{r}{r'}\right)^n P_n(\cos\theta) \tag{C. 5}$$

のように展開したものとくらべるとわかるであろう．ここで θ は $\boldsymbol{r}\cdot\boldsymbol{r}'=rr'\cos\theta$ すなわち 2 個のベクトル $\boldsymbol{r}$ と $\boldsymbol{r}'$ とのなす角である．また物理的には $|\boldsymbol{r}-\boldsymbol{r}'|^{-1}$ は Newton・Coulomb のポテンシャルなどの意味を持っており，よく現われる量である．(C. 4) で定義したものが (C. 3) と一致することは $\Delta|\boldsymbol{r}-\boldsymbol{r}'|^{-1}=0$ が r の各冪（べき）で成立しているとして得られる係数に対する方程式が (C. 1) となり，さらに (C. 2) も充たしていることから示すことができる．

(C. 4) の ρ, x についての対数微分を考えて漸化式

$$(n+1)P_{n+1}(x)-(2n+1)xP_n(x)+nP_{n-1}(x) = 0 \tag{C. 6}$$

$$nP_n(x) = x\frac{dP_n(x)}{dx}-\frac{dP_{n-1}(x)}{dx} \tag{C. 7}$$

が得られる．$P_n(x)$ の定義として漸化式 (C. 6) と $P_0(x)=1$，$P_1(x)$

---

* 第 1 種 Legendre 関数である．通常第 2 種 Legendre 関数等も含めて球関数というが，ここではせまい意味で用いることにする．

$=x$ を用いてもよい.

$P_n(x)$ から

$$P_n^{\ m}(x) = (1-x^2)^{m/2}\frac{d^m P_n(x)}{dx^m} \qquad (n\geq m>0) \tag{C. 8}$$

$$P_n^{\ -m}(x) = (-1)^m\frac{(n-m)!}{(n+m)!}P_n^{\ m}(x) \qquad (n\geq m>0) \tag{C. 9}$$

で導かれる関数を陪球関数といい，微分方程式

$$\frac{d}{dx}\left((1-x^2)\frac{dy(x)}{dx}\right)-\frac{m^2}{1-x^2}y(x)+n(n+1)y(x) = 0 \tag{C. 10}$$

の $x=\pm 1$ で有界な解となっている.

$\{P_n^{\ m}(x)\}$ $(n=|m|, |m|+1, \cdots)$ の完全直交性については(A. 2. 5)～(A. 2. 7)で述べられている.

$P_n^{\ m}(x)$ の例をいくつかあげると

$$\left.\begin{aligned} &P_0(x) = 1, \quad P_1(x) = x, \quad P_2(x) = \frac{3}{2}x^2-\frac{1}{2} \\ &P_1^{\ 1}(x) = (1-x^2)^{1/2}, \quad P_2^{\ 2}(x) = 3(1-x^2), \\ &P_2^{\ 1}(x) = 3x(1-x^2)^{1/2} \end{aligned}\right\} \tag{C. 11}$$

などである.

§10.2 で必要としたいくつかの関係式をあげておくと

$$\int_0^1 x^k P_n(x)dx = \frac{k(k-1)\cdots(k-n+2)}{(k+n+1)(k+n-1)\cdots(k-n+3)} \tag{C. 12}$$

$$P_n^{\ m}(0) = \begin{cases} 0 & (n-m：奇数) \\ (-1)^{(n-m)/2}(n+m-1)!!/(n-m)!! & (n-m：偶数) \end{cases} \tag{C. 13}$$

$$\frac{dP_n^{\ m}}{dx}(0) = \begin{cases} 0 & (n-m：偶数) \\ (-1)^{(n-m-1)/2}(n+m)!!/(n-m-1)!! & (n-m：奇数) \end{cases} \tag{C. 14}$$

などである．(C.12) は $[n/2]$ を $n/2$ をこえない最大の整数として $P_n(x)=\sum_{s=0}^{[n/2]} c_s x^{n-2s}$ とかけることと，$\sum c_s = P_n(1) = 1$ を用いて証明できる．(C.13), (C.14) は (C.3) から直接示せる．

よく用いられる公式として，和公式

$$P_n(\cos\gamma) = \sum_{m=-n}^{n} \frac{(n-m)!}{(n+m)!} P_n{}^m(\cos\theta) P_n{}^m(\cos\theta') e^{im(\varphi-\varphi')} \tag{C.15}$$

がある．ここで γ は方向 (θ, φ) と方向 (θ', φ') とのなす角である．これと (C.5) を用いると

$$\int \frac{1}{|\boldsymbol{r}-\boldsymbol{r}'|} f(\boldsymbol{r}) g(\boldsymbol{r}') d\boldsymbol{r} d\boldsymbol{r}'$$

のような積分を $\boldsymbol{r}$ の積分と $\boldsymbol{r}'$ の積分とに分けて計算できるので有用な公式である．証明は θ', φ' を固定してその方向を軸にとった球座標 (γ, φ) の関数としても，θ, φ の関数としても n 次球面調和関数になっていることを用いてなされる．

[D] 円 筒 関 数*

Bessel の微分方程式

$$\frac{d^2 Z(x)}{dx^2} + \frac{1}{x}\frac{dZ(x)}{dx} + \left(1 - \frac{\lambda^2}{x^2}\right) Z(x) = 0 \tag{D.1}$$

の原点で有界な解を Bessel 関数 $J_\lambda(x)$ $(\lambda > 0)$ とかき，

$$J_\lambda(x) = \left(\frac{x}{2}\right)^\lambda \sum_{k=0}^{\infty} \frac{(-1)^k}{k!\,\Gamma(\lambda+k+1)} \left(\frac{x}{2}\right)^{2k} \tag{D.2}$$

で表わされる．ここで Γ は Γ 関数

---

* この項の公式の多くは参考書 (10) に証明がある．例えば，(D.2), (D.4) は 81 ページ，(D.11), (D.16) は 106 ページ，(D.12) は 107 ページ，(D.17)～(D.19) は 138 ページを参照されたい．

$$\Gamma(x) = \int_0^\infty e^{-t}t^{x-1}dt \tag{D. 3}$$

である．λ が整数でないときは(D. 2)と1次独立な解として

$$J_{-\lambda}(x) = \left(\frac{x}{2}\right)^{-1}\sum_{k=0}^{\infty}\frac{(-1)^k}{k!\Gamma(-\lambda+k+1)}\left(\frac{x}{2}\right)^{2k} \tag{D. 4}$$

をとることができる．また $J_\lambda, J_{-\lambda}$ から Neumann 関数 $N_\lambda(x)$，第1種，第2種 Hankel 関数 $H_\lambda{}^{(1)}(x), H_\lambda{}^{(2)}(x)$ を

$$N_\lambda(x) = \frac{J_\lambda(x)\cos\lambda\pi - J_{-\lambda}(x)}{\sin\lambda\pi} \tag{D. 5}$$

$$H_\lambda{}^{(1)}(x) = J_\lambda(x)+iN_\lambda(x) \tag{D. 6}$$

$$H_\lambda{}^{(2)}(x) = J_\lambda(x)-iN_\lambda(x) \tag{D. 7}$$

のように定義する．これらの(D. 1)の解を総称して円筒関数といい，一般的に $Z_\lambda(x)$ とかく．

λ が整数 $n\,(=0, 1, 2, \cdots)$ のときには $J_{-n}(x)$ は(D. 4)とはならず

$$J_{-n}(x) = (-1)^n J_n(x) \tag{D. 8}$$

となり，$J_n(x)$ と1次独立にならない．このとき $J_n(x)$ と1次独立な Neumann 関数を(D. 5)の $\lambda\to n$ の極限として

$$N_n(x) = \frac{1}{\pi}\left(\frac{\partial J_\lambda(x)}{\partial\lambda} - (-1)^\lambda\frac{\partial J_{-\lambda}(x)}{\partial\lambda}\right)_{\lambda=n} \tag{D. 9}$$

で定義する．$N_n(x)$ の原点付近での主要部分は

$$N_n(x) \simeq \frac{2}{\pi n!}\left(\frac{x}{2}\right)^n \ln\frac{x}{2} - \frac{(n-1)!}{\pi}\left(\frac{x}{2}\right)^{-n} \tag{D. 10}$$

である．$n=0$ のときは右辺第2項はない．

$Z_\nu(x)$ についてつぎの漸化式が成立する．

$$Z_{\nu+1}(x) = \frac{2\nu}{x}Z_\nu(x) - Z_{\nu-1}(x) \tag{D. 11}$$

$$\frac{dZ_\nu(x)}{dx} = \frac{\nu}{x}Z_\nu(x) - Z_{\nu+1}(x) = \frac{-\nu}{x}Z_\nu(x) + Z_{\nu-1}(x)$$

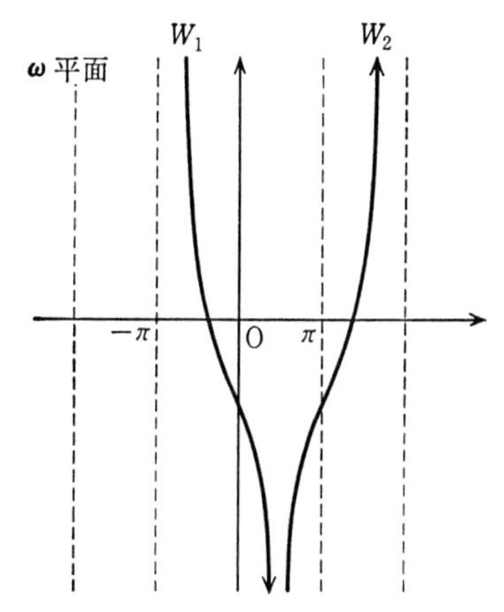

図 D.1

$$= \frac{1}{2}(Z_{\nu-1}(x) - Z_{\nu+1}(x)) \tag{D. 12}$$

$$\frac{dZ_0(x)}{dx} = -Z_1(x) \tag{D. 13}$$

$$\frac{d}{dx}[x^{\nu}Z_{\nu}(x)] = x^{\nu}Z_{\nu-1}(x) \tag{D. 14}$$

$$\frac{d}{dx}[x^{-\nu}Z_{\nu}(x)] = -x^{-\nu}Z_{\nu+1}(x) \tag{D. 15}$$

(D. 11)～(D. 13) は積分表示

$$H_{\nu}{}^{(1,2)}(x) = \frac{1}{\pi}\int_{W_{1,2}} e^{ix\cos\omega}e^{i\nu(\omega-\pi/2)}d\omega \tag{D. 16}$$

を用いて証明するのが最も簡単である．ここで $W_{1,2}$ は図 D. 1 に示された積分路である．(D. 16) を証明するには，$(\Delta_2+k^2)u(\boldsymbol{r})=0$ の解 $Z_{\nu}(kr)e^{i\nu\varphi}$ を平面波解 $e^{ikr\cos(\varphi-\alpha)}$ の 1 次結合でかくことを考える．そのために

$$\int_{\beta}^{\gamma} e^{ikr\cos(\varphi-\alpha)}e^{i\nu\alpha}d\alpha = \int_{\beta-\varphi}^{\gamma-\varphi} e^{ikr\cos\omega}e^{i\nu\omega}d\omega e^{i\nu\varphi}$$

の積分路の両端を適当に無限遠にもっていってそこからのφへの依存性を消すようにすればよい.

(D. 14), (D. 15)は(D. 11), (D. 12)を用いて示される.

$x \gg \nu$に対して漸近形

$$H_\nu{}^{(1)}(x) \xrightarrow[x\to\infty]{} \sqrt{\frac{2}{\pi x}}e^{i[x-(\nu+1/2)(\pi/2)]} \tag{D. 17}$$

$$H_\nu{}^{(2)}(x) \xrightarrow[x\to\infty]{} \sqrt{\frac{2}{\pi x}}e^{-i[x-(\nu+1/2)(\pi/2)]} \tag{D. 18}$$

$$J_\nu(x) \xrightarrow[x\to\infty]{} \sqrt{\frac{2}{\pi x}}\cos\left[x-\left(\nu+\frac{1}{2}\right)\frac{\pi}{2}\right] \tag{D. 19}$$

が成り立つ. これから$H_\nu{}^{(1)}(x)$は外向きの, $H_\nu{}^{(2)}(x)$は内向きの波を表わしていることがわかる. (D. 17)～(D. 19)を証明するには積分表示(D. 16)を鞍部点法を用いて近似すればよい.

有用な不定積分の公式として

$$\begin{aligned}&\int^x x' Z_\nu(\alpha x')Z_\nu(\beta x')dx' \\ &= \frac{x}{\alpha^2-\beta^2}\left[\beta Z_\nu(\alpha x)\frac{dZ_\nu(\beta x)}{d(\beta x)}-\alpha Z_\nu(\beta x)\frac{dZ_\nu(\alpha x)}{d(\alpha x)}\right] \\ &= \frac{x}{\alpha^2-\beta^2}[\beta Z_\nu(\alpha x)Z_{\nu-1}(\beta x)-\alpha Z_\nu(\beta x)Z_{\nu-1}(\alpha x)] \\ &= \frac{x}{\alpha^2-\beta^2}[\alpha Z_\nu(\beta x)Z_{\nu+1}(\alpha x)-\beta Z_\nu(\alpha x)Z_{\nu+1}(\beta x)]\end{aligned} \tag{D. 20}$$

が微分方程式(D. 1)と漸化式(D. 11), (D. 12)を用いて証明される. ここで$\beta\to\alpha$とすると, 次式が得られる.

$$\begin{aligned}&\int^x x'(Z_\nu(\alpha x'))^2dx' \\ &= \frac{x^2}{2}\left[\left(1-\left(\frac{\nu}{\alpha x}\right)^2\right)(Z_\nu(\alpha x))^2+\left(\frac{dZ_\nu(\alpha x)}{d(\alpha x)}\right)^2\right]\end{aligned}$$

$$= \frac{x^2}{2}\left[(Z_\nu(\alpha x))^2 - Z_{\nu-1}(\alpha x)Z_{\nu+1}(\alpha x)\right] \tag{D. 21}$$

$J_n(x)$ の 0 点は無限にあるがすべて実軸上にあり，原点に対称に存在する．$x=0$ 以外はすべて 1 位の 0 点である．$J_n(x)$ と $J_{n+1}(x)$ の $x=0$ 以外の 0 点は互いに他を分かちあう．すなわち $J_n(x)$ の隣り合う 2 つの 0 点の間に $J_{n-1}(x), J_{n+1}(x)$ の 0 点がかならず 1 個存在し，ただ 1 つに限る．これらの 0 点に関する性質は (D. 2) と (D. 20) を用いることによって示される．

§ 11. 2 で用いられたように，Bessel 級数展開において有用な数値として，$J_0(x)$ の始めの 3 つの 0 点 $x_1^{(0)}, x_2^{(0)}, x_3^{(0)}$ とその点での $J_1(x)$ の値，$J_1(x)$ の始めの 2 つの 0 点 $x_1^{(1)}, x_2^{(1)}$ とその点での $J_0(x)$ の値，$J_2(x), J_3(x), J_4(x)$ の始めの 0 点 $x_1^{(2)}, x_1^{(3)}, x_1^{(4)}$ の値をかいておくと

$$\left.\begin{array}{l}
x_1^{(0)} \simeq 2.40, \quad x_2^{(0)} \simeq 5.52, \quad x_3^{(0)} \simeq 8.65 \\
J_1(x_1^{(0)}) \simeq 0.519, \quad J_1(x_2^{(0)}) \simeq -0.340, \quad J_1(x_3^{(0)}) \simeq 0.271 \\
x_1^{(1)} \simeq 3.83, \quad x_2^{(1)} \simeq 7.02 \\
J_0(x_1^{(1)}) \simeq -0.403, \quad J_0(x_2^{(1)}) \simeq 0.300 \\
x_1^{(2)} \simeq 5.14, \quad x_1^{(3)} \simeq 6.38, \quad x_1^{(4)} \simeq 7.59
\end{array}\right\} \tag{D. 22}$$

である．

また本書で用いられた積分として

$$\int_0^\infty e^{-st} J_n(at)\,dt = \frac{(\sqrt{a^2+s^2}-s)^n}{a^n\sqrt{a^2+s^2}} \tag{D. 23}$$

$$\int_0^\infty x e^{-a^2x^2} J_0(bx)\,dx = \frac{1}{2a^2} e^{-b^2/4a^2} \tag{D. 24}$$

をあげておこう．

簡単な変数と関数の変換によって円筒関数を用いて解が書き表わせる例として，微分方程式

$$\frac{d^2u(x)}{dx^2}+\frac{1-2a}{x}\frac{du(x)}{dx}+\left(b^2c^2x^{2c-2}+\frac{a^2-\mu^2c^2}{x^2}\right)u(x)=0 \tag{D. 25}$$

の解が

$$u(x)=x^aZ_\mu(bx^c) \tag{D. 26}$$

で書き表わせる．

[E]　Fourier 積分変換の例

物理的に興味がある Fourier 積分変換の例をいくつかあげておこう．確率論において，**確率密度関数**(probability density) $p(x)$ の Fourier 変換 $\hat{p}(-k)$ と

$$\phi(k)=2\pi\hat{p}(-k)=\int_{-\infty}^{\infty}p(x)e^{ikx}dx \tag{E. 1}$$

の関係にある $\phi(k)$ を**特性関数**(characteristic function)という．x^n の期待値 $\langle x^n\rangle$ は

$$\langle x^n\rangle=\int_{-\infty}^{\infty}x^np(x)dx=\left(\frac{1}{i}\frac{\partial}{\partial k}\right)^n\phi(k)\Big|_{k=0} \tag{E. 2}$$

となる．Gauss 分布を表わす確率密度関数

$$p(x)=\frac{1}{\sqrt{2\pi}\,\sigma}e^{-x^2/2\sigma^2} \tag{E. 3}$$

の特性関数は

$$\phi(k)=\frac{1}{\sqrt{2\pi}\,\sigma}e^{-k^2\sigma^2/2}\int_{-\infty}^{\infty}e^{-(x-ik\sigma^2)^2/2\sigma^2}dx=e^{-k^2\sigma^2/2} \tag{E. 4}$$

である．すなわち Gauss 分布の Fourier 変換は Gauss 型である．このとき x の分布の広がりを表わす分散 $\Delta x=\sqrt{\langle x^2\rangle}$ は(E. 2)か

ら σ となる．(E. 4) から k 空間での広がり $\varDelta k$ は σ^{-1} であるから

$$\varDelta x \varDelta k \sim 1 \tag{E. 5}$$

の関係がある．この性質は Fourier 級数展開において関数のなめらかさが増すほど級数の収束性がよくなる性質に対応しており，$f(x)$ がゆるやかに減少するほど $\hat{f}(k)$ が早く小さくなることを示している．これはまた波動光学において平面波の重ね合わせで波束を作ったときの波束の広がり $\varDelta x$ と波数の広がり $\varDelta k$ の間の関係であり，量子力学においては運動量 p と波数 k が $p=hk/2\pi$ (h は Planck 定数) の関係にあるため，$\varDelta x \varDelta p \sim h/2\pi$ という Heisenberg の**不確定性関係** (uncertainty relation) となる．

つぎに有限の長さ X をもつ平面波

$$f(x) = \cos k_0 x \cdot \theta\left(\frac{X}{2} - |x|\right) \tag{E. 6}$$

の Fourier 変換は

$$\begin{aligned} \hat{f}(k) &= \frac{1}{2\pi} \int_{-X/2}^{X/2} \cos k_0 x e^{-ixk} dx \\ &= \frac{1}{2\pi} \left[\frac{\sin(k_0 - k)X/2}{k_0 - k} + \frac{\sin(k_0 + k)X/2}{k_0 + k} \right] \end{aligned} \tag{E. 7}$$

である．$\hat{f}(k)$ の第 1 項は図 E. 1 のようになり，中心の山の面積はだいたい 1/2 である．$X \to \infty$ の極限では無限小の幅をもった面

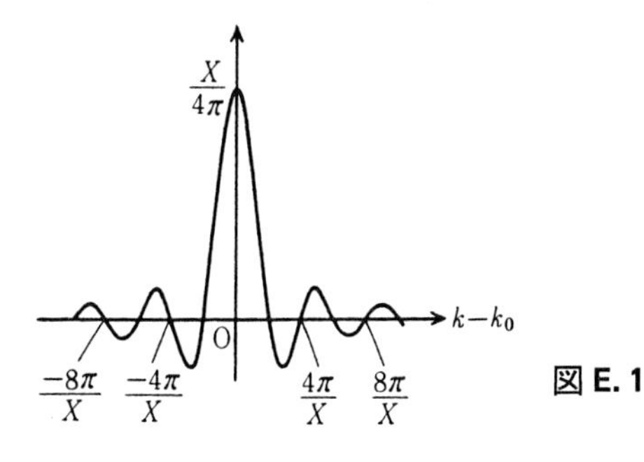

図 E. 1

積 1/2 の山として $\delta(k_0-k)/2$ に移行することが期待されるが，実際(B. 4)からも確かめられる．$k_0\to 0$ の極限では(E. 6)は階段関数であり，その Fourier 変換は $\sin(kX/2)/\pi k$ である．

最後に，$f(x)$ が $x\to\pm\infty$ で十分早く 0 にならないために厳密には Fourier 変換が存在しないときにも，Fourier 変換の手法を利用することを考えよう．多くの場合 a, b を適当にとると

$$F(x) \equiv f(x)e^{-ax}\theta(x)+f(x)e^{bx}\theta(-x) \equiv F_+(x)+F_-(x) \tag{E. 8}$$

は $x\to\pm\infty$ で十分早く 0 になると考えてよいから，Fourier 変換

$$\hat{F}(k) = \frac{1}{2\pi}\int_{-\infty}^{\infty} e^{-ikx}F(x)dx \tag{E. 9}$$

が存在して，その逆変換は $x\neq 0$ に対しては

$$\begin{aligned}
&\frac{1}{2}\{F(x+0)+F(x-0)\} \\
&\quad = \frac{1}{2}\{f(x+0)+f(x-0)\}\{e^{-ax}\theta(x)+e^{bx}\theta(-x)\} \\
&\quad = \int e^{ikx}\hat{F}(k)dk
\end{aligned} \tag{E. 10}$$

$x=0$ に対しては

$$\frac{1}{2}\{f(+0)+f(-0)\} = \int \hat{F}(k)dk \tag{E. 11}$$

になることも容易に分かるであろう．簡単な例として $f(x)=1$ をとると，a, b を無限小の正数 ϵ にとって

$$\begin{aligned}
\hat{F}(k) &= \frac{1}{2\pi}\left\{\frac{1}{ik+\epsilon}+\frac{1}{-ik+\epsilon}\right\} \\
&= \frac{-i}{2\pi}\left\{\frac{P}{k}+i\pi\delta(k)-\frac{P}{k}+i\pi\delta(k)\right\} = \delta(k)
\end{aligned}$$

となり，δ 関数の有用な表現(B. 4)を導く．ここで(B. 9)を用いている．

参　考　書

この本のもととなった講義の原稿を作るにあたって主として参考にした本は

(1)　A. Sommerfeld : *Partial Differential Equations in Physics*, Academic Press (1949) (増田秀行訳：物理数学(ゾンマーフェルト理論物理学講座 6)，講談社(1969))

(2)　I. N. Sneddon : *Fourier Transforms*, McGraw-Hill (1951)

(3)　D. C. Champaney : *Fourier Transforms and their Physical Applications*, Academic Press (1973)

(4)　小平吉男：物理数学 I, II，岩波書店(1933)

である．(1)は読んで面白い物理数学の本として著者にはもっとも印象の深いものである．(2)，(4)は通常の物理数学の本が変数分離という考え方を主流に据えているのに対して変換によって解くという立場をとっている数少ない本であると思う．考え方としては本書ともっとも共通している．(3)はいろいろの応用が面白い．§7.5 はこれに影響されている．また例題にはこれらの本にヒントを得たものがある．

辞書として用いるのに適当な本としては

(5)　P. M. Morse and H. Feshbach : *Methods of Theoretical Physics* I, II, McGraw-Hill (1953)

(6)　R. Courant and D. Hilbert : *Methoden der mathematischen Physik* I, II, Springer (1931) (斎藤利弥監訳：クーラン-ヒルベルト数理物理学の方法 I, II, III, IV，東京図書(1959～68))

(7)　寺沢寛一：自然科学者のための数学概論(増訂版)，岩波書店(1983)；自然科学者のための数学概論(応用編)，岩波書店(1960)

などがあげられよう.

Fourier展開，Fourier積分変換，Laplace積分変換などを用いるのに非常に有用な数表などとしては

(8)　A. Erdélyi : *Table of integral transforms* I, II, McGraw-Hill(1955)

(9)　森口，宇田川，一松：岩波 数学公式I, II, III(新装版)，岩波書店(1987)

をあげておこう.

本シリーズの姉妹篇である，

(10)　今村勤：物理と関数論(物理と数学シリーズ2)，岩波書店(1994)

(11)　今村勤：物理とグリーン関数(物理と数学シリーズ4)，岩波書店(1994)

との関連を可能な範囲で示した.

索　　引

サ 行

タ 行

マ 行

ヤ 行

ラ 行

■岩波オンデマンドブックス■

物理数学シリーズ 3
物理とフーリエ変換

1976 年 11 月 5 日　第 1 刷発行
1994 年 3 月 15 日　新装版第 1 刷発行
2016 年 2 月 17 日　新装拡大版第 1 刷発行
2019 年 4 月 10 日　オンデマンド版発行

著　者　今村　勤（いまむら つとむ）

発行者　岡本　厚

発行所　株式会社 岩波書店
〒 101-8002 東京都千代田区一ツ橋 2-5-5
電話案内 03-5210-4000
http://www.iwanami.co.jp/

印刷／製本・法令印刷

ISBN 978-4-00-730871-0　　Printed in Japan